高等职业教育园林专业系列教材

工程测量技术

朱立明　主　编
谭　磊　谢晨阳　副主编
王　平　张欣然　高　蕾　孔令伟　参　编

中国轻工业出版社

图书在版编目（CIP）数据

工程测量技术/朱立明主编．—北京：中国轻工业出版社，2024.4
ISBN 978-7-5184-4852-4

Ⅰ.①工… Ⅱ.①朱… Ⅲ.①工程测量—高等职业教育—教材 Ⅳ.①TB22

中国国家版本馆 CIP 数据核字（2024）第 037829 号

责任编辑：赵雅慧
策划编辑：陈　萍　　责任终审：许春英　　封面设计：锋尚设计
版式设计：致诚图文　　责任校对：朱燕春　　责任监印：张　可

出版发行：中国轻工业出版社（北京鲁谷东街 5 号，邮编：100040）
印　　刷：三河市国英印务有限公司
经　　销：各地新华书店
版　　次：2024 年 4 月第 1 版第 1 次印刷
开　　本：787×1092　1/16　印张：13
字　　数：300 千字
书　　号：ISBN 978-7-5184-4852-4　定价：49.80 元
邮购电话：010-85119873
发行电话：010-85119832　010-85119912
网　　址：http://www.chlip.com.cn
Email：club@chlip.com.cn
版权所有　侵权必究
如发现图书残缺请与我社邮购联系调换
230845J2X101ZBW

前　言

本教材是测绘类专业工学结合、课程改革规划教材，是在各高等院校积极践行和创新先进教育理念、深入推进新型人才培养模式的背景下，根据新课程标准编写而成的。

本教材以工作项目为主线，对传统的教材内容体系进行了适当的调整，希望调整后的体系能够更适合高等院校的教学要求。全书共设置了七个项目，包括认识测量工作、水准仪的使用、测量误差、全站仪的使用、小区域控制测量、地面点位测设、土木工程测量，这些项目不仅涵盖了测量的基础知识，还深入探讨了各种测量技术的实际应用。

本教材由黑龙江林业职业技术学院朱立明担任主编；黑龙江林业职业技术学院谭磊，黑龙江省林业科学院牡丹江分院谢晨阳担任副主编；黑龙江第三测绘工程院王平，黑龙江林业职业技术学院张欣然、高蕾、孔令伟参编。编写人员分工如下：朱立明编写项目三、项目六、项目七；谭磊编写项目二；谢晨阳编写项目四；王平、张欣然、高蕾、孔令伟编写项目一、项目五。

在编写本教材时，我们注重体现高等教育的最新特点，确保内容精练、突出应用、加强实践，力求编写出一本符合高等教育改革潮流的专业课程教材。

本教材主要供测绘类专业教学使用，也可作为建筑类工程技术人员的培训教材或自学用书。在编写过程中，编者借鉴了相关资料，由于篇幅有限，未能一一列出，在此谨向各位作者表示衷心的感谢。

书中难免存在疏漏之处，敬请广大读者批评指正。

朱立明

2023 年 11 月

目　录

项目一　认识测量工作

任务一　测量学的定义

测量学是研究地球的形状和大小以及确定地球表面空间点位，并对空间点位信息进行采集、处理、储存、管理的科学。按照研究的范围、对象及技术手段的不同，测量学可以分为多个分支学科。

1. 普通测量学

普通测量学是在不考虑地球曲率影响的情况下，研究地球自然表面局部区域的地形、确定地面点位的基础理论以及基本技术方法与应用的学科，是测量学的基础部分。其内容是将地表的地物、地貌及人工建（构）筑物等测绘成地形图，为各建设部门直接提供数据和资料。

2. 大地测量学

大地测量学是研究和确定地球形状、大小、重力场、整体与局部运动和地表面点的几何位置以及它们变化的理论和技术的学科。其基本任务是建立国家大地控制网，测定地球的形状、大小和重力场，为地形测图和各种工程测量提供基础起算数据；为空间科学、军事科学及研究地壳变形、地震预报等提供重要资料。按照测量手段的不同，大地测量学又分为常规大地测量学、卫星大地测量学及物理大地测量学等。

3. 摄影测量与遥感学

摄影测量与遥感学是利用电磁波传感器获取目标物的影像数据，从中提取语义和非语义信息，并用图形、图像和数字形式表达的学科。其基本任务是通过对摄影像片或遥感图像进行处理、量测、解译，以测定物体的形状、大小和位置，进而制作成图。根据获得影像的方式及遥感距离的不同，本学科又分为地面摄影测量学、航空摄影测量学和航天遥感测量学等。

4. 海洋测量学

海洋测量学是以海洋和陆地水域为对象，研究港口、码头、航道、水下地形的测量以及海图绘制的理论、技术和方法的学科。

5. 地图制图学

地图制图学是研究各种地图的制作理论、原理、工艺技术和应用的学科。其主要内容包括地图的编制、投影、整饰和印刷等。目前，自动化、电子化、系统化已成为其主要发展方向。

6. 工程测量学

工程测量学是研究各类工程在规划、勘测设计、施工、竣工验收和运营管理等各阶段的测量理论、技术和方法的学科。

任务二　工程测量的任务及作用

一、工程测量的任务

工程测量的主要任务包括测定或测绘、测设或放样两个方面。

1. 测定或测绘

测定或测绘是指研究确定地球的形状和大小，将地球表面的地物、地貌测绘成图，为地球科学提供必要的数据和资料。

2. 测设或放样

测设或放样是指将图纸上的设计成果测设至地面作为施工的依据。

二、工程测量的作用

工程测量是测绘科学与技术在国民经济和国防建设中的直接应用，也是综合性地应用测绘科学与技术的体现。按照工程建设的程序，工程测量可以分为规划设计阶段的测量、施工建设阶段的测量和竣工后运营管理阶段的测量。

规划设计阶段的测量主要是提供地形资料。取得地形资料的方法是在所建立的控制测量的基础上进行地面测图或航空摄影测量。

施工建设阶段的测量的主要任务是按照设计要求在实地准确地标定建筑物各部分的平面位置和高程，作为施工与安装的依据。一般也要求先建立施工控制网，然后根据工程施工的要求进行各种测量工作，以确保工程质量。

竣工后运营管理阶段的测量包括竣工测量以及为监视工程安全状况的变形观测与维修养护等测量工作。

工程测量是指围绕着各项工程建设对测量的需要，对一系列有关测量理论、方法和仪器设备进行研究的一门学科，它在国民经济建设和国防建设中起着极为重要的作用。国民经济建设发展的整体规划，城镇和工矿企业的建设与改（扩）建，交通、水利水电、各种管线的修建，农业、林业、矿产资源等的规划、开发、保护和管理，以及灾情监测等都需要测量工作；在国防建设中，测量技术对国防工程建设、战略部署和战役指挥、诸兵种协同作战、现代化技术装备和武器装备应用等都起着重要的作用。

在工程建设的规划设计阶段，各种比例尺地形图、数字地形图或有关地理信息系统（GIS，Geographic Information System）用于城镇规划设计、管理、道路选线以及总平面和竖向设计等，以保障建设选址得当，规划布局科学合理；在施工建设阶段，特别是大型、特大型工程的施工，全球定位系统（GPS，Global Positioning System）和测量机器人技术已经用于高精度建（构）筑物的施工测设，并适时对施工、安装工作进行检验校正，以保证施工符合设计要求；在竣工后运营管理阶段，竣工测量资料是改（扩）建和管理维护必需的资料。对于大型或重要建（构）筑物还要定期进行变形监测，以确保其安全可靠；在土地资源管理方面，地籍图、房产图对土地资源开发、综合利用、管理和权属确认具有法律效力。因此，测量资料是项目建设的重要依据，是工程勘察设计现代化的重要技术支撑，是工程项目顺利施工的重要保证，是房产、地产管理的重要手段，也是工程质量检验和监测的重要措施。

工程测量技术人员必须明确测量学科在工程建设中的重要地位。通过本课程的学习，要求学生掌握测量基本理论和技术原理，熟练操作常规测量仪器，正确地应用工程测量基本理论和方法，并具备独立进行测图、用图、测设和变形观测等工作能力。这些技能也是从事土木工程测量技术工作的基本条件。

任务三　测量学的发展

一、古代测量学的成就

测量学是一门历史悠久的学科，我国作为世界文明古国，由于生活和生产的需要，很早就开始了测量工作，并在该领域取得了辉煌的成就。在古代，我国就发明了指南针，之后又创制了浑仪和浑象等测量仪器，并绘制了相当精确的全国地图。在长沙马王堆三号墓出土的西汉时期长沙国地图，是世界上迄今为止发现的最早的军用地图。指南针至今仍然是利用地磁测定方位的简便测量工具。北宋时期沈括的《梦溪笔谈》中记载了磁偏角的发现。17 世纪发明望远镜后，人们开始利用光学仪器进行测量，使测量科学迈进了一大步，清朝康熙年间，于 1718 年完成了世界上最早的地形图之一《皇舆全览图》。在清朝康熙、雍正、乾隆三位皇帝的先后主持下，自康熙四十七年至乾隆二十五年，即 1708 年至 1760 年的五十余年间，中国大地测量工作取得了辉煌的成就，绘制了全国地图、省区地图和各项专门地图，在世界测绘史上开创了中外人工合作的先例。

二、近现代测量学的发展

自 19 世纪末发展了航空摄影测量后，测量学又增添了新的内容。现代光学及电子学理论在测量学中的应用，创制了一系列激光、红外光及微波测距、测高、准直和定位的仪器。惯性理论在测量学中的应用，又创制了陀螺定向和定位的仪器。从 20 世纪 60 年代开始，测量仪器已广泛趋向于电子化和自动化，产生了电子水准仪、电子经纬仪、电子全站仪和自动绘图仪等自动化程度很高的仪器。人造地球卫星的成功发射，使其很快就被应用于大地测量，并建立了利用卫星无线电导航原理的全球定位系统。此外，通过卫星遥感技术可以获取丰富的地面信息，能够为自动化成图提供大面积的、全球性的资料。

现代信息科学的快速发展，使得我们获取数据及分析数据的手段发生了迅猛的变化。

遥感（RS，Remote Sensing）、地理信息系统（GIS）与全球定位系统（GPS）技术的出现和发展使传统的测绘科学产生了质的改变。测量学、制图学、遥感、地图学、摄影测量学和地理信息系统已融合成为一门新的学科，即“地球空间信息学”。地球空间信息学涵盖的学科包括（但不限于）地图学、控制测量、数字测图、大地测量、地理信息系统、水道测量、土地信息管理、土地测量、矿山测量、摄影测量与遥感等。它所处理的是空间数据与空间信息。地球空间信息学的提出使现代测绘科学与技术成为信息科学的一个重要组成部分，因为一方面，现代测绘科学与技术所处理的地理信息约占世界总信息量的绝大部分；另一方面，国家空间数据基础设施（NSDI，National Spatial Data Infrastructure）是国家信息基础设施（NII，National Information Infrastructure，俗称信息高速公路）的基础。

自“数字地球”这一概念提出以来，它正逐渐成为 21 世纪人类认识地球的新方式。数字地球是一种可以嵌入海量地理数据的、多分辨率的和三维的地球的表示，它需要搜集地球上每一角落的信息，并按照地球上的地理坐标建立起完整的信息模型，以便人们快速、完整、形象地了解地球与各种宏观和微观的情况。由于数字地球的实现需要众多高新技术支撑，因此，无论是国家信息基础设施，还是数字地球，就技术基础而言，其建设过程都离不开现代测绘科学技术和理论。现代测绘科学技术既是数字地球的数学基础和基本理论，也是数字地球的空间信息框架，同时还为数字地球提供了技术支撑。

综上所述，测绘工作在国民经济建设和国防建设中发挥着至关重要的作用。它能够提供各种点的大地坐标、高程和重力数据，为科学研究、地形图测绘和工程施工服务；能够提供多种比例尺地形图和地图，作为规划、工程设计、施工和编制各种专用图的基础。在工程施工、大型设备安装和工程运营中，测量工作能够提供必要的测绘保障，确保工程的顺利进行。同时，在人造卫星发射等空间技术方面，测量工作也能够提供关键的测绘保障。此外，测量工作还能够为国防建设服务，为国家空间数据基础设施、国家信息基础设施与数字地球建设提供数字基础、空间信息框架和技术支撑。

随着 3S 等现代科学技术的发展，测量科学也必然会向更高层次的电子化和自动化方向发展。

任务四　测量工作的基本程序与原则

一、测量工作的基本程序

在测量地面点位时，不可避免地会产生误差，甚至发生错误。如果从一个已知点出发逐点连续定位，若不加以检查和控制，就会使误差逐渐积累并导致点位误差超出允许范围。因此，为了限制误差的传播，在测量工作中必须遵循适当的程序并控制连续定位的延伸。同时，也应遵循特定的原则，避免盲目施测造成的恶劣后果。测量工作应逐级进行，即先进行控制测量，然后进行碎部测量和与工程建设相关的测量。

控制测量，就是在测区范围内，从测区整体出发，选择足够数量、分布均匀且起着控制作用的点（称为控制点），并使这些点的连线构成一定的几何图形（如导线测量中的闭合多边形、折线形，三角测量中的小三角网、大地四边形等），用高一级精度精确测定其空间位置（定位元素），以此作为测区内其他测量工作的依据。控制点的定位元素必须通过坐标形成一个整体。控制测量分为平面控制测量和高程控制测量。

碎部测量，就是以控制点为依据，用低一级精度测定周围局部范围内地物、地貌特征点的定位元素，由此按成图规则依一定比例尺将特征点标绘在图上，绘制成各种图件（地形图、平面图等）。

与工程建设相关的测量，就是以控制点为依据，在测区内用低一级精度进行与工程建设项目有关的各种测量工作，如施工放样、竣工图测绘、施工监测等。这些测量工作根据设计数据或特定要求测定地面点的定位元素，为施工检验、验收等提供数据和资料。

二、测量工作的原则

由测量工作的基本程序可以看出，测量工作必须遵循一定的原则，以确保测量的准确性。

1. 整体性原则

整体性是指测量对象各部分应构成一个完整的区域，各地面点的定位元素相互关联而不孤立。测区内所有局部区域的测量必须统一到同一技术标准，即从属于控制测量。因此测量工作必须“从整体到局部”。

2. 控制性原则

控制性是指在测区内建立一个自身的统一基准，作为其他任何测量的基础和质量保证。只有控制测量完成后，才能进行其他测量工作，这样可以有效控制测量误差。相对于控制测量，其他测量的精度要低一些。这就是所谓的“先控制后碎部”。

3. 等级性原则

等级性是指测量工作应“由高级到低级”。任何测量都必须先进行高一级精度的测量，然后以此为基础进行低一级精度的测量，逐级进行。这样既可以满足技术要求，又能够合理利用资源，提高经济效益。同时，对于任何测量定位，都必须满足技术规范规定的技术等级，否则测量成果将无法应用。等级规定是工程建设中测量技术工作的质量标准，任何违背技术等级的不合格测量都是不允许的。

4. 检核性原则

测量成果必须真实、可靠、准确、置信度高，任何不合格或错误的成果都可能给工程建设带来严重的后果。因此，应对测量资料和成果进行严格的全过程检验和复核，消灭错误和虚假数据、剔除不合格成果。实践证明，测量资料与成果必须保持其原始性，前一步工作未经检核不得进行下一步工作，即“步步检核”。未经检核的成果绝对不允许使用。检核包括观测数据检核、计算检核和精度检核。

项目二　水准仪的使用

任务一　测量准备工作

水准仪是通过建立水平视线测定地面两点间高差的仪器，它根据水准测量原理测定地面两点间高差。水准仪的主要部件包括望远镜、水准器（或补偿器）、垂直轴、基座和脚螺旋。

一、水准仪一般操作注意事项

在使用水准仪之前，应务必检查并确认仪器各项功能运行正常。水准仪一般操作注意事项如下：

① 避免条码尺面和每节标尺连接处被弄脏或损伤。在标尺的存放或运输过程中，条码尺面和连接处可能会受到碰撞和损伤。如果条码被弄脏或损伤，就难以进行精确读数和测量，这是因为仪器需要读出标尺的黑白条码作为电信号。如果条码受损，仪器的测量精度也会因此降低，有时甚至无法进行测量。

② 在使用仪器时，应尽量选择木制三脚架，使用金属三脚架可能会产生晃动，从而影响测量精度。此外，三脚架每根腿上的螺旋必须切实固紧。

③ 如果基座安装不正确，测量精度可能会受到影响。因此，需要经常检查基座上的校正螺钉，并确保基座上的中心固定螺旋已经旋紧。

④ 作为精密测量仪器，在运输过程中应尽可能减少震动或冲击，因为剧烈震动可能会导致测量功能受损。在仪器装箱时，务必关闭电源并取下电池。

⑤ 在搬动仪器时应小心，必须握住提手，并且要把仪器从三脚架上取下。

⑥ 在使用和存放仪器时，应避免其直接受到日晒雨淋或受潮，不要将仪器的物镜对准太阳光，否则可能会损坏仪器内部的部件。此外，应避免长时间将仪器放置在高温（>50℃）环境下，因为这可能会对仪器的使用产生不良的影响。

⑦ 应避免温度突变，因为仪器温度突变会导致测程缩短。当仪器从温度较高的汽车中取出时，要让仪器逐渐适应周围的温度，然后才能使用。

⑧ 在作业前应检查电池剩余电量。

⑨ 如果使用条码标尺，须戴上手套。

二、水准仪安全使用注意事项

在使用水准仪时，要重视安全使用注意事项，如果忽视这些提示可能会导致重伤、造成人员伤害或损坏物体。

忽视以下提示可能会导致重伤：

① 严禁将仪器靠近燃烧的气体、液体、易爆物使用，不要在煤矿、高粉尘场所使用仪器，以免发生燃烧爆炸。

② 严禁擅自拆卸或修理仪器，以免有火灾、电击的危险或损坏物体。

③ 严禁用望远镜直接观察太阳或经棱镜等反射物反射的阳光，以免对眼睛造成严重损坏。

④ 在高压线或变压器附近使用标尺作业时应特别小心，以免接触高压线或变压器造成触电事故。

⑤ 严禁在雷电时使用标尺，以免雷电导致严重伤害或死亡。

⑥ 严禁使用非生产商指定的电池或充电器，否则可能会引起火灾。

⑦ 严禁使用损坏的电源电缆、插头和插座，否则可能会有火灾或电击的危险。

⑧ 严禁使用潮湿的电池或充电器，否则可能会有火灾或电击的危险。

⑨ 严禁将电池放在火里或高温环境中，否则可能会引起爆炸或伤害。

⑩ 严禁使用非生产商说明书中指定的电源，否则可能会有火灾或电击的危险。

⑪ 存放电池时不要使之短路，电池短路可能会引起火灾。

⑫ 严禁用湿手拆装仪器及操作电源插头，否则可能会有电击的危险。

⑬ 严禁在充电时将充电器盖住，否则可能会因高温而引起火灾。

⑭ 请勿接触电池渗漏出的液体，以免有害化学物质造成皮肤的灼伤，同时须更换电池。

忽视以下提示可能会导致人员伤害或物体损坏：

① 伤害：指伤痛、烧伤、电击等。

② 损坏：指对建筑物、仪器或家具引起严重的破坏。

③ 翻转仪器箱可能会损坏仪器。

④ 请勿在仪器箱上站或坐，防止滑倒受伤。

⑤ 请勿使用箱带、搭扣、合页、提手已损坏的仪器箱，以免仪器损坏或仪器箱跌落伤人。

⑥ 在架设或搬运时，应注意防止三脚架的脚尖伤人。

⑦ 请务必正确架设基座，若基座掉下来会使仪器受到严重损伤。

⑧ 在三脚架上架设仪器时，务必将三脚架的中心螺旋旋紧以防仪器跌落下来造成严重后果。

⑨ 架设仪器前，务必将三脚架每根腿上的螺旋固紧以防三脚架倾倒造成严重后果。

⑩ 搬运三脚架时，务必将三脚架每根腿上的螺旋固紧以防三脚架腿滑出伤人。

三、水准仪用户要求

水准仪对使用用户的要求如下：

① 只能由专业人员使用。用户必须是有相当水平的测量人员或有相当的测量知识，在使用、检查和校正前须了解安全使用说明。

② 使用仪器时，应穿上必要的安全装（如安全鞋、安全帽）。

③ 严禁将仪器直接置于地上，观测者离开仪器时，应将尼龙套（如有）罩在仪器上。

四、水准仪各部件名称与功能

（一）仪器部件名称

水准仪各部件名称如图 2-1 所示。其中，目镜用于调节十字丝的清晰度，旋下目镜护罩，调整分划板的校准螺钉以调整光学视准线误差；数据输出插口用于连接电子手簿或计算机；调焦手轮用于标尺调焦；电源开关/测量键用于仪器开关机和测量；水平微动手轮用于仪器水平方向的调整；水平度盘用于将仪器照准方向的水平方向值设置为零或所需值。

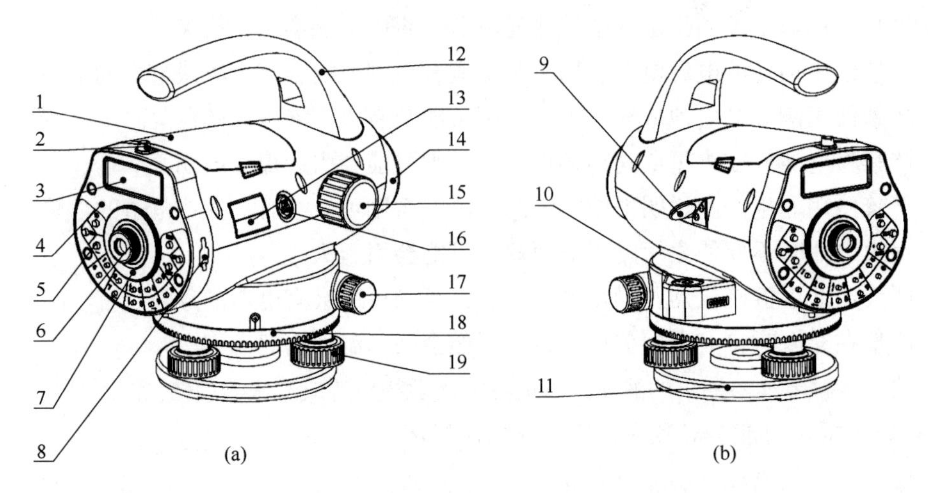

1—电池；2—粗瞄器；3—液晶显示屏；4—面板；5—按键；6—目镜；7—目镜护罩；8—数据输出插口；9—圆水准器反射镜；10—圆水准器；11—基座；12—提手；13—型号标贴；14—物镜；15—调焦手轮；16—电源开关/测量键；17—水平微动手轮；18—水平度盘；19—脚螺旋。

图 2-1 水准仪

（二）操作键及其功能

水准仪的操作键及其功能如表 2-1 所示。

表 2-1 操作键及其功能

键符	键名	功能
POW/MEAS	电源开关/测量键	仪器开关机/测量 开机：仪器待机时轻按一下；关机：长按约五秒
MENU	菜单键	进入菜单模式。菜单模式有下列选择项：标准测量模式、线路测量模式、检校模式、数据管理和格式化内存/数据卡
DIST	测距键	在测量状态下按此键测量并显示距离
▲ ▼	选择键	翻页菜单屏幕或数据显示屏幕
◄ ►	数字移动键	查询数据时左右翻页或输入状态时左右选择
ENT	确认键	用来确认模式参数或输入显示的数据

续表

键符	键名	功能
ESC	退出键	用来退出菜单模式或任一设置模式，也可作为输入数据时的后退清除键
0~9	数字键	用来输入数字
–	标尺倒置模式键	用来进行倒置标尺输入。应预先在测量参数下，将倒置标尺模式设置为使用
-☼-	背光灯开关	打开或关闭背光灯
.	小数点键	数据输入时输入小数点；在可输入字母或符号时，切换大小写字母和符号输入状态
REC	记录键	记录测量数据
SET	设置键	进入设置模式。设置模式用来设置测量参数、条件参数和仪器参数
SRCH	查询键	用来查询和显示记录的数据
IN/SO	中间点/放样模式键	在连续水准线路测量时，测中间点或放样
MANU	手动输入键	当不能用[MEAS]进行测量时，可从键盘手动输入数据
REP	重复测量键	在连续水准线路测量时，可用来重测已测过的后视或前视

五、安置仪器

1. 安置三脚架

① 伸缩三脚架三条腿到合适的长度，并拧紧腿部中间部分固定螺帽。

② 固紧三脚架头上的六角螺母，使三脚架腿不至于太松。将三脚架安置在给定点上，张开三脚架，使腿的间距约一米或三脚架张角能保证三脚架稳定。先固定其中一个脚，再动其他两个脚使水准仪大致水平，必要时可再伸缩三脚架腿的长度。

③ 将三脚架腿踩入地面内使其固定在地面上。

2. 将仪器安置到三脚架头上

从仪器箱内小心取出仪器并安置到三脚架头上。

① 将三脚架中心连接螺旋对准仪器底座上的中心，然后旋紧三脚架上的中心连接螺旋直到将仪器固定在三脚架头上。

② 如果需要用水平度盘测定角度或设定一条线，则须用球将仪器精确地对中。

③ 利用三个脚螺旋使圆水准器气泡居中，即平置仪器。若使用球头三脚架，则应先轻轻松开三脚架中心连接螺旋，然后将仪器围绕三脚架头顶部转动使圆水准器气泡居中，当气泡位于圈内即可旋紧三脚架上的固定螺母。

3. 将仪器安置到给定点上（对中）

当仪器用于测角或定线时，必须用垂球将仪器精确安置到给定点上。

① 将垂球钩挂在三脚架中心连接螺旋的垂球架上。

② 将垂球线挂到垂球上，使用滑动装置调节线的长度，使垂球位于合适的高度。

③ 如果仪器未对准给定点，可将仪器移动到该点上，而无须改变三脚架腿与架头之

间的关系。首先将三脚架大致安置到给定点上，使垂球偏离该点约 1cm 以内，然后握住三脚架的两条腿，相对于第三条腿进行调节，使架头水平、高度适当，架腿张开到合适的程度以触及地面。

④ 一边观察垂球和架头，一边将每条架腿踩入地面内。

⑤ 略微松开三脚架中心连接螺旋，在架头上轻轻移动仪器，使垂球正好对准给定点，然后将三脚架中心连接螺旋旋紧。

六、整平仪器

用脚螺旋将圆水准器气泡调整居中。先将圆水准器放置在适当位置，然后用双手同时向内或向外（即以相反方向）旋转脚螺旋，使两个脚螺旋一个升高、一个降低。如图 2-2 所示，当气泡未居中而处于图（a）中的 a 处时，按图上箭头所示同时向内旋转 1、2 两个脚螺旋，使气泡移动到图（b）中的 b 处，再转动脚螺旋 3，使气泡居中。这项工作需要反复进行，直至仪器旋转到任何方向，气泡都能保持居中。在整平的过程中，须记住左手拇指规则（左手拇指旋转脚螺旋的运动方向，就是气泡移动的方向），不可盲目地转动脚螺旋。同时，也要注意在整平过程中不要触动望远镜，以免影响仪器的精度。

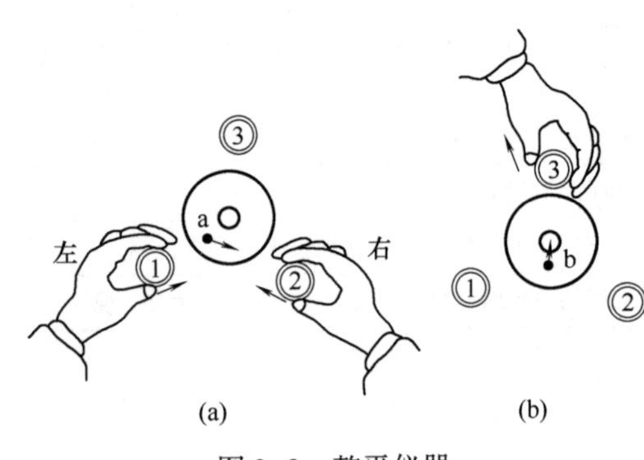

图 2-2　整平仪器

七、照准与调焦

① 利用粗瞄器将望远镜对准标尺。

② 慢慢旋转目镜使十字丝影像最为清晰。

③ 转动调焦手轮直至标尺的影像最为清晰，转动水平微动手轮使标尺的影像在十字丝竖丝的中心。

④ 通过望远镜进行观察，将眼睛在目镜后上下左右轻轻移动。若发现十字丝与标尺影像无相对运动，则调焦工作完成，否则须从步骤①重新进行。

在这个过程中需要注意，如果十字丝和调焦不够清晰，可能会影响测量结果的准确性。

任务二　标尺的照准与调焦及测量注意事项

一、照准与调焦的操作

1. 调焦

测量时，慢慢旋转目镜旋钮，使视场内十字丝最为清晰。然后转动调焦手轮使标尺条码最为清晰并使十字丝的竖丝对准条码的中间，如图2-3所示。精确的调焦可以缩短测量时间并提高测量精度，在进行高精度测量时，要求进行精确调焦，同时须进行多次测量以获取更准确的结果。

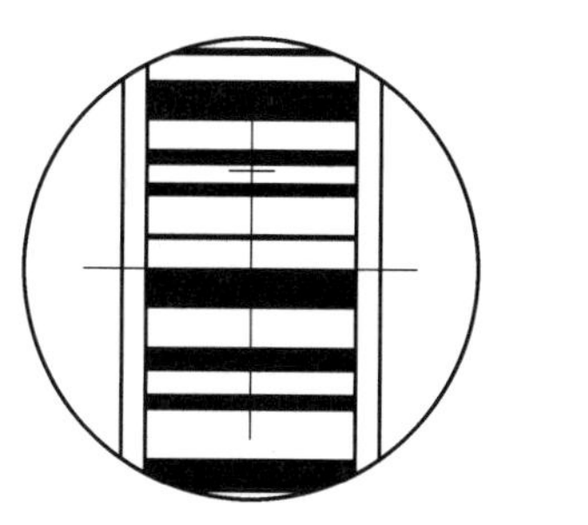
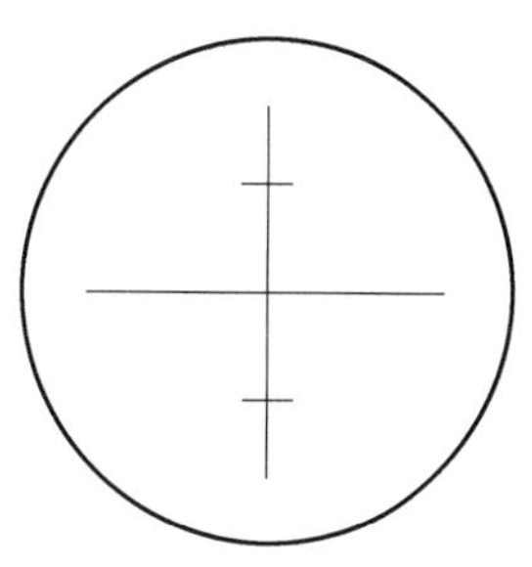

图2-3 调焦

2. 障碍物

如图2-4（a）所示，只要标尺被障碍物（如树枝等）遮挡不超过30%，就可以进行测量。如图2-4（b）和图2-4（c）所示，十字丝中心被遮挡或视场被遮挡的总量超过30%，这两种情况下也可以进行测量，但此时的测量精度可能会受到一定的影响。

(a) 遮挡不超过30%

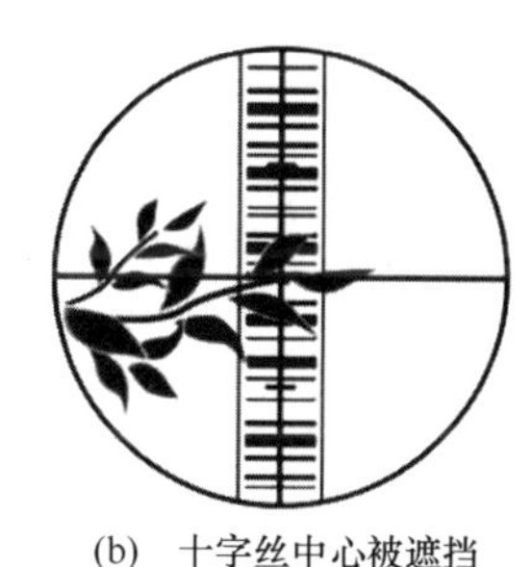

(b) 十字丝中心被遮挡

(c) 遮挡超过30%

图2-4 障碍物遮挡

3. 阴影和震动

当标尺遇到阴影遮盖和震动时，测量精度可能会受到一定的影响，在某些特殊情况下，可能会无法进行测量。

4. 背光和反光

当标尺所处的背景比较亮，影响标尺的对比度时，仪器可能无法进行测量。此时，可以通过遮挡物镜端减少背景光进入物镜以改善测量条件。另外，当有强光进入目镜时，仪器也可能无法进行测量。此时，测量者可以遮挡目镜的强光以确保测量的顺利进行。

如果标尺的反射光线过强，可以稍微旋转标尺以减少其反射光线的强度，如图2-5所示。

在太阳位置较低时（如早晨或傍晚），或在阳光直接照射仪器物镜时，建议用手或遮阳伞遮挡阳光。

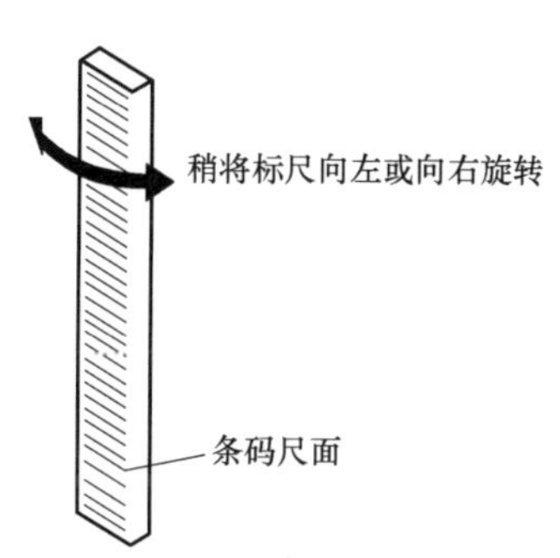

图2-5 旋转标尺以减少其反射光线的强度

二、测量注意事项

要充分发挥仪器的功能，须注意以下几点：

① 在具有足够亮度的地方架设标尺。在条件许可

的情况下应使用全把标尺，不应只用半把标尺。当使用塔式条码尺时，应将标尺拉出至卡口位置，使塔尺接口之间的间距符合要求。如果需要使用照明，则应尽可能照明整个标尺，否则可能会影响测量精度。

② 标尺被遮挡可能不会影响测量功能，但如果树枝或树叶遮挡了标尺条码，则可能会显示错误并影响测量结果。

③ 当因标尺处比目镜处暗而发生错误时，用手遮挡一下目镜可能会解决这一问题。

④ 标尺的歪斜和俯仰都会影响测量的精度。在测量时，要保持标尺和分划板竖丝平行且对中，标尺应完全拉开并适当固定。此外，应尽可能保证标尺连接处的精确性，并避免通过玻璃窗进行测量。

⑤ 在使用之前，以及长时间存放和长途运输后，应首先检验并校正电子和光学的视线误差，然后校准圆水准器。此外，应保持光学部件的清洁，以确保仪器的精度和准确性。

任务三　标准测量模式

标准测量模式包括标准测量、高程放样、高差放样和视距放样。

一、标准测量

标准测量只用于测量标尺读数和距离，而不进行高程计算。当“条件参数”的“数据输出”为“内存”或“SD卡”时，则要输入作业名和有关注记，所有的观测值都需要手动按下［REC］记录到内存或数据卡中。

表2-2所示为数据输出（内存）的测量实例，每次观测进行三次测量。

表2-2　　测量实例

操作过程	操作	显示
1.［ENT］	［ENT］	主菜单　1/2 ▶标准测量模式 线路测量模式 检校模式
2.［ENT］	［ENT］	标准测量模式 ▶标准测量 高程放样 高差放样
3. 输入作业名 按［ENT］	输入作业名 ［ENT］	标准测量 作业? =>J01
4. 输入新测量号12 按［ENT］	输入测量号 ［ENT］	标准测量 测量号 =>12

续表

操作过程	操作	显示
5. 输入注记 1~3 按[ENT]	输入注记 1 [ENT]	标准测量 注记#1? =>1
●要跳过注记并直接进入步骤 6,只要在“注记#1”提示时按[ENT]即可	输入注记 2 [ENT]	标准测量 注记#2? =>1
—	输入注记 3 [ENT]	标准测量 注记#3? =>1
6. 输入测量点的点号	[MEAS] 连续测量 [ESC]	标准测量点号 =>*P*01
7. 瞄准标尺	—	标准测量 按[MEAS]开始测量 测量号：12
8. 按[MEAS] 进行三次测量并显示 *M* 秒 ●若水准仪设置为连续测量，则按[ESC],这时屏幕显示最后一次测量值 *M* 秒	[MEAS]	标准测量 标尺： 视距： 开始测量>>>>>>>>>
9. 按[REC],存储显示的数据	[REC]	标准测量　p　1/2 标尺均值：0. 8263m 视距均值：18. 8180m *N*：3　*δ*：0. 0400mm

注：1. 作业名最多可输入 8 个大写字母或数字，而注记可输入 16 个大写或小写字母、数字或符号。
2. 测量号最多可输入 8 个数字。
3. 当记录模式关闭时，作业名、测量号和注记不能输入。
4. 显示的时间可在“设置模式”中设定。
5. 当完成测量时，显示测量数据。按［▲］或［▼］可以交替显示屏幕内容。
6. 存储后，点号会自动递增或递减，测量之前可以按［ESC］更改测量号。

测量完毕，按［▲］或［▼］将测量结果显示于屏幕内，如表 2-3 所示。

表 2-3　测量完毕后屏幕显示

显示	
标准测量　1/2 标尺均值：0. 8263m 视距均值：18. 8180m *N*：3　*δ*：0. 0400mm	距离显示： *N* 次测量：平均值 连续测量：最后一次观测 *N*：测量次数　*δ*：标准偏差
标准测量　2/2 测量：12 点号：1	测量号显示 点号显示

二、高程放样

由已知点 A 的高程 H_a 推算出高程值 $H_a+\Delta H$，仪器可以根据输入的高程值 $H_a+\Delta H$ 来

测出相应的地面点 B，本测量不进行存储。高程放样操作及显示如表 2-4 所示。

表 2-4　　高程放样操作及显示

操作过程	操作	显示
1. [ENT]	[ENT]	主菜单　1/2 ▶标准测量模式 线路测量模式 检校模式
2. [ENT]	[ENT]	标准测量模式 标准测量 ▶高程放样 高差放样
3. 输入后视点高程 按[ENT]	输入高程 [ENT]	高程放样 输入后视高程 =23.0000m
4. 输入放样点高程 按[ENT]	输入高程 [ENT]	高程放样 输入放样高程 =25.0000m
5. 瞄准后视点并调焦 按[MEAS]	[MEAS]	高程放样 测量后视点 按[MEAS]开始测量
6. 显示后视点测量值 按[ENT]	[ENT]	高程放样 B 标尺：1.5120m B 视距：26.7800m N：3　δ：0.4000mm
7. 瞄准放样点并调焦 按[MEAS]	[MEAS]	高程放样 测量放样点 按[MEAS]开始测量
8. 显示放样点测量值和放样值，若显示"↑"表示标尺偏低，须将标尺上移	—	高程放样 S 标尺：1.6120m 放样：↑2.1000m N：3　δ：0.4000mm
9. 按[▲]或[▼]可以查阅放样点的视距和高程 按[ENT]	[▲]或[▼] [ENT]	高程放样 S 视距：26.7800m 高程：22.9000m
10. 按[REP]重新开始新的放样，重新开始后视点的测量；按[ENT]继续放样点的测量；按[ESC]退出高程放样	[REP]或[ENT]或[ESC]	高程放样 REP：新的测量 ENT：继续 ESC：退出测量

三、高差放样

由已知点 A 到点 B 的高差 ΔH，仪器可以根据输入的高差值 ΔH 来测出相应的地面点 B，本测量不进行存储。高差放样操作及显示如表 2-5 所示。

表 2-5 高差放样操作及显示

操作过程	操作	显示
1. [ENT]	[ENT]	主菜单 1/2 ▶标准测量模式 线路测量模式 检校模式
2. [ENT]	[ENT]	标准测量模式 标准测量 高程放样 ▶高差放样
3. 输入前、后视点高差 按[ENT]	输入高差 [ENT]	高差放样 输入放样高差 =-1.0000m
4. 瞄准后视点并调焦 按[MEAS]	[MEAS]	高差放样 测量后视点 按[MEAS]开始测量
5. 显示后视点测量值 按[ENT]	[ENT]	高差放样 B 标尺：1.5120m B 视距：26.7800m N：3 δ：0.4000mm
6. 瞄准放样点并调焦 按[MEAS]	[MEAS]	高差放样 测量放样点 按[MEAS]开始测量
7. 显示放样点测量值和放样值，若显示"↓"表示标尺偏高，须将标尺下移	—	高差放样 S 标尺：1.6120m 放样：↓0.9000m N：3 δ：0.4000mm
8. 按[▲]或[▼]可以查阅放样点的视距和高差 按[ENT]	[▲]或[▼] [ENT]	高差放样 S 视距：26.7800m 高差：-0.1000m
9. 按[REP]重新开始新的放样，重新开始后视点的测量；按[ENT]继续放样点的测量；按[ESC]退出高差放样	[REP]或[ENT]或[ESC]	高差放样 REP：新的测量 ENT：继续 ESC：退出测量

四、视距放样

由已知点 A 到点 B 的距离 D_{ab}，仪器可以根据输入的距离值 D_{ab} 测出相应的地面点 B，本测量不进行存储。视距放样操作及显示如表 2-6 所示。

表 2-6 视距放样操作及显示

操作过程	操作	显示
1. [ENT]	[ENT]	主菜单 1/2 ▶标准测量模式 线路测量模式 检校模式

续表

操作过程	操作	显示
2. [▼]	[▼]	标准测量模式 标准测量 高程放样 ▶高差放样
3. [ENT]	[ENT]	标准测量模式 ▶视距放样
4. 输入放样视距 按[ENT]	输入放样视距 [ENT]	视距放样 输入放样视距 =15.0000m
5. 瞄准放样点并调焦 按[MEAS]	[MEAS]	视距放样 测量放样点 按[MEAS]开始测量
6. 按[▲]或[▼]可以查阅放样点的标尺读数和输入值 按[ENT]	[▲]或[▼] [ENT]	视距放样 S 视距：26.7800m 放样：←11.7800m
		视距放样 S 标尺：1.0050m 输入：15.0000m
7. 按[ENT]继续放样点的测量;按[ESC]退出视距放样	[ENT]或[ESC]	视距放样 ENT：继续 ESC：退出测量

任务四　线路测量模式

在线路测量中，“数据输出”必须设置为“内存”或“SD 卡”，本任务示例假定“数据输出”为“内存”。若要将线路水准测量数据直接存入数据存储卡内，则“数据输出”必须设置为“SD 卡”。线路测量示意图如图 2-6 所示。

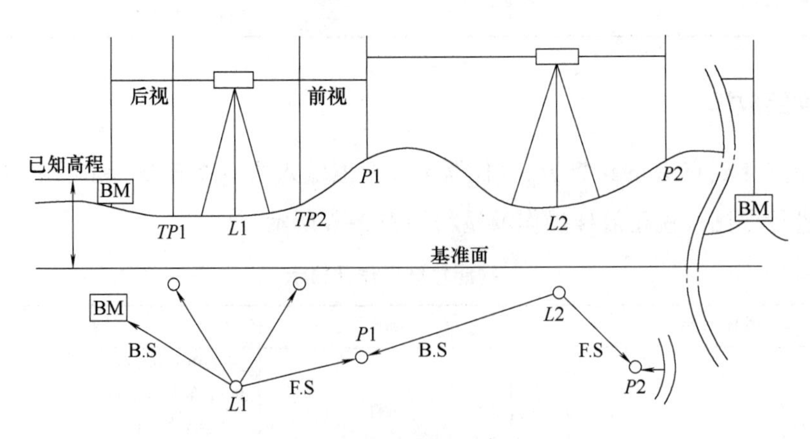

图 2-6　线路测量示意图

一、开始线路测量

开始线路测量用来输入作业名、基准点号和基准点高程，输入这些数据后，就可以开始线路的测量。

使用水准仪进行线路测量主要有以下四种方式：

① 水准测量 1：后前前后（BFFB）。

② 水准测量 2：后后前前（BBFF）。

③ 水准测量 3：后前/后中前（BF/BIF）。

④ 水准测量 4：往返测：后前前后/前后后前（aBFFB）。

当一个测站测量完成后，用户可以关机以节约用电，再次开机后仪器会自动继续下一个站点的测量。如果当前测站未完成测量就关机，那么再次开机后须重新测量此测站。

开始线路测量操作及显示如表 2-7 所示。

表 2-7　　开始线路测量操作及显示

操作过程	操作	显示
1. [ENT]	[ENT]	主菜单　1/2 标准测量模式 ▶线路测量模式 检校模式
2. [ENT]	[ENT]	线路测量模式 ▶开始线路测量 继续线路测量 结束线路测量
3. 输入作业名 按[ENT]	输入作业名 [ENT]	线路测量模式 作业? =>J01
4. 按[▲]或[▼]选择线路测量模式 按[ENT]	[▲]或[▼] [ENT]	线路测量模式 ▶后前前后(BFFB) 后后前前(BBFF) 后前/后中前(BF/BIF)
5. 按[▲]或[▼]选择手动输入水准基准点高程或者调用已存入的基准点高程 按[ENT]	[▲]或[▼] [ENT]	线路测量模式 ▶输入后视点 调用已存点
6. 输入水准点点号 按[ENT]或[ESC]	输入点号 [ENT]或[ESC]	线路测量模式 BM#? =>B01
7. 输入注记并按[ENT] (如果不需要输入则直接按[ENT])	输入注记 [ENT]	线路测量模式 注记：#1? =>1
—	[ENT]	线路测量模式 注记：#2? =>1

续表

操作过程	操作	显示
—	—	线路测量模式 注记：#3? =>1
8. 输入后视点高程 按[ENT]	[ENT]	线路测量模式 输入后视高程? =100m

注：1. 用户调入的已存点数据可以通过主菜单数据管理下的“输入点”来输入点的高程数据。

2. 总共可输入三组注记，每组可输入 16 个字母、数字或符号。

下面介绍线路测量：后视、前视观测数据的采集。

1. 水准测量 1：后前前后（BFFB）

水准测量 1：后前前后（BFFB）操作及显示如表 2-8 所示。

表 2-8　　水准测量 1：后前前后（BFFB）操作及显示

<table>
<tr><th>操作过程</th><th>操作</th><th>显示</th></tr>
<tr><td>1. 紧接着开始线路测量，屏幕出现“Bk1”（后视）提示。若前一步为开始线路测量，则显示水准点号</td><td rowspan="3">瞄准 Bk1
[MEAS]</td><td>线路　BFFB
Bk1
BM#：B01
按[MEAS]开始测量</td></tr>
<tr><td>2. 瞄准后视点上的标尺[后视 1]</td><td>线路　BFFB
Bk1
BM#：B01
>>>>>>>>>></td></tr>
<tr><td>3. 按[MEAS]
进行三次测量并显示均值 M 秒</td><td>—</td></tr>
<tr><td>4. 当设置模式为连续测量，则按[ESC]，显示最后一次测量数据 M 秒</td><td>连续测量
[ESC]</td><td>线路　BFFB
B1 标尺：0. 8259m
B1 视距：3. 9140m
N：3　>>>>>>>>>></td></tr>
<tr><td>5. 显示屏提示变为“Fr1”并自动地增加或减少前视点号。此时按[ESC]可修改前视点号。瞄准前视点上的标尺[前视 1]</td><td rowspan="2">瞄准 Fr1
[MEAS]</td><td>线路　BFFB　1/2
B1 标尺均值：0. 8259m
B1 视距均值：3. 9140m
N：3　δ：0. 0000mm</td></tr>
<tr><td>6. 按[MEAS]
测量完毕，显示均值 M 秒</td><td>线路 BFFB
Fr1
点号：P01
按[MEAS]开始测量</td></tr>
<tr><td>7. 再次瞄准前视点上的标尺[前视 2]
按[MEAS]</td><td rowspan="2">瞄准 Fr2
[MEAS]</td><td>线路　BFFB　1/2
F1 标尺均值：0. 8260m
F1 视距均值：3. 9140m
N：3　δ：0. 0200mm</td></tr>
<tr><td>8. 测量完毕，显示均值 M 秒</td><td>线路　BFFB
Fr2
点号：P01
按[MEAS]开始测量</td></tr>
</table>

续表

操作过程	操作	显示
9. 再次瞄准后视点上的标尺[后视 2]并调焦 按[MEAS]	瞄准 Bk2 [MEAS]	线路　BFFB　1/2 F2 标尺均值：0.8260m F2 视距均值：3.9130m *N*：3　*δ*：0.0200mm
		线路　BFFB Bk2 BM#：*B*01 按[MEAS]开始测量
10. 若有更多的后视点和前视点需要采集，则继续进行第 2 步操作	—	线路　BFFB　1/2 B2 标尺均值：0.8261m B2 视距均值：3.9150m *N*：3　*δ*：0.0200mm

注：可在设置中的“条件参数”里设置显示时间。

测量完毕，按［▲］或［▼］可翻页显示。

后视 1（Bk1）测量完毕后，按［▲］或［▼］屏幕显示如表 2-9 所示。

表 2-9　　后视 1（Bk1）测量完毕后屏幕显示

显示	
线路　BFFB　1/2 B1 标尺均值：0.8259m B1 视距均值：3.9140m *N*：3　*δ*：0.0000mm	只在多次测量的情况下显示 到后视点的距离 *N* 次测量：平均值 连续测量：最后一次测量值 *N*：总的测量次数 *δ*：标准偏差
线路　BFFB　2/2 BM#：*B*01	后视点号

前视 1（Fr1）测量完毕后，按［▲］或［▼］屏幕显示如表 2-10 所示。

表 2-10　　前视 1（Fr1）测量完毕后屏幕显示

显示	
线路　BFFB　1/3 F1 标尺均值：0.8260m F1 视距均值：3.9140m *N*：3　*δ*：0.0200mm	到前视点的距离 *N* 次测量：平均值 连续测量：最后一次测量值 *N*：总的测量次数 *δ*：标准偏差
线路　BFFB　2/3 高差 1：-0.0001m Fr GH1：99.9999m 点号：*P*01	后视 1 至前视 1 的高差 前视点地面高程
线路　BFFB　3/3 Δ*d*：　-0.0010m	Δ*d*：前、后视距差

当前视 2（Fr2）测量完毕后，按［▲］或［▼］屏幕显示如表 2-11 所示。

表 2-11　　前视 2（Fr2）测量完毕后屏幕显示

显示	
线路　BFFB　1/2 F2 标尺均值：0.8260m F2 视距均值：3.9130m *N*：3　*δ*：0.0200mm	到前视点的距离 *N* 次测量：平均值 连续测量：最后一次测量值 *N*：总的测量次数 *δ*：标准偏差
线路　BFFB　2/2 点号：*P*01	前视点号

当后视 2（Bk2）测量完毕后，按［▲］或［▼］屏幕显示如表 2-12 所示。

表 2-12　　后视 2（Bk2）测量完毕后屏幕显示

显示	
线路　BFFB　1/3 B2 标尺均值：0.8260m B2 视距均值：3.9150m *N*：3　*δ*：0.0200mm	到后视点的距离 *N* 次测量：平均值 连续测量：最后一次测量值 *δ*：标准偏差
线路　BFFB　2/3 E. V 值：0.0000mm *d*：0.0010m Σ：7.8280m	E. V：高差之差=(后 1-前 1)-(后 2-前 2) *d*：后视距离总和-前视距离总和 Σ：后视距离总和+前视距离总和
线路　BFFB　3/3 高差 2：0.0000mm Fr GH2：100.0000m BM#：*B*01	后视 2 至前视 2 的高差 前视点地面高程 后视点号

2. 水准测量 2：后后前前（BBFF）

水准测量 2：后后前前（BBFF）操作及显示如表 2-13 所示。

表 2-13　　水准测量 2：后后前前（BBFF）操作及显示

操作过程	操作	显示
1. 紧接着“开始线路测量”，屏幕出现“Bk1”（后视）提示。若前一步为开始线路测量，则显示水准点号	瞄准 Bk1 ［MEAS］	线路　BBFF Bk1 BM#：*B*01 按［MEAS］开始测量
2. 瞄准后视点上的标尺［后视 1］ 按［MEAS］		线路　BBFF Bk1 BM#：*B*01 >>>>>>>>>>>
3. 瞄准后视点上的标尺［后视 2］ 按［MEAS］	瞄准 Bk2 ［MEAS］	线路　BBFF Bk2 BM#：*B*01 按［MEAS］开始测量

续表

操作过程	操作	显示
4. 瞄准前视点上的标尺[前视 1] 此时按[ESC]可更改前视点号 按[MEAS]开始测量	瞄准 Fr1 [MEAS]	线路 BBFF Fr1 点号：*P*01 按[MEAS]开始测量
5. 瞄准前视点上的标尺[前视 2] 按[MEAS]	瞄准 Fr2 [MEAS]	线路 BBFF Fr2 点号：*P*01 按[MEAS]开始测量
6. 搬站瞄准后视点上的标尺[后视 1] 按[MEAS] 若有更多的后视点和前视点需要采集，则执行第 2~5 步	瞄准 Bk1 [MEAS]	线路 BBFF Bk1 点号：*P*01 按[MEAS]开始测量

测量完毕，按［▲］或［▼］可翻页显示。

后视 1（Bk1）测量完毕后，按［▲］或［▼］屏幕显示如表 2-14 所示。

表 2-14　　后视 1（Bk1）测量完毕后屏幕显示

显示	
线路 BBFF 1/2 B1 标尺均值：0.8259m B1 视距均值：3.9140m *N*：3 δ：0.0000mm	只在多次测量的情况下显示 到后视点的距离 *N* 次测量：平均值 连续测量：最后一次测量值 *N*：总的测量次数 δ：标准偏差
线路 BFFB 2/2 BM#：*B*01	后视点号

后视 2（Bk2）测量完毕后，按［▲］或［▼］屏幕显示如表 2-15 所示。

表 2-15　　后视 2（Bk2）测量完毕后屏幕显示

显示	
线路 BBFF 1/2 B2 标尺均值：0.8260m B2 视距均值：3.9150m *N*：3 δ：0.0200mm	到后视点的距离 *N* 次测量：平均值 连续测量：最后一次测量值 δ：标准偏差
线路 BBFF 2/2 BM#：*B*01	后视点号

前视 1（Fr1）测量完毕后，按［▲］或［▼］屏幕显示如表 2-16 所示。

前视 2（Fr2）测量完毕后，按［▲］或［▼］屏幕显示如表 2-17 所示。

3. 水准测量 3：后前/后中前（BF/BIF）

水准测量 3：后前/后中前（BF/BIF）操作及显示如表 2-18 所示。

表 2-16　　前视 1（Fr1）测量完毕后屏幕显示

显示	
线路　BBFF　1/2 F1 标尺均值：0. 8260m F1 视距均值：3. 9140m N：3　δ：0. 0200mm	到前视点的距离 N 次测量：平均值 连续测量：最后一次测量值 N：总的测量次数 δ：标准偏差
线路　BBFF　2/2 高差 1：-0. 0001m Fr GH1：99. 9999m 点号：P01	后视 1 至前视 1 的高差 前视点地面高程

表 2-17　　前视 2（Fr2）测量完毕后屏幕显示

显示	
线路　BBFF　1/3 F2 标尺均值：0. 8260m F2 视距均值：3. 9130m N：3　δ：0. 0200mm	到前视点的距离 N 次测量：平均值 连续测量：最后一次测量值 N：总的测量次数 δ：标准偏差
线路　BBFF　2/3 E. V 值：0. 0000mm d：0. 0000m Σ：7. 8280m	E. V：高差之差=(后 1-前 1)-(后 2-前 2) d：后视距离总和-前视距离总和 Σ：后视距离总和+前视距离总和 前视点号
线路　BBFF　3/3 高差 2：0. 0000m Fr GH2：100. 0000m 点号：P01	后视 2 至前视 2 的高差 前视点地面高程

表 2-18　　水准测量 3：后前/后中前（BF/BIF）操作及显示

操作过程	操作	显示
1. 紧接着输入“后视点高程”	—	线路　BIF Bk1 BM#：B01 按[MEAS]开始测量
2. 瞄准并调焦后视点上的标尺[后视 1] 按[MEAS]	瞄准 Bk1 [MEAS]	线路　BIF Bk1 BM#：B01 >>>>>>>>>>>
3. 选择中间点和放样测量 按[IN/SO]	[IN/SO]	线路　BIF Fr1 点号：P01 按[MEAS]开始测量
4. 选择中间点测量 按[ENT]	[▲]或[▼] [ENT]	线路　BIF ►中间点测量 　高程放样

续表

操作过程	操作	显示
5. 输入中间点的点号 按[ENT]	输入点号 [ENT]	中间点测量 点号? =>*TP*01
6. 输入注记 按[ENT]	输入注记 [ENT]	中间点测量 注记#1? =>
7. 瞄准并调焦中间点上的标尺 按[MEAS]	[MEAS]	中间点测量 点号：*TP*01 按[MEAS]开始测量
—	—	中间点测量 标尺均值：0.9030m 视距均值：17.0080m N：3　δ：0.0200mm
8. 按[REC]记录测量数据，如果要继续中间点测量按[ENT]，退出中间点测量按[ESC]	[REC] [ESC]	中间点测量 REC：记录数据 ENT：继续 ESC：退出
9. 瞄准并调焦前视点上的标尺 按[MEAS]	瞄准 Fr1 [MEAS]	线路　BIF Fr1 点号：*P*01 按[MEAS]开始测量
10. 瞄准并调焦后视点上的标尺 按[MEAS]	[ENT] [MEAS]	线路　BIF Bk2 点号：*P*01 按[MEAS]开始测量
11. 选择中间点和放样测量 按[IN/SO]	[IN/SO]	线路　BIF Fr2 点号：*P*02 按[MEAS]开始测量
12. 选择高程放样 按[ENT]	[▲]或[▼] [ENT]	线路　BIF 中间点测量 ▶高程放样
13. 是否调用高程数据 若调用则按[ENT]，否则按[ESC]	[ESC]	高程放样 调用记录数据? 是：[ENT]　否：[ESC]
14. 输入高程 按[ENT]	[ENT]	高程放样 输入放样高程 =3.0000m
15. 输入放样点号 按[ENT]	输入放样点号 [ENT]	高程放样 设置 G.H：3.0000m 点号：*G*01
16. 输入注记 按[ENT]	输入注记 [ENT]	高程放样 注记#1: =>

续表

操作过程	操作	显示
17. 瞄准放样点并调焦 按[MEAS]	[MEAS]	高程放样 设置 G. H：3. 0000m 点号：G01 按[MEAS]开始测量
18. 显示放样点的高度和标尺的上移或下移的高度	—	高程放样 标尺：0. 9980m 放样：↓0. 0275m N：3　δ：0. 0200mm
19. 按[REC]记录测量数据，如果要继续高程放样按[ENT]，退出高程放样按[ESC]	[REC] [ESC]	高程放样 REC：记录数据 ENT：继续 ESC：退出
20. 按[ENT]继续前视点的测量	[ENT]	线路　BIF Fr1 点号：P02 按[MEAS]开始测量

后视 1（Bk1）测量完毕后，按［▲］或［▼］屏幕显示如表 2-19 所示。

表 2-19　　后视 1（Bk1）测量完毕后屏幕显示

显示	
线路　BIF　1/2 B 标尺均值：0. 8260m B 视距均值：3. 9150m N：3　δ：0. 0200mm	到后视点的距离 N 次测量：平均值 连续测量：最后一次测量值 δ：标准偏差
线路　BIF　2/2 点号：P05	后视点的点号

前视 1（Fr1）测量完毕后，按［▲］或［▼］屏幕显示如表 2-20 所示。

表 2-20　　前视 1（Fr1）测量完毕后屏幕显示

显示	
线路　BIF　1/3 F2 标尺均值：0. 8260m F2 视距均值：3. 9130m N：3　δ：0. 0200mm	到前视点的距离 N 次测量：平均值 连续测量：最后一次测量值 N：总的测量次数 δ：标准偏差
线路　BIF　2/3 Fr GH：100. 0000m d：0. 0000m Σ：7. 8280m	前视点地面高程 d：后视距离总和-前视距离总和 Σ：后视距离总和+前视距离总和 前视点的点号
线路　BIF　3/3 高差 2：0. 0000m 点号：P01	后视 2 至前视 2 的高差 前视点的点号

中间点测量完毕后，按［▲］或［▼］屏幕显示如表2-21所示。

表2-21　中间点测量完毕后屏幕显示

显示	
中间点测量　1/2 I标尺均值：0.8260m I视距均值：3.9150m *N*：3　*δ*：0.0200mm	到中间点的距离 *N*次测量：平均值 连续测量：最后一次测量值 *δ*：标准偏差
中间点测量　2/2 Int GH：2.0080m 点号：*TP*05	中间点的高程 中间点的点号(存储后点号才会递增或递减)

高程放样测量完毕后，按［▲］或［▼］屏幕显示如表2-22所示。

表2-22　高程放样测量完毕后屏幕显示

显示	
高程放样　1/2 S.O标尺：0.8260m S.O放样：↑3.9150m *N*：3　*δ*：0.0200mm	标尺的测量值 *N*次测量：平均值 连续测量：最后一次测量值 放样标尺的上移或下移的距离 *δ*：标准偏差
高程放样　2/2 视距：12.0080m S.OG.H0：2.0050m	放样点的视距 放样点的高程

4. 水准测量4：往返测：后前前后/前后后前（aBFFB）

水准测量4：往返测：后前前后/前后后前（aBFFB）操作及显示如表2-23所示。

表2-23　水准测量4：往返测：后前前后/前后后前（aBFFB）操作及显示

操作过程	操作	显示
1. 按[MEAS]测量后视点高度 按[ENT]	[MEAS] [ENT]	往测　BFFB　1 Bk1 BM#：*B*01 按[MEAS]开始测量
2. 按[MEAS]测量前视点高度 按[ENT]	[MEAS] [ENT]	往测　BFFB　1 Fr1 点号：*P*01 按[MEAS]开始测量
3. 按[MEAS]测量前视点高度 按[ENT]	[MEAS] [ENT]	往测　BFFB　1 Fr2 点号：*P*01 按[MEAS]开始测量
4. 按[MEAS]测量后视点高度 按[ENT]	[MEAS] [ENT]	往测　BFFB　1 Bk2 BM#：*B*01 按[MEAS]开始测量

续表

操作过程	操作	显示
5. 按[ENT]继续线路测量	[ENT]	往测 BFFB 1 ENT：继续测量 REP：重测 MENU：结束测量
6. 按[MEAS]测量前视点高度 按[ENT]	[MEAS] [ENT]	往测 FBBF 2 Fr1 点号：*P*02 按[MEAS]开始测量
7. 按[MEAS]测量后视点高度 按[ENT]	[MEAS] [ENT]	往测 FBBF 2 Bk1 点号：*P*01 按[MEAS]开始测量
8. 按[MEAS]测量后视点高度 按[ENT]	[MEAS] [ENT]	往测 FBBF 2 Bk2 点号：*P*01 按[MEAS]开始测量
9. 按[MEAS]测量前视点高度 按[ENT]	[MEAS] [ENT]	往测 FBBF 2 Fr2 点号：*P*02 按[MEAS]开始测量
10. 按[ENT]继续线路测量	[ENT]	往测 BFFB 2 ENT：继续测量 REP：重测 MENU：结束测量
11. 按[MEAS]测量后视点高度 按[ENT]	[MEAS] [ENT]	往测 BFFB 3 Bk1 点号：*P*02 按[MEAS]开始测量
12. 按[MENU]结束线路测量	[MENU]	往测 FBBF 6 ENT：继续测量 REP：重测 MENU：结束测量
13. 按[ENT]确认结束线路测量 (国家水准测量规范要求往测和返测的测站数为偶数)	[ENT]	往测 FBBF 6 本站为偶数站 是否结束线路测量 是：[ENT] 否：[ESC]
14. 按[▲]或[▼]选择结束往测	[▲]或[▼] [ENT]	往测 FBBF 6 过渡点结束 ▶结束往测
15. 输入点号 按[ENT]	输入点号 [ENT]	往测 FBBF 6 点号? =>_

续表

操作过程	操作	显示
16. 输入注记 按[ENT]	输入注记 [ENT]	往测　FBBF　6 注记#1 =>_
17. 按[▲]或[▼]选择查阅本次线路的数据	[▲]或[▼]	往测　FBBF　6　1/2 ΔH　CP　0.5580m $\Delta H\Sigma$CP　1.0070m ΣD　CP　52.0000m
18. 按[ENT]进入返测	[ENT]	往测　FBBF　6　2/2 ΣD　BM　108.0500m G.H　BM　5.0070m
19. 按[MEAS]测量后视点高度 按[ENT]	[MEAS] [ENT]	返测　BFFB　1 Bk1 BM#：*P*06 按[MEAS]开始测量
20. 按[MEAS]测量前视点高度 按[ENT]	[MEAS] [ENT]	返测　FBBF　2 Fr2 点号：*P*07 按[MEAS]开始测量
21. 按[MENU]结束线路测量	[MENU]	往测　FBBF　6 ENT：继续测量 REP：重测 MENU：结束测量
22. 按[ENT]确认结束线路测量	[ENT]	返测　FBBF　6 本站为偶数站 是否结束线路测量 是：[ENT]　否：[ESC]
23. 按[▲]或[▼]选择结束返测	[▲]或[▼]	返测　FBBF　6 过渡点闭合 ▶结束返测
24. 输入点号 按[ENT]	输入点号 [ENT]	返测　FBBF　6 点号？ =>
25. 输入注记 按[ENT]	输入注记 [ENT]	返测　FBBF　6 注记#1 =>
26. 按[▲]或[▼]选择查阅本次线路的数据	[▲]或[▼]	往测　FBBF　6　1/2 ΔH　CP　0.5580m $\Delta H\Sigma$CP　0.0030m ΣD　CP　52.0000m
—	—	往测　FBBF　6　2/2 ΣD　BM　110.0800m G.H　BM　5.0030m
27. 按[ENT]退出往返测	[ENT]	主菜单　1/2 标准测量模式 ▶线路测量模式 检校模式

往测或过渡点测量完毕后，屏幕显示如表 2-24 所示。

表 2-24　往测或过渡点测量完毕后屏幕显示

显示	
往测　FBBF　6　1/2 ΔH　CP　0.5580m $\Delta H\Sigma$CP　0.0030m ΣD　CP　52.0000m	ΔH　CP：上次过渡点到本次过渡点的高差 $\Delta H\Sigma$CP：从起始点到本次过渡点的高差 ΣD　CP：上次过渡点到本次过渡点的视距
往测　FBBF　6　2/2 ΣD　BM　110.0800m G.H　BM　5.0030m	ΣD　BM：从起始点到本次过渡点的视距 G.H　BM：本过渡点的高程

测量完毕，按［▲］或［▼］可翻页显示。

后视 1（Bk1）测量完毕后，按［▲］或［▼］屏幕显示如表 2-25 所示。

表 2-25　后视 1（Bk1）测量完毕后屏幕显示

显示	
线路测量　BFFB　1/2 B1 标尺均值：0.8259m B1 视距均值：3.9140m N：3　δ：0.0000mm	只在多次测量的情况下显示 到后视点的距离 N 次测量：平均值 连续测量：最后一次测量值 N：总的测量次数 δ：标准偏差
线路测量　BFFB　2/2 BM#：*B*01	后视点的点号

前视 1（Fr1）测量完毕后，按［▲］或［▼］屏幕显示如表 2-26 所示。

表 2-26　前视 1（Fr1）测量完毕后屏幕显示

显示	
线路测量　BFFB　1/2 F1 标尺均值：0.8260m F1 视距均值：3.9140m N：3　δ：0.0200mm	到前视点的距离 N 次测量：平均值 连续测量：最后一次测量值 N：总的测量次数 δ：标准偏差
线路测量　BFFB　2/2 高差 1：-0.0001m Fr GH1：99.9999m 点号：*P*01	后视 1 至前视 1 的高差 前视点地面高程

前视 2（Fr2）测量完毕后，按［▲］或［▼］屏幕显示如表 2-27 所示。

后视 2（Bk2）测量完毕后，按［▲］或［▼］屏幕显示如表 2-28 所示。

5. 线路测量中点号的说明

（1）点号的修改

在前视测量前可更改点号，其操作及显示如表 2-29 所示。

表 2-27　　前视 2（Fr2）测量完毕后屏幕显示

显示	
线路测量　BFFB　1/2 F2 标尺均值：0.8260m F2 视距均值：3.9130m N：3　δ：0.0200mm	到前视点的距离 N 次测量：平均值 连续测量：最后一次测量值 N：总的测量次数 δ：标准偏差
线路测量　BFFB　2/2 d：0.0000m Σ：7.8280m 点号：P01	d：后视距离总和-前视距离总和 Σ：后视距离总和+前视距离总和 前视点的点号

表 2-28　　后视 2（Bk2）测量完毕后屏幕显示

显示	
线路测量　BFFB　1/3 B2 标尺均值：0.8260m B2 视距均值：3.9150m N：3　δ：0.0200mm	到后视点的距离 N 次测量：平均值 连续测量：最后一次测量值 δ：标准偏差
线路测量　BFFB　2/3 E.V 值：0.0000mm d：0.0010m Σ：7.8280m	E.V：高差之差=(后 1-前 1)-(后 2-前 2) d：后视距离总和-前视距离总和 Σ：后视距离总和+前视距离总和
线路测量　BFFB　3/3 高差 2：0.0000mm Fr GH2：100.0000m BM#：B01	后视 2 至前视 2 的高差 前视点地面高程 后视点的点号

表 2-29　　更改点号操作及显示

操作过程	操作	显示
1. 在前视测量前，按[ESC]，则点号移至左边	[ESC]	线路　BFFB Fr1 点号：P01 按[MEAS]开始测量
2. 按［ESC］（C）键清字符	[ESC] 三次	线路　BFFB 点号？ =>P01
3. 输入新的点号（例如：2008）	2008	线路　BFFB 点号？ =>
4. 按[ENT]	[ENT]	线路　BFFB 点号？ =>2008
—	—	线路　BFFB Fr1 点号：2008 按[MEAS]开始测量

注：1. 最多可以使用 8 个字符。
　　2. 在同一线路测量，已使用过的点号可以再次使用。

（2）点号中可用的字符

在点号中可以使用数字、大写字母和“-”，并且最多可以使用 8 个字符，已使用过的点号可以再次使用。

（3）点号的自动递增与递减

点号的自动递增与递减的设置方法可在“设置模式”中查看。

（4）自动递增步长

若最后一次输入的点号的最后一位为数字，则此时点号增加+1。

（5）数字自动增大

当点号总长小于 8 个字符时数字依次右移并自动增大 1。

例如：最后一次　　ABCD-99

　　　本次　　　　ABCD-100

当点号总长为 8 个字符时数字不移位。

例如：最后一次　　ABCDE-99

　　　本次　　　　ABCDE-00

（6）自动递减步长

若最后一次输入的点号的最后一位为数字，则此时点号增加-1。

当点号末位大于 1 时，数字字符减 1。

例如：最后一次　　ABC-02

　　　本次　　　　ABC-01

　　　下一次　　　ABC-00

当点号末位为 0 时，下一点号显示“9”，而长度为 8 位。

例如：最后一次　　ABC-00

　　　本次　　　　ABC-9999

　　　下一次　　　ABC-9998

当点号仅为数字字符时，则数字减 1。若本次的点号为 1，则下一次为“99999999”。

二、重复测量［REP］

重复测量［REP］用于测站观测有错误时重新采集前面进行的后视或前视观测数据。重新测量前存储的数据不会影响每个计算数据的结果。

1. 水准测量 1

水准测量 1 的重复测量如图 2-7 所示。

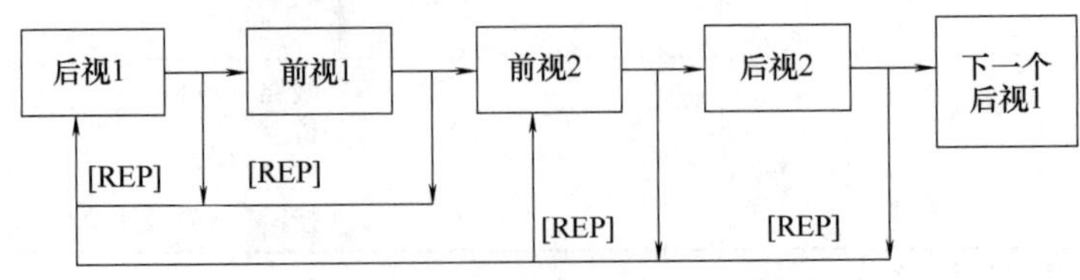

图 2-7　水准测量 1 的重复测量

由图 2-7 可知，后视 1 或前视 1 测量完毕后，可从后视 1 重新开始测量；前视 2 或后视 2 测量完毕后，可从前视 2 或后视 1 重新开始测量。

2. 水准测量 2

水准测量 2 的重复测量如图 2-8 所示。

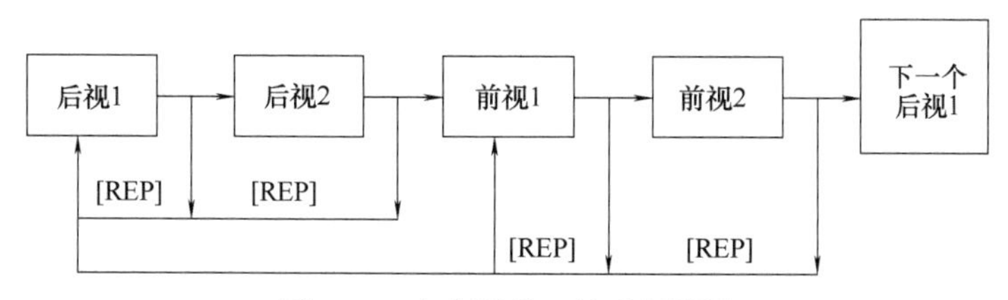

图 2-8 水准测量 2 的重复测量

由图 2-8 可知，后视 1 或后视 2 测量完毕后，可从后视 1 重新开始测量；前视 1 或前视 2 测量完毕后，可从前视 1 或后视 1 重新开始测量。

3. 水准测量 3

水准测量 3 的重复测量如图 2-9 所示。

由图 2-9 可知，后视 1 或前视 1 测量完毕后，可从后视 1 重新开始测量。

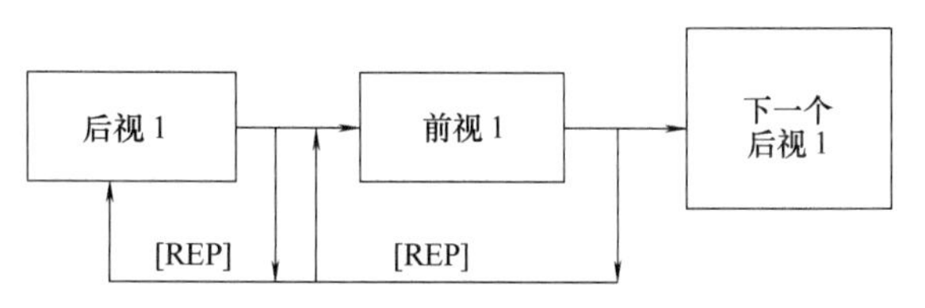

图 2-9 水准测量 3 的重复测量

4. 水准测量 4

水准测量 4 的重复测量如图 2-10 和图 2-11 所示。

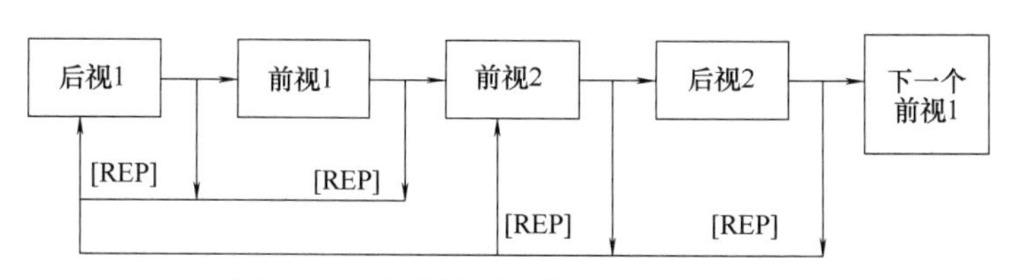

图 2-10 水准测量 4 的重复测量（一）

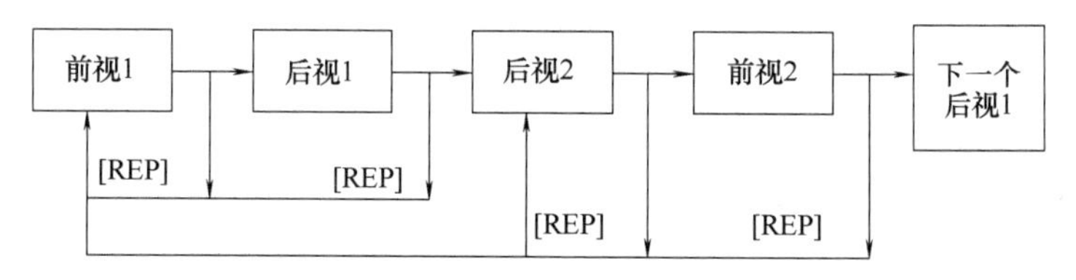

图 2-11 水准测量 4 的重复测量（二）

由图 2-10 可知，后视 1 或前视 1 测量完毕后，可从后视 1 重新开始测量；前视 2 或后视 2 测量完毕后，可从前视 2 或后视 1 重新开始测量。

由图 2-11 所示，前视 1 或后视 1 测量完毕后，可从前视 1 重新开始测量；后视 2 或前视 2 测量完毕后，可从后视 2 或前视 1 重新开始测量。

表 2-30 所示为水准测量 1 的测量实例，前视 2 测量完毕后，重新从后视 1 开始测量。

表 2-30 水准测量 1 的测量实例

操作过程	操作	显示
1. 在“Bk2”提示下，按[REP]	[REP]	线路 BFFB Bk2 BM#：*B*01 按[MEAS]开始测量
—	[ESC]	线路 BFFB 重复前视 2？ 点号：*P*01 是：[ENT] 否：[ESC]
2. 按[ENT]确认要重新采集的测量	[ENT]	线路 BFFB 重复后视 1？ BM#：*B*01 是：[ENT] 否：[ESC]
3. 瞄准后视点并按[MEAS]进行重测 测量完毕，显示观测值 *N* 秒	瞄准后视 [MEAS]	线路 BFFB Bk1 BM#：*B*01 按[MEAS]开始测量
4. 瞄准前视点 按[MEAS]进行重测	瞄准前视 [MEAS]	线路 BFFB Fr1 点号：*P*01 按[MEAS]开始测量
5. 瞄准前视点 按[MEAS]进行重测	瞄准前视 [MEAS]	线路 BFFB Fr2 点号：*P*01 按[MEAS]开始测量

三、中间点测量 [IN/SO]

在线路测量中，[IN/SO] 用来采集中间独立点和侧视点。中间点测量 [IN/SO] 操作及显示如表 2-31 所示。

表 2-31 中间点测量 [IN/SO] 操作及显示

操作过程	操作	显示
1. 后视测量完毕后，按[IN/SO]	[IN/SO]	线路 BFFB Fr1 点号：*P*01 按[MEAS]开始测量
2. 按[ENT]，仪器准备采集中间点观测	[ENT]	线路 BFFB ▶中间点测量 高程放样

续表

操作过程	操作	显示
3. 输入中间点的点号及注记	输入点号 [ENT]	中间点测量 点号? =>*TP*01_
—	输入注记 [ENT]	中间点测量 注记#1 =>_
4. 瞄准中间点上的标尺 按[MEAS]测量完毕，显示标尺读数均值 *M* 秒	瞄准中间点 [MEAS]	中间点测量 点号：*TP*01 按[MEAS]开始测量
—	[▲]或[▼]	中间点测量 1/2 标尺均值：2.9378m 视距均值：32.4550m *N*：3 *δ*：0.0200mm
—	—	中间点测量 2/2 Int GH：10.0000m 点号：*TP*01
5. 按[ENT]，仪器准备采集下一个中间点观测，记录数据后中间点号会自动增加；从本测站采集更多所需要的中间独立点请重复步骤 4 和 5	[REC]或[ENT]或[ESC]	中间点测量 REC：记录数据 ENT：继续 ESC：退出
6. 按[ESC]退出中间点测量，返回当前线路测量要测点		

四、放样测量 [IN/SO]

放样测量 [IN/SO] 模式可以用来放样指定高程的点。放样点坐标文件按照记录模式的设置可储存在“内存”或“SD 卡”的文件夹内。放样测量示意图如图 2-12 所示。

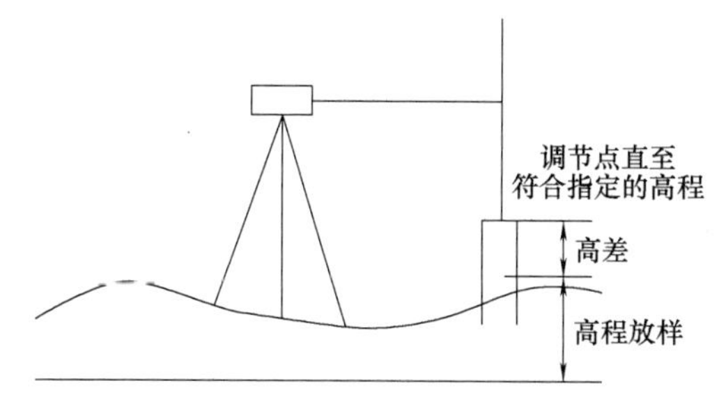

图 2-12 放样测量示意图

放样测量 [IN/SO] 操作及显示如表 2-32 所示。

表 2-32　　放样测量［IN/SO］操作及显示

操作过程	操作	显示
1. 在后视测量完毕、前视测量之前按［IN/SO］	［IN/SO］	线路 BFFB Fr1 点号：P01 按［MEAS］开始测量
2. 按［▲］或［▼］，选择放样菜单	［▲］或［▼］ ［ENT］	线路　BFFB 中间点测量 ▶高程放样
3. 按［ENT］（放样坐标可从“内存”或“SD卡”中调用，在条件模式下可以自由选择）	［▲］或［▼］ ［ENT］	高程放样 调用记录数据？ 是：［ENT］　否：［ESC］
4. 按［▲］或［▼］，选择所选定的作业 按［ENT］	［▲］或［▼］ ［ENT］	选择作业 ▶J01 J02 J03
5. 按［▲］或［▼］，选择所选定的点 按［ENT］	［▲］或［▼］ ［ENT］	选择点号 ▶P01 P02 P03
6. 选择所选定的点并按［ENT］	［ENT］	选择点号 点号：P01 高程：10.0011m 是：［ENT］　否：［ESC］
7. 输入放样点号 按［ENT］	输入点号 ［ENT］	高程放样 设置 G.H：10.0011m 点号：G01_
8. 输入注记 按［ENT］	输入注记 ［ENT］	高程放样 注记#1 =>_
9. 瞄准放样点上的标尺并按［MEAS］，测量完毕后，显示观测值（包括三次观测值和最后平均值）	瞄准放样点 ［MEAS］	高程放样 设置 G.H：10.0011m 点号：G01 按［MEAS］开始测量
10. 按［▲］或［▼］显示其他的计算数据。按［REC］对数据进行记录；按［ENT］，仪器准备采集下一个放样点观测，点号会自动增加；若不需要保存则不需要按［REC］直接按［ENT］，此时点号不增加	［▲］或［▼］ ［REC］或［ENT］ ［ESC］	高程放样　1/2 S.O 标尺：0.0020m S.O 放样：↓1.0020m 点号：G01
11. 按［ESC］退出高程放样测量，返回当前线路测量所测点		高程放样 REC：记录数据 ENT：继续 ESC：退出

表 2-33 所示为调用的坐标数据不存储在“内存”或“SD 卡”中时，手动输入放样高程、点号和相关数据的测量实例，其中，测量次数为 3。

表 2-33　　测量实例

操作过程	操作	显示
1. 在后视测量完毕、前视测量之前按[IN/SO] 按[▲]或[▼],选择放样菜单 按[ENT]	[IN/SO] [▲]或[▼] [ENT]	线路测量模式 中间点测量 ▶高程放样
2. 按[ESC]取消调用坐标数据	[ESC]	高程放样 调用记录数据? 是:[ENT]　否:[ESC]
3. 输入高程 按[ENT]	输入高程 [ENT]	高程放样 高程 =10.0000m
4. 输入点号 按[ENT]	输入点号 [ENT]	高程放样 设置 G. H:10.0000m 点号:G01
5. 输入注记 按[ENT]	输入注记 [ENT]	高程放样 注记#1 =>
6. 瞄准放样点上的标尺并按[MEAS],测量完毕后,显示观测值(包括三次观测值和最后平均值)	瞄准放样点 [MEAS]	高程放样 设置 G. H:10.0000m 点号:G01 按[MEAS]开始测量 高程放样　1/2 S. O 高差:0.0020m S. O 放样:↑1.0020m 点号:G01
7. 按[ENT],仪器准备采集下一个放样点观测,点号会自动增加	[REP]或[ENT] [ESC]	高程放样 REP:记录数据 ENT:继续 ESC:退出
8. 按[ESC],退出高程放样测量,返回当前线路测量所测点		

五、过渡点上结束线路测量

过渡点上结束线路测量操作及显示如表 2-34 所示。

表 2-34　　过渡点上结束线路测量操作及显示

操作过程	操作	显示
1. 在一站测量完毕、下一站测量之前,在"Bk1"提示时,按[MENU]	[MENU]	线路　BFFB Bk1 点号:P01 按[MEAS]开始测量
2. 按[▲]或[▼],选择结束线路测量 按[ENT]	[▲]或[▼] [ENT]	线路测量模式 开始线路测量 继续线路测量 ▶结束线路测量

续表

操作过程	操作	显示
3. 选择过渡点闭合,按[ENT]	[ENT]	线路　BFFB ▶过渡点闭合 水准点闭合
4. 输入过渡点号 按[ENT]	输入过渡点号 [ENT]	线路　BFFB 点号? =>
5. 输入注记 1 和注记 2 按[ENT]	输入注记 1 [ENT]	线路　BFFB 注记#1 =>
●要跳过注记并直接进入步骤 6,只要在“注记 1”提示时按[ENT]即可	输入注记 2 [ENT]	线路　BFFB 注记#2 =>
6. 按[▲]或[▼]查阅闭合数据	[▲]或[▼]	线路　BFFB　1/2 ΔH　CP：0.0000m $\Delta H\Sigma$CP：0.0020m ΣD　CP：38.9500m
—	[ENT]	线路　BFFB　2/2 $\Sigma D\Sigma$CP：233.6760m G. H. CP：10.0002m
7. 按[ENT],退出线路测量	[ENT]	主菜单　1/2 标准测量模式 ▶线路测量模式 检校模式

注：1. 可在过渡点暂停线路测量作业，暂停的作业也可以继续。
2. 注记可输入 16 个字母、数字或符号。

六、水准点上结束线路测量

水准点上结束线路测量操作及显示如表 2-35 所示。

表 2-35　　水准点上结束线路测量操作及显示

操作过程	操作	显示
1. 在一站测量完毕、下一站测量之前,在“Bk1”提示时,按[MENU]	[MENU]	线路　BFFB Bk1 点号：P01 按[MEAS]开始测量
2. 按[▲]或[▼],选择结束线路测量 按[ENT]	[▲]或[▼] [ENT]	线路测量模式 开始线路测量 继续线路测量 ▶结束线路测量

续表

操作过程	操作	显示
3. 选择水准点闭合，按[ENT]	[ENT]	线路 BFFB 过渡点闭合 ▶水准点闭合
4. 输入水准点号 按[ENT]	输入水准点号 [ENT]	线路 BFFB 点号? =>
5. 输入注记 1 和注记 2 按[ENT]	输入注记 1 [ENT]	线路 BFFB 注记#1 =>1
●要跳过注记并直接进入步骤 6，只要在“注记 1”提示时按[ENT]即可	输入注记 2 [ENT]	线路 BFFB 注记#2 =>
6. 按[▲]或[▼]查阅闭合数据	[▲]或[▼]	线路 BFFB 1/2 ΔH CP：0.0000m $\Delta H\Sigma$CP：0.0020m ΣD CP：38.9500m
—	[ENT]	线路 BFFB 2/2 ΣD ΣBM：233.6760m G.H.BM：10.0002m ΔS BM：0.0050m
7. 按[ENT]，退出线路测量	[ENT]	主菜单 1/2 标准测量模式 ▶线路测量模式 检校模式

注：1. 如水准点结束线路测量，则此线路测量作业已结束，将无法再继续测量。
2. ΔS BM：累计前、后视距差。

七、继续线路测量

继续线路测量模式用来继续线路测量作业。“设置模式”中的“数据输出”应设置为“内存”或“SD 卡”。线路测量作业循环必须以“过渡点闭合”结束；作业数据必须在“数据输出”下选择“内存”或“SD 卡”。

继续线路测量操作及显示如表 2-36 所示。

表 2-36　　　　继续线路测量操作及显示

操作过程	操作	显示
1. 从主菜单屏幕按[ENT]	[ENT]	主菜单 1/2 标准测量模式 ▶线路测量模式 检校模式

续表

操作过程	操作	显示
2. 按[▲]或[▼],选择继续线路测量 按[ENT]	[▲]或[▼] [ENT]	线路测量模式 开始线路测量 ▶继续线路测量 结束线路测量
3. 按[▲]或[▼],选择所选定的作业并按[ENT]	[▲]或[▼] [ENT]	选择作业 ▶*J*01 *J*02 *J*03
4. 瞄准后视点并按[MEAS]进行重测 测量完毕,显示观测值 *N* 秒	瞄准后视 [MEAS]	线路 BFFB Bk1 点号: *P*05 按[MEAS]开始测量

八、其他功能

1. 手动输入键[MANU]

若由于某些原因无法用[MEAS]进行测量时,则可用[MANU]手动输入标尺读数和仪器至标尺的平距。

(1)线路测量

在线路测量过程中使用[MANU]的操作及显示如表 2-37 所示。

表 2-37　　在线路测量过程中使用[MANU]的操作及显示

操作过程	操作	显示
1. 在后视、前视或中间点提示时用[MANU]替代[MEAS]	[MANU]	线路 BFFB Bk1 点号: *P*03 按[MEAS]开始测量
2. 输入标尺读数 按[ENT] ●输入的标尺读数范围: -4.9999m~+4.9999m	输入标尺读数 [ENT]	线路 BFFB 标尺? =1.0410m
3. 输入视距 按[ENT] ●输入的视距范围: 0.0000m~99.9999m	输入视距 [ENT]	线路 BFFB 视距? =10.0000m ——— 线路 BFFB 1/2 B1 标尺: 1.0410m B1 视距: 10.0000m *N*: 手动输入 ——— 线路 BFFB 2/2 点号: *P*03
4. 根据前一点是后视点还是前视点,可进入下一步操作	—	线路 BFFB Fr1 点号: *P*04 按[MEAS]开始测量

（2）标准测量

在标准测量过程中使用［MANU］的操作及显示如表2-38所示。

表2-38　　在标准测量过程中使用［MANU］的操作及显示

操作过程	操作	显示
1. 在测量点号提示时用[MANU]替代[MEAS]	[MANU]	标准测量 按[MEAS]开始测量 测量号：1
2. 输入标尺读数 按[ENT]	输入标尺读数 [ENT]	标准测量 标尺? =1.0410m
3. 输入视距 按[ENT]	输入视距 [ENT]	标准测量 视距? =10.0000m
4. 按[ENT]记录数据 按[ESC]取消记录数据	[ENT]或[ESC]	标准测量 记录数据? 是：[ENT]　否：[ESC]
	[ENT]	标准测量 标尺：1.0410m 视距：10.0000m N：手动输入
	[MEAS]	标准测量 按[MEAS]开始测量 测量号：1

2. 距离显示键［DIST］

在实际测量之前，可用［DIST］检查距离，以确保前视与后视距离相等。

3. 标尺倒置模式键［-］

标尺倒置模式可将标尺倒置用于天花板的测量。首先，在“设置模式”中将标尺倒置模式设置为“使用”，设置方法可在“设置模式”中查看。［-］操作及显示如表2-39所示。

表2-39　　［-］操作及显示

操作过程	操作	显示
1. 按[-]设置倒置模式为“ON”，然后显示倒置模式提示符“I”	[-]	标准测量 按[MEAS]开始测量 测量号：1
2. 瞄准倒置的标尺 按[MEAS]	瞄准标尺 [MEAS]	标准测量　I 按[MEAS]开始测量 测量号：1
		标准测量　1/2　I 标尺均值：-1.9766m 视距均值：19.0080m N：3　δ：0.0200mm

续表

操作过程	操作	显示
3. 再次按[-],返回正常测量模式	[-]	标准测量　1/2 标尺均值：-1.9766m 视距均值：19.0080m N：3　δ：0.0200mm

4. 记录数据的查询键［SRCH］

［SRCH］可用来查询和显示记录的数据。要查询内存或数据卡数据，应在“数据输出”下选定。

（1）“数据输出”设置为“内存”

“数据输出”设置为“内存”时，查询水准点号操作及显示如表 2-40 所示。

表 2-40　“数据输出”设置为“内存”时，查询水准点号操作及显示

操作过程	操作	显示
1. 在主菜单模式下按[SRCH]	[SRCH]	主菜单　1/2 标准测量模式 线路测量模式 检校模式
2. 按[▲]或[▼]选择查找类型 按[ENT]	[▲]或[▼] [ENT]	查找 作业 点号 ▶BM#
3. 输入要查找的内容 按[SRCH]	输入水准点号 [ENT]	输入查找的 BM 号 BM#? =>*B*01
	[SRCH]	输入查找的 BM 号 BM#? =>*B*01 按[SRCH]开始查找
	[SRCH]	线路　BFFB BM#：*B*01 高程：19.0080m E.V 限差：2.0000mm
	[SRCH]	线路　BBFF BM#：*B*01 高程：10.0010m E.V 限差：2.5000mm

注：1. 若在查询水准点号之后按［▲］或［▼］，则可显示该水准点之前或之后的数据。
2. 若查询到文件的结尾，则显示“文件结尾”。
3. 按［ESC］一次或两次，返回到之前的模式。

（2）“数据输出”设置为“SD 卡”

“数据输出”设置为“SD 卡”时，查询水准点号操作及显示如表 2-41 所示。该模式只能查询数据卡中一个文件夹内的作业文件号。

表 2-41 “数据输出”设置为“SD 卡”时，查询水准点号操作及显示

操作过程	操作	显示
1. 在主菜单模式下按[SRCH]	[SRCH]	主菜单 1/2 标准测量模式 线路测量模式 检校模式
2. 按[▲]或[▼]选择查找文件夹 按[ENT]	[▲]或[▼] [ENT]	选择文件夹 ►AAA BBB
3. 按[▲]或[▼]选择查找类型 按[ENT]	[▲]或[▼] [ENT]	查找 作业 点号 ►BM#
4. 输入要查找的内容 按[SRCH]	输入水准点号 [ENT]	输入查找的 BM 号 BM#? =>B01
	[SRCH]	输入查找的 BM 号 BM#? =>B01 按[SRCH]开始查找
	[SRCH]	线路 BFFB BM#：B01 高程：19.0080m E.V 限差：2.0000mm
	[SRCH]	线路 BBFF BM#：B01 高程：10.0010m E.V 限差：2.5000mm

项目三　测 量 误 差

任务一　测量误差及其分类

中误差计算方法

在测量工作中，大量实践表明，当对某量进行多次测量时，无论测量仪器多么精密，观测进行得多么仔细，测量结果之间总是存在着差异。例如，对同一段距离进行两次丈量、对同一个角度进行多次观测、对两点之间的高差进行往返观测时，所得结果总会存在差异。这种现象的产生，说明观测结果中存在着各种测量误差。

一、测量误差产生的原因

测量误差产生的原因包括三个方面：仪器误差、人为误差、外界条件的影响。这三种测量误差来源通常被称为观测条件。观测条件的好坏与测量结果的质量有着密切的联系。

1. 仪器误差

测量工作是通过各种仪器进行的，而任何一种仪器都具有一定的精度限制，即使经过严格的检验和校正，仍然可能存在一定的剩余误差，这些误差可能会使测量结果受到影响。

2. 人为误差

观测者是通过自身的感觉器官进行观测的，由于人体感觉器官鉴别能力的局限性，使得在安置仪器、瞄准读数等方面都会产生一定的误差。此外，观测者的技术水平、工作态度等也会对测量结果产生不同程度的影响。

3. 外界条件的影响

观测时所处的外界条件，如温度、湿度、风力、日照、气压、大气折光等都是随时变化的，这些因素都会给测量结果带来一定的误差。

在测量中，除了误差之外，有时还可能发生错误，例如测错、读错、算错等，这些错误是由于观测者的疏忽大意造成的。为了避免这些错误的发生，观测者需要认真仔细地进行操作，并采取必要的检核措施。

二、测量误差的分类

测量误差按其性质可分为系统误差和偶然误差两类。

1. 系统误差

在相同的观测条件下，对某量进行一系列的观测，如果误差的大小及符号都表现出一致性倾向，即按一定的规律变化或保持为常数，这种误差称为系统误差。例如，用一把名义长度为 30m，而实际长度为 30.010m 的钢尺丈量距离，每量一尺段就会少量 0.010m，这 0.010m 的误差，在数值上和符号上都是固定的，丈量距离越长，误差也就越大。

系统误差具有累积性，对测量结果影响较大，应设法消除或减弱。常用的方法有：对测量结果加改正数；对仪器进行检验与校正；采用适当的观测方法。

2. 偶然误差

在相同的观测条件下，对某量进行一系列的观测，如果误差的大小及符号都没有表现出一致性倾向，即从表面上看没有任何规律，这种误差称为偶然误差，如瞄准目标的照准误差、读数的估读误差等。

偶然误差是不可避免的。为了提高测量结果的质量，通常采用多余观测结果的算术平均值作为最终的测量结果。

在观测中，系统误差和偶然误差往往是同时产生的。当系统误差消除或减弱后，决定观测精度的关键就是偶然误差。因此，在测量误差理论中讨论的主要是偶然误差。

任务二 偶然误差的特性

就单个偶然误差而言，其大小和符号均没有规律性，但随着对同一量观测次数的增加，大量的偶然误差就能呈现出一定的统计规律性。例如，在相同的观测条件下，对某个三角形的内角进行观测，由于观测存在误差，其内角和观测值 l_i 不等于它的真值 X（$X=180°$）。观测值与真值之差称为真误差，用 Δ_i 表示，按式（3-1）计算。

$$\Delta_i=l_i-X\ (i=1,2,\ \cdots,\ n) \tag{3-1}$$

在相同的观测条件下，观测 162 个三角形的全部内角，将其真误差按绝对值大小排列，如表 3-1 所示。

表 3-1　　真误差绝对值大小排列表

误差区间	正误差		负误差		合计	
	个数 k	频率 k/n	个数 k	频率 k/n	个数 k	频率 k/n
0″~3″	21	0.130	21	0.130	42	0.259
3″~6″	19	0.117	19	0.117	38	0.235
6″~9″	12	0.074	15	0.093	27	0.167
9″~12″	11	0.068	9	0.056	20	0.123
12″~15″	8	0.049	9	0.056	17	0.105
15″~18″	6	0.037	5	0.031	11	0.068
18″~21″	3	0.019	1	0.006	4	0.025
21″~24″	2	0.012	1	0.006	3	0.019
24″以上	0	0	0	0	0	0
Σ	82	0.506	80	0.494	162	1.000

注：n 代表观测次数。

由表 3-1 可知，偶然误差具有以下四个特性：

① 有限性。偶然误差的绝对值不会超过一定的限值。

② 集中性。绝对值较小的误差比绝对值较大的误差出现的频率高。

③ 对称性。绝对值相等的正、负误差出现的频率大致相同。

④ 抵消性。随着观测次数的无限增加，偶然误差的算术平均值趋近于零，按式（3-2）计算。

$$\lim_{n \to \infty} \frac{\Delta_1 + \Delta_2 + \cdots + \Delta_n}{n} = \lim_{n \to \infty} \frac{[\Delta]}{n} = 0 \tag{3-2}$$

由偶然误差的特性可知，当对某量有足够的观测次数时，其正、负误差是可以相互抵消的。

任务三　衡量精度的标准

衡量精度的标准有多种，常用的评定标准有中误差、容许误差、相对中误差三种。

一、中误差

在相同的观测条件下，对某量进行一系列的观测，并以各个真误差平方和平均值的平方根作为评定观测质量的标准，称为中误差，也称均方误差，用 m 表示，按式（3-3）计算。

$$m = \pm \sqrt{\frac{[\Delta\Delta]}{n}} \tag{3-3}$$

由上式可知，中误差不等于真误差，它仅是一组真误差的代表值。中误差的大小反映了该组观测值精度的高低，因此，通常称为观测值的中误差。

二、容许误差

由于偶然误差具有有限性，它的绝对值不会超过一定的限值。如果在测量过程中某一观测值的误差超过了这个限值，就会认为这一观测值不符合要求，应该舍去重测，这个限值称为容许误差。

实践证明，绝对值大于 2 倍中误差的偶然误差出现的概率约为 5%，绝对值大于 3 倍中误差的偶然误差出现的概率仅为 0. 3%。因此，测量中通常以 2 倍中误差作为偶然误差的容许值，按式（3-4）计算。

$$\Delta_{容} = 2m \tag{3-4}$$

三、相对中误差

在某些情况下，仅用中误差还不能准确地判断测量精度。例如，用钢尺丈量 100m 和 200m 的两段距离，量距的中误差均为±0. 01m，但不能认为这两段距离的测量精度相同，因为量距的误差与其长度有关。为了能客观反映实际情况，通常以相对中误差作为评定精度的标准。相对中误差是观测值中误差的绝对值与观测值的比，并将其化成分子为 1 的形式，按式（3-5）计算。

$$K=\frac{|m|}{D}=\frac{1}{\frac{D}{|m|}} \tag{3-5}$$

式中 K——相对中误差；

m——中误差；

D——观测值。

由式（3-5）可知，上述丈量的两段距离的相对中误差分别为 1/10000 和 1/20000，显然后者比前者的测量精度高。

任务四 算术平均值及其观测值的中误差

一、算术平均值

设在相同的观测条件下，对某量进行了 n 次观测，其观测值为 l_1，l_2，…，l_n，则该量的算术平均值 x，按式（3-6）计算。

$$x=\frac{l_1+l_2+\cdots+l_n}{n}=\frac{[l]}{n} \tag{3-6}$$

设该量的真值为 X，其相应的真误差为 Δ_1，Δ_2，…，Δ_n，根据真误差的定义，得：

$$\begin{cases}\Delta_1=l_1-X\\ \Delta_2=l_2-X\\ \cdots\\ \Delta_n=l_n-X\end{cases}$$

将上式两端相加，并除以 n，得：

$$\frac{[\Delta]}{n}=\frac{[l]}{n}-X$$

根据偶然误差的抵消性，即可得出当 $n\to\infty$ 时，$x=X$。

由此可知，当观测次数无限多时，未知量的算术平均值趋近于该量的真值。在实际工作中，观测次数是有限的，未知量的算术平均值不等于真值，但比每一个观测值更接近于真值。因此，通常把有限次观测值的算术平均值称为该量的最可靠值或最或然值。

二、观测值的中误差

在实际工作中，由于未知量的真值往往是不知道的，因此真误差也是未知数，所以不能直接求得中误差。但是未知量的算术平均值是可以求得的，因此通常采用算术平均值 x 与观测值 l_i 之差来计算误差，这个差称为改正数（也称为最或然误差），用 v_i 表示，按式（3-7）计算。

$$v_i=x-l_i(i=1,2,\cdots,n) \tag{3-7}$$

将上式两端相加，得：

$$[v]=0$$

因此，在相同的观测条件下，一组观测值的改正数之和恒等于零。这个结论常用于检核计算。

将式（3-1）与式（3-7）相加，再将两端平方，求其总和，根据 $[v]=0$，得式（3-8）：

$$[\Delta\Delta]=[vv]+n(x-X)^2 \tag{3-8}$$

根据式（3-6），得：

$$\begin{aligned}&(x-X)^2\\&=\left\{\frac{[l]}{n}-X\right\}^2\\&=\frac{1}{n^2}\{[l]-nX\}^2\\&=\frac{1}{n^2}(\Delta_1+\Delta_2+\cdots+\Delta_n)^2\\&=\frac{\Delta_1^2+\Delta_2^2+\cdots\Delta_n^2}{n^2}+\frac{2(\Delta_1\Delta_2+\Delta_2\Delta_3+\cdots\Delta_{n-1}\Delta_n)}{n^2}\end{aligned}$$

上式右端第二项中 $\Delta_i\Delta_j$（$i\neq j$）为两个偶然误差的乘积。由偶然误差的抵消性可知，当 $n\to\infty$ 时，该项趋近于零；当 n 为有限值时，该项为一微小量，可忽略不计，因此：

$$(x-X)^2=\frac{[\Delta\Delta]}{n^2}$$

将上式代入式（3-8），得：

$$[\Delta\Delta]=[vv]+\frac{[\Delta\Delta]}{n}$$

则：

$$\frac{[\Delta\Delta]}{n}=\frac{[vv]}{n-1}$$

根据中误差定义，得式（3-9）：

$$m=\pm\sqrt{\frac{[vv]}{n-1}} \tag{3-9}$$

上式就是利用观测值的改正数计算等精度观测值中误差的公式，m 代表每一次观测值的精度，故上式称为观测值中误差公式，又称“贝塞尔公式”。

三、算术平均值中误差的计算公式

根据式（3-6）和误差传播定律，得出算术平均值中误差的计算公式［式（3-10）］：

$$\begin{aligned}M&=\pm\sqrt{\frac{1}{n^2}m_1^2+\frac{1}{n^2}m_2^2+\cdots+\frac{1}{n^2}m_n^2}\\&=\pm\sqrt{\frac{m^2}{n}}\\&=\pm\frac{m}{\sqrt{n}}\\&=\pm\sqrt{\frac{[vv]}{n(n-1)}}\end{aligned} \tag{3-10}$$

由上式可知，算术平均值的精度高于观测值的精度。

等精度观测某段距离五次，记录各次观测值。该段距离观测值的中误差及算术平均值的中误差计算如表 3-2 所示。

表 3-2　　等精度距离观测值的中误差及算术平均值的中误差计算

观测次数	观测值 l_i/m	改正数 v/mm	vv/(mm^2)	计算
1	148.641	-14	196	$m=\pm\sqrt{\frac{[vv]}{n-1}}=\pm12.1mm$ $M=\pm\frac{m}{\sqrt{n}}=\pm5.4mm$
2	148.628	-1	1	
3	148.635	-8	64	
4	148.610	+17	289	
5	148.621	+6	36	
Σ	743.135	0	586	

任务五　误差传播定律

在测量工作中，有一些未知量是不能直接测定的，需要利用直接测定的观测值按一定的公式计算求得。例如，高差 $\Delta H=a-b$，是独立观测值后视读数 a 和前视读数 b 的函数。建立独立观测值中误差与观测值函数中误差之间的关系式，这个关系式在测量上称为误差传播定律。

一、线性函数

1. 倍数函数

设有函数：

$$Z=kx \tag{3-11}$$

式中　x——独立观测值；

k——常数；

Z——x 的函数。

当观测值 x 含有真误差 Δx 时，函数 Z 也将产生相应的真误差 ΔZ，设对 x 值观测了 n 次，则有：

$$\Delta Z_n=k\Delta x_n$$

将上式两端平方，求其总和，并除以 n，得：

$$\frac{[\Delta Z\Delta Z]}{n}=k^2\frac{[\Delta x\Delta x]}{n}$$

根据中误差的定义，得：

$$m_Z^2=k^2m_x^2 \text{ 或 } m_Z=km_x$$

由上式可知，倍数函数的中误差，等于倍数与观测值中误差的乘积。

【例 3-1】 在 1∶500 的图上，量得某两点间的距离 $d=151.3mm$，d 的测量中误差

$m_d = \pm 0.2\text{mm}$。试求该两点间的实地距离 D 及其中误差 m_D。

【解】
$$D = 500d = 500\times 153.1\text{mm} = 75650\text{mm} = 75.65\text{m}$$
$$m_D = 500m_d = 500\times(\pm 0.2\text{mm}) = \pm 100\text{mm} = \pm 0.1\text{m}$$

该两点间的实地距离结果可写为：75.65m±0.1m。

2. 和差函数

设有函数：

$$Z = x \pm y \tag{3-12}$$

式中 x、y——独立观测值；

Z——x 和 y 的函数。

当独立观测值 x、y 含有真误差 Δx、Δy 时，函数 Z 也将产生相应的真误差 ΔZ，设对 x、y 值观测了 n 次，则有：

$$\Delta Z_n = \Delta x_n + \Delta y_n$$

将上式两端平方，求其总和，并除以 n，得：

$$\frac{[\Delta Z\Delta Z]}{n} = \frac{[\Delta x\Delta x]}{n} + \frac{[\Delta y\Delta y]}{n} + \frac{2[\Delta x\Delta y]}{n}$$

根据偶然误差的抵消性和中误差的定义，得：

$$m_Z^2 = m_x^2 + m_y^2 \text{或 } m_Z = \pm\sqrt{m_x^2 + m_y^2}$$

由上式可知，和差函数的中误差，等于各个观测值中误差平方和的平方根。

【例 3-2】 分段丈量一直线上两段距离 AB、BC，丈量结果及其中误差为：$AB = 140.32\text{m}$，$m_{AB} = \pm 0.14\text{m}$，$BC = 160.37\text{m}$，$m_{BC} = \pm 0.17\text{m}$。试求该两段距离的总长 AC 及其中误差 m_{AC}。

【解】
$$AC = AB + BC = 140.32\text{m} + 160.37\text{m} = 300.69\text{m}$$
$$m_{AC} = \pm\sqrt{m_{AB}^2 + m_{BC}^2} = \pm\sqrt{(0.14\text{m})^2 + (0.17\text{m})^2} = \pm 0.22\text{m}$$

该两段距离的总长结果可写为：300.69m±0.22m。

3. 一般线性函数

设有线性函数：

$$Z = k_1x_1 + k_2x_2 + \cdots + k_nx_n \tag{3-13}$$

式中 x_1，x_2，…，x_n——独立观测值；

k_1，k_2，…，k_n——常数；

Z——x_1，x_2，…，x_n 的函数。

则有：

$$m_Z^2 = (k_1m_1)^2 + (k_2m_2)^2 + \cdots + (k_nm_n)^2$$

其中，m_1，m_2，…，m_n 分别为 x_1，x_2，…，x_n 观测值的中误差。

【例 3-3】 设一函数 $Z = 2x_1 + x_2 + 3x_3$，其中 x_1，x_2，x_3 的中误差分别为±3mm，±2mm，±1mm。试求函数 Z 的中误差 m_Z。

【解】
$$m_Z = \pm\sqrt{6^2 + 2^2 + 3^2}\text{mm} = \pm 7\text{mm}$$

二、非线性函数

设有函数：

$$Z=f(x_1,x_2,\cdots,x_n) \tag{3-14}$$

式中 x_1，x_2，…，x_n——独立观测值，其中误差分别为 m_1，m_2，…，m_n。

当观测值 x_i 含有真误差 Δx_i 时，函数 Z 也将产生相应的真误差 ΔZ，但这些真误差都是很小的值，故对上式全微分，并以真误差代替微分，则有：

$$\Delta Z=\frac{\partial f}{\partial x_1}\Delta x_1+\frac{\partial f}{\partial x_2}\Delta x_2+\cdots+\frac{\partial f}{\partial x_n}\Delta x_n$$

其中，$\frac{\partial f}{\partial x_1}$，$\frac{\partial f}{\partial x_2}$，…，$\frac{\partial f}{\partial x_n}$是函数 Z 对 x_1，x_2，…，x_n 的偏导数。当函数与观测值确定后，偏导数值恒为常数，故上式可以认为是线性函数，于是有：

$$m_Z=\pm\sqrt{\left(\frac{\partial F}{\partial x_1}\right)^2 m_1^2+\left(\frac{\partial F}{\partial x_2}\right)^2 m_2^2+\cdots+\left(\frac{\partial F}{\partial x_n}\right)^2 m_n^2}$$

由上式可知，非线性函数中误差等于该函数对每个观测值所求得的偏导数的平方与相应观测值中误差的平方乘积之和的平方根。

【例 3-4】 测量一矩形面积，测量结果及其中误差为：边长 $a=40\text{m}$，$m_a=\pm0.02\text{m}$，边长 $b=60\text{m}$，$m_b=\pm0.04\text{m}$。试求该矩形面积 A 及其中误差 m_A。

【解】

$$A=ab=40\text{m}\times60\text{m}=2400\text{m}^2$$

因为

$$\frac{\partial A}{\partial a}=b=60\text{m}$$

$$\frac{\partial A}{\partial b}=a=40\text{m}$$

所以

$$\begin{aligned}m_A&=\pm\sqrt{\left(\frac{\partial A}{\partial a}\right)^2 m_a^2+\left(\frac{\partial A}{\partial b}\right)^2 m_b^2}\\&=\pm\sqrt{(60\text{m})^2\times(\pm0.02\text{m})^2+(40\text{m})^2\times(\pm0.04\text{m})^2}\\&=\pm2\text{m}^2\end{aligned}$$

该矩形面积结果可写为：$2400\text{m}^2\pm2\text{m}^2$。

项目四　全站仪的使用

任务一　测量准备工作

全站型电子测距仪（Electronic Total Station）是一种集光、机、电为一体的高技术测量仪器，是集水平角、垂直角、距离（斜距、平距）、高差测量功能于一体的测绘仪器系统。因其一次安置仪器就可完成该测站上全部测量工作，所以称为全站仪。这种仪器广泛应用于地上大型建筑和地下隧道施工等精密工程测量或变形监测领域。

一、全站仪一般操作注意事项

在使用全站仪之前，应务必检查并确认仪器各项功能运行正常。全站仪一般操作注意事项如下：

① 在日光下测量时，应避免将物镜直接瞄准太阳。若必须在太阳下作业，应安装滤光镜。

② 避免在高温和低温环境下存放仪器，同时也应避免温度骤变（使用时气温变化除外）。

③ 仪器不使用时，应将其装入箱内并置于干燥处，同时应注意防震、防尘和防潮。

④ 若仪器工作处的温度与存放处的温度差异较大，应先将仪器留在箱内，直到它适应环境温度后再使用。

⑤ 仪器长期不使用时，应将仪器上的电池卸下并分开存放。电池应每月充电一次。

⑥ 仪器的运输应将仪器装于箱内进行，运输过程中应小心，避免挤压、碰撞和剧烈震动。对于长途运输，最好在箱子周围使用软垫。

⑦ 将仪器安置至三脚架或从三脚架上对仪器进行拆卸时，要一只手先握住仪器，以防仪器跌落。

⑧ 外露光学件需要清洁时，应用脱脂棉或镜头纸轻轻擦净，切勿使用其他物品擦拭。

⑨ 仪器使用完毕后，应用绒布或毛刷清除表面灰尘。仪器被雨水淋湿后，切勿立即通电开机，应先用干净的软布擦干并在通风处放置一段时间。

⑩ 作业前，应仔细全面地检查仪器，确保仪器的各项指标、功能、电源、初始设置和改正参数均符合要求后再进行作业。

⑪ 若发现仪器功能异常，非专业维修人员不得擅自拆开仪器，以免造成不必要的损坏。

⑫ 发射光是激光的全站仪，使用时不得对准眼睛。

⑬ 保持触摸屏清洁，不要用利器擦刮触摸屏。

二、仪器开箱和存放

1. 开箱

轻轻地放下箱子，使其盖朝上，然后打开箱子的锁栓并打开箱盖，取出仪器。

2. 存放

盖好望远镜镜盖，使照准部的垂直制动手轮和基座的圆水准器朝上，将仪器平卧（望远镜物镜端朝下）放入箱中，轻轻旋紧垂直制动手轮，盖好箱盖并关上锁栓。

三、全站仪各部件名称

全站仪各部件名称如图 4-1 所示。

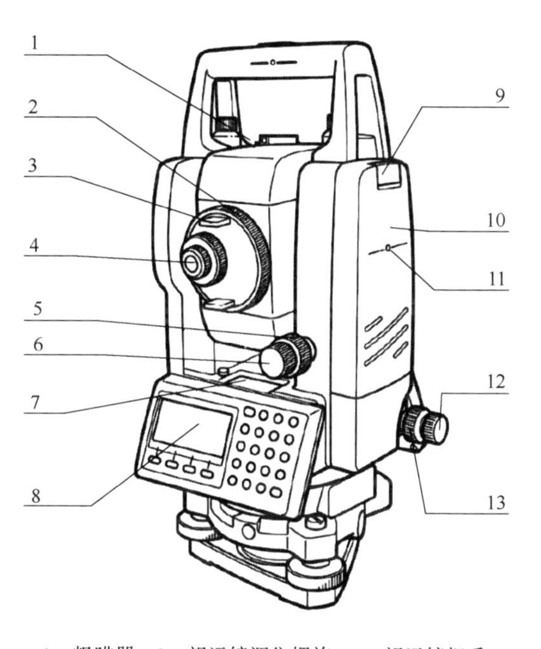

1—粗瞄器；2—望远镜调焦螺旋；3—望远镜把手；4—目镜；5—垂直制动手轮；6—垂直微动手轮；7—管水准器；8—液晶显示屏；9—电池锁紧杆；10—机载电池 TBB-2；11—仪器中心标志；12—水平微动手轮；13—水平制动手轮。

图 4-1　全站仪

四、安置仪器

为了确保测量成果的精度，需要将仪器安置到三脚架上并进行精确整平和对中。注意，所用的三脚架应为专用的中心连接螺旋的三脚架。

下面将介绍仪器的整平与对中操作，在实际工作中可以作为参考。

1. 利用垂球对中与整平

（1）安置三脚架

① 打开三脚架，使三脚架的三条腿近似等距，并使顶面近似水平，拧紧三个固定螺旋。

② 使三脚架的中心与测点近似位于同一铅垂线上。

③ 踏紧三脚架使之牢固地支撑于地面上。

（2）将仪器安置到三脚架上

将仪器小心地安置到三脚架上，松开中心连接螺旋，在架头上轻移仪器，直到垂球对准测站点标志中心，然后轻轻拧紧中心连接螺旋。

（3）利用圆水准器粗平仪器

① 旋转两个脚螺旋 A、B，使圆水准器气泡移到与上述两个脚螺旋中心连线相垂直的一条直线上。

② 旋转脚螺旋 C，使圆水准器气泡居中。

（4）利用管水准器精平仪器

① 松开水平制动手轮，转动仪器使管水准器平行于某一对脚螺旋 A、B 的连线。通过旋转脚螺旋 A、B，使管水准器气泡居中。

② 将仪器绕竖轴旋转 90°（100gon，gon 为表示角度、弧度的单位），再旋转另一个脚螺旋 C，使管水准器气泡居中。

③ 再次将仪器绕竖轴旋转 90°，重复步骤①和步骤②，直至四个位置上气泡都居中。

2. 利用光学对中器对中

（1）架设三脚架

将三脚架伸到适当高度，确保三条腿等长并处于打开状态，同时使三脚架顶面近似水平，且位于测站点的正上方。将三脚架腿支撑在地面上，并固定其中一条腿。

（2）安置仪器和对点

将仪器小心地安置到三脚架上，拧紧中心连接螺旋，调整光学对中器，使十字丝成像清晰。双手握住另外两条未固定的架腿，通过对光学对中器的观察调节该两条腿的位置。当光学对中器大致对准测站点时，将三脚架三条腿均固定在地面上。调节全站仪的三个脚螺旋，使光学对中器精确对准测站点。

（3）利用圆水准器粗平仪器

调整三脚架三条腿的高度，使全站仪圆水准器气泡居中。

（4）利用管水准器精平仪器

① 松开水平制动手轮，转动仪器使管水准器平行于某一对脚螺旋 A、B 的连线。通过旋转脚螺旋 A、B，使管水准器气泡居中。

② 将仪器绕竖轴旋转 90°，使其垂直于脚螺旋 A、B 的连线。旋转脚螺旋 C，使管水准器气泡居中。

（5）精确对中与整平

通过对光学对中器的观察，轻微松开中心连接螺旋，平移仪器（不可旋转仪器），使仪器精确对准测站点。然后拧紧中心连接螺旋，再次精平仪器。重复此项操作直至仪器精确对中与整平。

3. 利用激光对点器对中（选配）

（1）架设三脚架

将三脚架伸到适当高度，确保三条腿等长并处于打开状态，同时使三脚架顶面近似水平，且位于测站点的正上方。将三脚架腿支撑在地面上，并固定其中一条腿。

（2）安置仪器和对点

将仪器小心地安置到三脚架上，拧紧中心连接螺旋，打开激光对点器。双手握住另外两条未固定的架腿，通过对激光对点器光斑的观察调节该两条腿的位置。当激光对点器光斑大致对准测站点时，将三脚架三条腿均固定在地面上。调节全站仪的三个脚螺旋，使激光对点器光斑精确对准测站点。

（3）利用圆水准器粗平仪器

调整三脚架三条腿的高度，使全站仪圆水准器气泡居中。

（4）利用管水准器精平仪器

① 松开水平制动手轮，转动仪器使管水准器平行于某一对脚螺旋 A、B 的连线。通过旋转脚螺旋 A、B，使管水准器气泡居中。

② 将仪器绕竖轴旋转 90°，使其垂直于脚螺旋 A、B 的连线。旋转脚螺旋 C，使管水准器气泡居中。

（5）精确对中与整平

通过对激光对点器光斑的观察，轻微松开中心连接螺旋，平移仪器（不可旋转仪器），使仪器精确对准测站点。然后拧紧中心连接螺旋，再次精平仪器。重复此项操作直至仪器精确对中与整平。

（6）关闭激光对点器

按［ESC］退出，激光对点器自动关闭。

在实际工作中，也可以使用电子气泡代替上面的利用管水准器精平仪器步骤。超出 ±4′范围会自动进入电子气泡界面。电子气泡界面如图 4-2 所示，可以在此界面查看和设置双轴补偿的当前状态。

在图 4-2 中：

X：显示 X 方向的补偿值；

Y：显示 Y 方向的补偿值；

［补偿-关］：点击关闭双轴补偿；

［补偿-X］：点击打开 X 方向的补偿；

［补偿-XY］：点击打开 XY 方向的补偿。

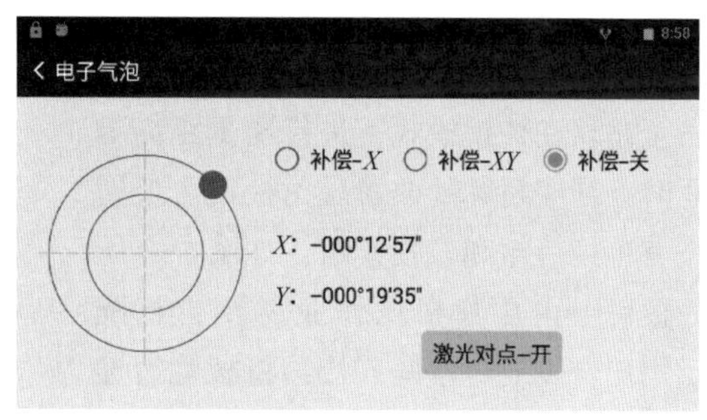

图 4-2　电子气泡界面

五、电池的装卸、信息和充电

1. 电池装卸

电池安装——将电池放入仪器盖板的电池槽中，用力推电池，使其卡入仪器中。

电池取出——按住电池左右两边的按钮往外拔，取出电池。

2. 电池信息

当电池电量少于一格时，表示电池电量已经不多，应尽快结束操作，更换电池并充电。

① 电池工作时间的长短取决于环境条件，如周围温度、充电时间和充电的次数等。为了确保安全，建议提前充电或准备一些充好电的电池备用。

② 电池剩余容量显示级别与当前的测量模式有关。在角度测量模式下，电池剩余容量够用，并不能够保证其在距离测量模式下也够用。因为距离测量模式耗电高于角度测量模式，当从角度测量模式转换为距离测量模式时，如果电池剩余容量不足，可能会中止测距并关闭仪器。

3. 电池充电

电池充电应使用专用充电器。充电时应先将充电器与 220V 电源连接好，然后从仪器上取下电池盒，再将充电器插头插入电池盒的充电插座。

取下电池盒时注意事项：

每次取下电池盒之前，务必先关闭仪器电源，否则仪器易受损坏。

充电时注意事项：

① 尽管充电器有过充保护回路，但是为了确保安全，充电结束后仍应将插头从插座中拔出。

② 应在0℃~±45℃温度范围内进行充电，超出此范围可能导致充电异常。

③ 如果充电器与电池已经正确连接，但指示灯却不亮，此时充电器或电池可能损坏，应及时进行修理。

存放时注意事项：

电池完全放电会缩短其使用寿命。为了更好地获得电池的最长使用寿命，应保证每月充电一次。

六、反射棱镜

全站仪在棱镜模式下进行测量距离等作业时，须在目标处放置反射棱镜。反射棱镜有单棱镜组和三棱镜组，如图4-3所示。棱镜组由用户根据作业需要自行配置。用户可以通过基座连接器将棱镜组连接到基座上，然后将其安置到三脚架上，也可以直接将棱镜组安置到对中杆上。

(a) 单棱镜组

(b) 三棱镜组

图4-3 反射棱镜

任务二 操作入门

一、显示符号及其意义

全站仪的显示符号及其意义如表4-1所示。

表4-1 全站仪的显示符号及其意义

显示符号	意义	显示符号	意义
V	垂直角	*HD*	水平距离
V%	垂直角(坡度显示)	*VD*	高差(垂直距离)
HR	水平角(右角)	*SD*	斜距
HL	水平角(左角)	*N*	北向坐标
R/L	*HR*与*HL*的切换	*E*	东向坐标

续表

显示符号	意义	显示符号	意义
Z	高程	gon	以哥恩为角度单位
m	以米为距离单位	mil	以密为角度单位
ft	以英尺为距离单位	PSM	棱镜常数(以 mm 为单位)
dms	以度、分、秒为角度单位	PPM	大气改正值

二、基本操作

全站仪的主界面如图 4-4 所示，常用快捷键及其功能如表 4-2 所示。

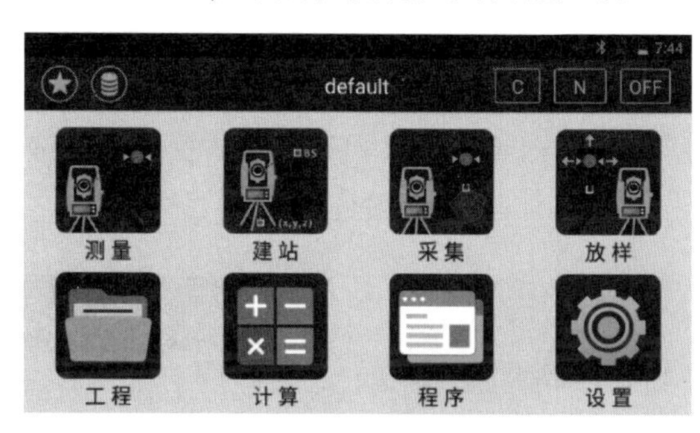

图 4-4 主界面

表 4-2 常用快捷键及其功能

键符	键名	功能
★	快捷功能键	点击该键或者在主菜单界面左侧边缘向右滑动可唤出该功能键的快捷设置，包含激光指示、十字丝照明、激光下对点、温度气压设置
	数据功能键	包含点数据、编码数据及数据图形
C	测量模式键	可设置 N 次测量、连续精测或跟踪测量
N	合作目标键	可设置目标为反射板、棱镜或无合作
OFF	电子气泡键	可设置 X 方向、XY 方向补偿或关闭补偿

任务三 测 量

在测量程序下，可以完成一些基础的测量工作。测量程序菜单包括角度测量、距离测量、坐标测量。

一、角度测量

角度测量界面如图 4-5 所示。

在图 4-5 中：

V：垂直角；

HR 或 *HL*：水平角（右角）或水平角（左角）；

［置零］：将当前水平角设置为零，设置后需要重新进行后视设置；

［置盘］：设置当前的角度，设置后需要重新进行后视设置；

［*V*/%］：垂直角普通显示和坡度显示之间的切换；

［*R*/*L*］：*HR* 与 *HL* 之间的切换。

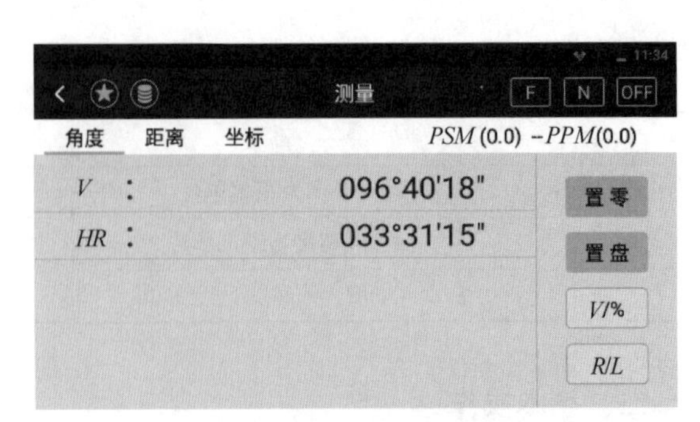

图 4-5　角度测量界面

置盘界面如图 4-6 所示。在图 4-6 中，可以在 *HR* 右侧的可编辑框内输入水平角。

如图 4-7 所示，点击［*V*/%］，使界面显示垂直角百分比。

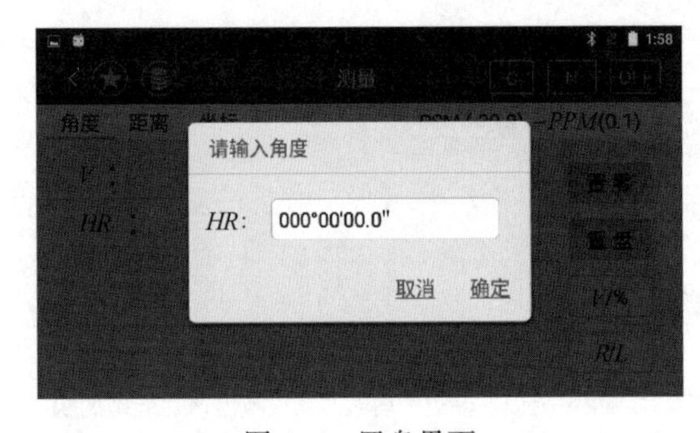

图 4-6　置盘界面

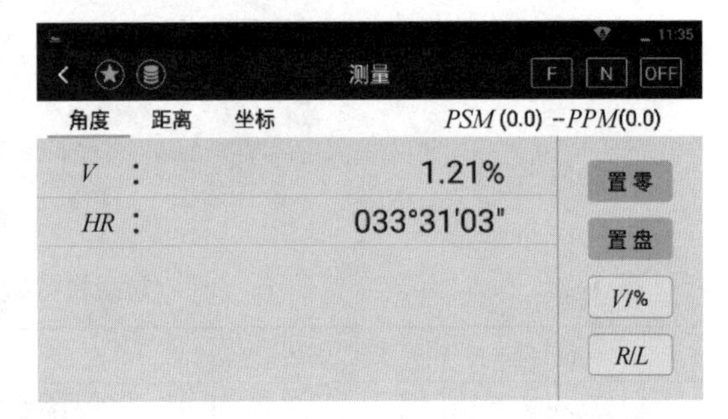

图 4-7　显示垂直角百分比

二、距离测量

距离测量界面如图 4-8 所示。

在图 4-8 中：

SD：斜距；

HD：水平距离；

VD：高差；

［测量］：开始进行距离测量。

使用全站仪进行距离测量时，为了保证测量结果的准确性，需要注意以下事项：

图 4-8　距离测量界面

① 在测量过程中，应该避免全站仪在红外测距模式及激光测距条件下对准强反射目标（如交通灯）进行距离测量。

② 当点击［测量］时，仪器将对在光路内的目标进行距离测量。在测量过程中，如

有行人、汽车、动物、摆动的树枝等通过测距光路，会有部分光束反射回仪器，从而导致距离测量结果不准确。

③ 在无反射器测量模式及配合反射片测量模式下进行测量，应避免光束被遮挡干扰。

无棱镜测距应注意以下事项：

① 确保激光束不被靠近光路的任何高反射率的物体反射。

② 当启动距离测量时，EDM（电子测距仪）会对光路上的物体进行测距。如果此时在光路上有临时障碍物（如通过的汽车，或下大雨、下大雪或是弥漫着雾），EDM 所测量的距离是到最近障碍物的距离。

③ 当进行较长距离测量时，激光束偏离视准线会影响测量精度。这是因为发散的激光束的反射点可能不与十字丝照准的点重合。因此建议用户精确调整以确保激光束与视准线一致。

④ 不要用两台仪器对准同一个目标同时进行测量。

用激光对棱镜测距时，对棱镜精密测距应采用标准模式（红外测距模式）。

三、坐标测量

坐标测量界面如图 4-9 所示。

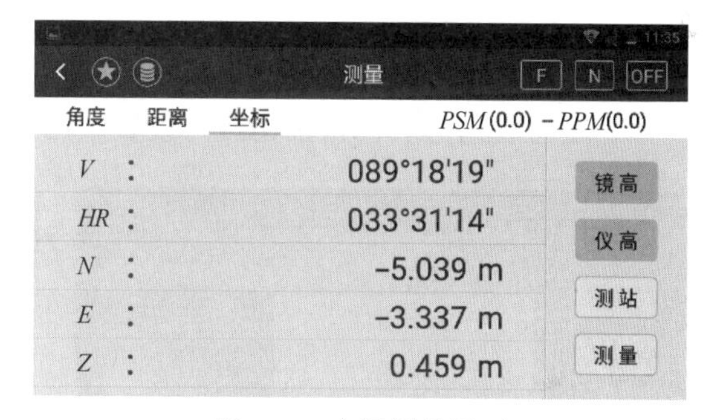

图 4-9 坐标测量界面

在图 4-9 中：

N：北向坐标；

E：东向坐标；

Z：高程；

[镜高]：进入输入棱镜高度界面；

[仪高]：进入输入仪器高度界面，设置后需要重新进行后视设置；

[测站]：进入输入测站坐标界面，设置后需要重新进行后视设置。

输入棱镜高度界面如图 4-10 所示。在图 4-10 中，可以在镜高右侧的可编辑框内输入当前的棱镜高度。

输入仪器高度界面如图 4-11 所示。在图 4-11 中，可以在仪高右侧的可编辑框内输入当前的仪器高度。

图 4-10 输入棱镜高度界面

图 4-11 输入仪器高度界面

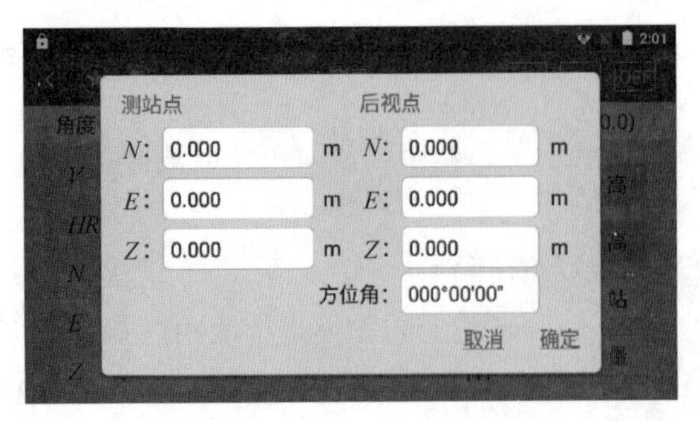

图 4-12　输入测站坐标界面

输入测站坐标界面如图 4-12 所示。在图 4-12 中，可以在各坐标右侧的可编辑框内输入测站坐标。

在图 4-12 中：

N：输入测站点、后视点 *N* 坐标；

E：输入测站点、后视点 *E* 坐标；

Z：输入测站点、后视点高程；

方位角：输入方位角进行定向。

任务四　建　　站

在进行测量和放样之前都要先进行已知点建站的工作。建站菜单如图 4-13 所示。

一、已知点建站

通过已知点进行后视的设置，通常有两种方式，一种是通过已知的后视点进行设置，另一种是通过已知的后视方位角进行设置。已知点建站界面如图 4-14 所示。

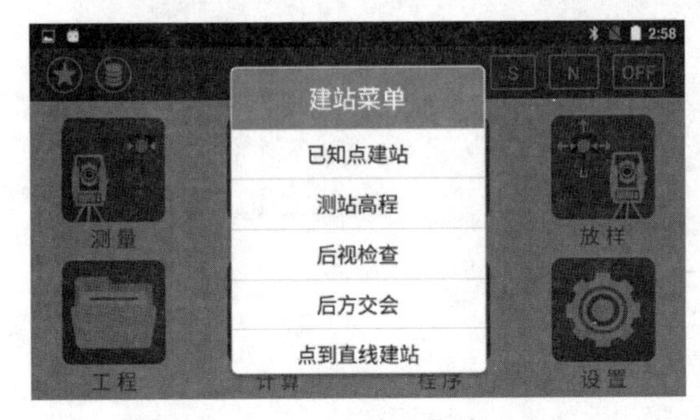

图 4-13　建站菜单

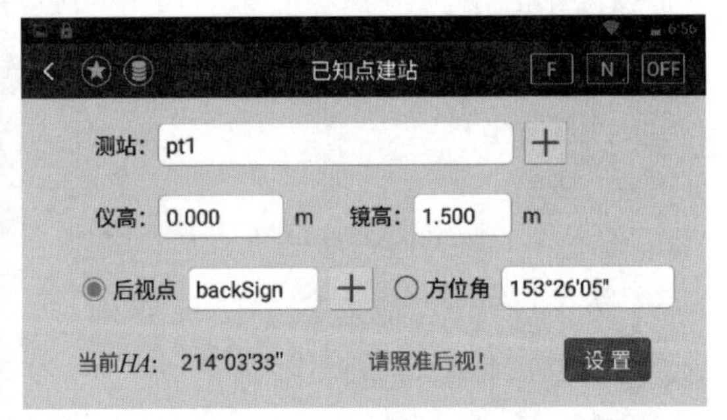

图 4-14　已知点建站界面

在图 4-14 中：

测站：输入已知测站点的名称，通过［+］可以调用或新建一个已知点作为测站点；

仪高：输入当前的仪器高度；

镜高：输入当前的棱镜高度；

后视点：输入已知后视点的名称，通过［+］可以调用或新建一个已知点作为后视点；

方位角：通过直接输入方位角来设置后视；

当前 *HA*：显示当前的水平角；

［设置］：点击进行设置，照准后视，完成建站。如果前面的输入不满足计算或设置要求，将会给出提示。

表 4-3 所示为已知点建站方式建站操作示例。

表 4-3　　　　　　　　　　已知点建站方式建站操作示例

操作步骤	按键	界面显示
1. 在主菜单点击[建站]，选择“已知点建站”功能	[已知点建站]	
2. 设置测站点坐标	[调用]或[新建]	
3. 选择需要调用的已知点，选择完毕返回建站页面	—	
4. 以同样的方式设置后视点，点击[设置]，照准后视，不进行多点定向，完成建站	[设置]	

注：1. 提供两种测站点坐标获取模式：直接输入、点库获取。

2. 编码可以输入，也可以从编码库获取。

如果有一个或多个已知点，可以利用这些已知点定向并利用其中一个或多个点的高程来确定测站高程，这些可以通过全站仪的多点定向与高程传递来实现。多点定向界面如图 4-15 所示。

在图 4-15 中：

列表：显示当前已测量的已知点结果；

[测量第 1 点]：进入测量已知点界面（点击后跳转至测量已知点界面，如图 4-16 所示）；

[计算]：对当前已测量的已知点进行计算，得出测站点坐标。

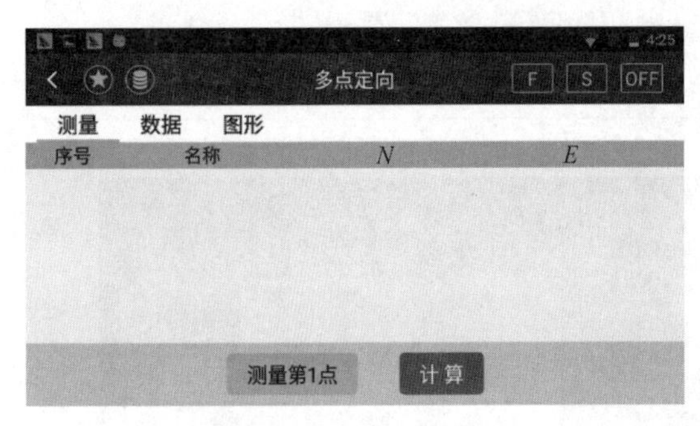

图 4-15　多点定向界面

图 4-16　测量已知点界面

在图 4-16 中：

HA：显示测量的水平角；

VA：显示测量的垂直角；

SD：显示测量的斜距；

[测角]：只测量角度；

[测角 & 测距]：测量角度并测量距离；

[完成]：完成测量，保存当前的测量结果，返回到上一界面。

表 4-4 所示为多点定向操作示例。

表 4-4　　多点定向操作示例

操作步骤	按键	界面显示
1. 在已知点建站界面点击[设置]，选择“多点定向”功能	[多点定向]	

续表

操作步骤	按键	界面显示
2. 点击[测量第 1 点]，输入参数，照准棱镜，点击[测角 & 测距]，再点击[完成]	[测角 & 测距]	
3. 继续上述操作，完成第二个点或更多点的输入测量工作，完成后，点击下方的[计算]	[计算]	
4. 若测量与数据均无误，则点击[设置]，可以选择是否传递高程，完成建站	[高程传递]	

二、测站高程

在测站高程模式下，通过测量一已知高程点可以得到当前测站点的高程。必须先进行建站才能进行测站高程的设置。测站高程界面如图 4-17 所示。

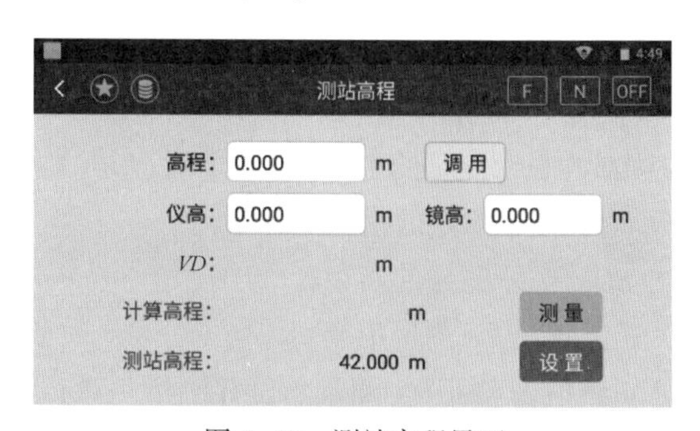

图 4-17　测站高程界面

在图 4-17 中：

高程：输入已知点高程，可以通过调用得到已知点的高程；

仪高：当前仪器的高度；

镜高：当前棱镜的高度；

VD：测站与已知点之间的高差；

计算高程：显示根据测量结果计算得到的测站高程；

测站高程：显示当前的测站高程；

[测量]：开始进行测量，并且会自动计算测站高；

[设置]：将当前的测站高程设置为测量计算得到的高程。

三、后视检查

在后视检查模式下，可以检查当前的角度与建站时的方位角是否一致。必须先进行建站才能进行后视检查。后视检查界面如图 4-18 所示。

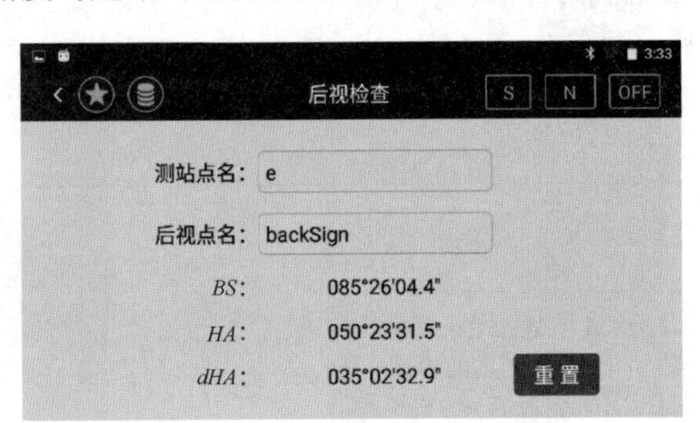

图 4-18　后视检查界面

在图 4-18 中：

测站点名：显示测站点名；

后视点名：显示后视点的点名，如果通过输入后视角的方式得到的点名此处将显示为空；

BS：显示设置的后视角；

HA：显示当前的水平角；

dHA：显示 *BS* 和 *HA* 两个角度的差值；

[重置]：将当前的水平角重新设置为后视角。

四、后方交会

如果测量的第一个点与第二个点之间的角太小或太大，其计算结果的几何精度会较差，所以要选择已知点与站点之间构成较好的几何图形。后方交会至少需要三个角度观测或两个距离观测的数据。测站点高程通常是由测距数据计算得到的，但是如果没有进行距离测量，那么高程只能通过测量已知坐标点的角度来确定。

后方交会界面如图 4-19 所示。

在图 4-19 中：

列表：显示当前已测量的已知点结果；

[测量第 1 点]：进入测量已知点界面（点击后跳转至测量已知点界面，如图 4-20 所示）；

[计算]：对当前已测量的已知点进行计算，得出测站点坐标（点击后跳转至数据界面进行建站）。

在图 4-20 中：

HA：显示测量的水平角；

VA：显示测量的垂直角；

SD：显示测量的斜距；

[测角]：只测量角度；

[测角 & 测距]：测量角度并测量距离；

[完成]：完成测量，保存当前的测量结果，返回到上一界面。

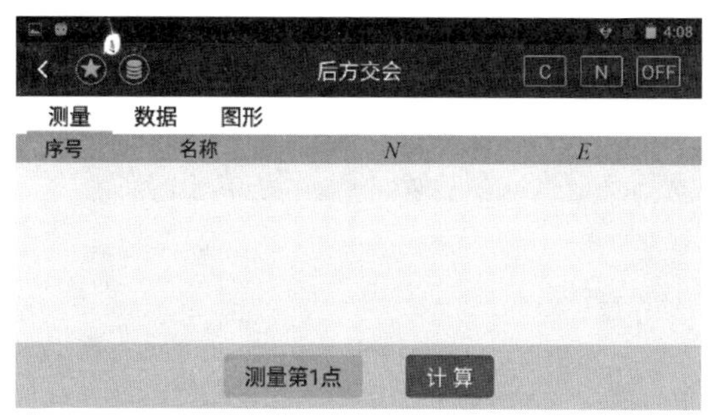

图 4-19　后方交会界面

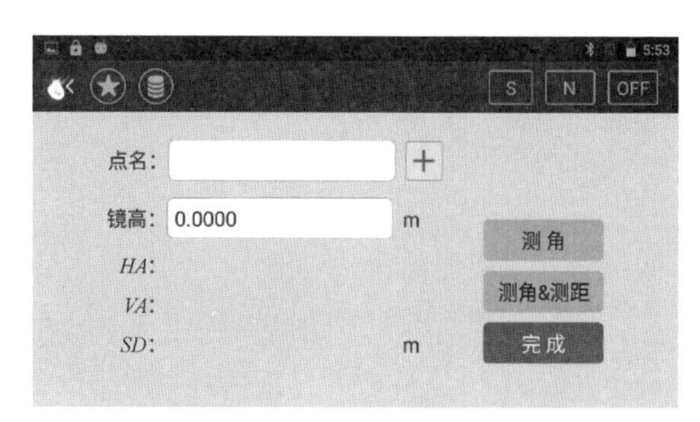

图 4-20　测量已知点界面

表 4-5 所示为后方交会操作示例。

表 4-5　　后方交会操作示例

操作步骤	按键	界面显示
1. 在主菜单点击[建站],选择“后方交会”功能	[后方交会]	
2. 点击[测量第 1 点],进行第一个控制点的输入和测量工作。在点名右侧的可编辑框内输入控制点点名,镜高右侧的可编辑框内输入棱镜高度,然后对准棱镜选择[测角 & 测距],再点击[完成]	[完成]	
3. 继续上述操作,完成第二个点或更多点的输入测量工作,完成后,点击下方的[计算]	[计算]	

续表

操作步骤	按键	界面显示
4. 若测量与数据均无误,则点击[前往建站],输入测站名并照准最后一个测量点,点击[设置]完成建站	[前往建站]	

五、点到直线建站

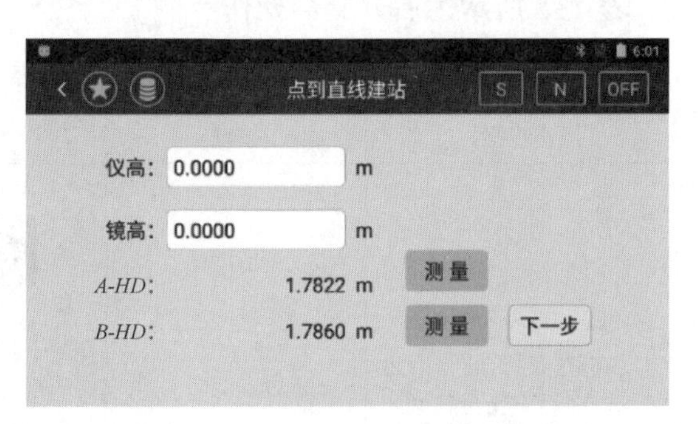

图 4-21　任意测量两点作为基点

点到直线建站的步骤如下：

① 任意测量两点作为基点，点击[下一步]，如图 4-21 所示。

② 仪器计算出两点之间的位置关系，点击［下一步］，如图 4-22 所示。

③ 仪器将根据两点自动建立坐标系后进入建站界面，点击［建站设置］完成建站，如图 4-23 所示。

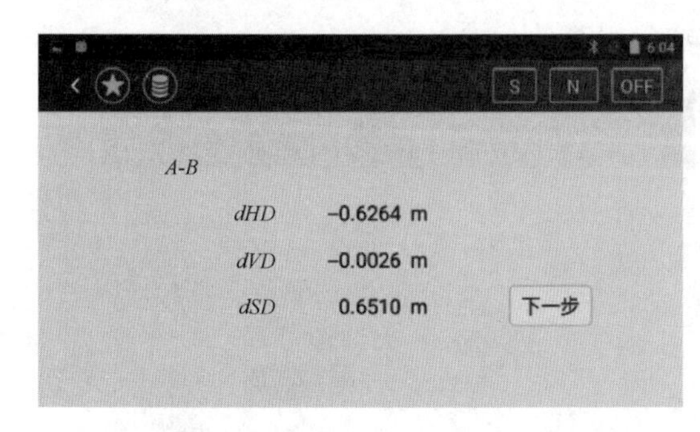

图 4-22　仪器计算出两点之间的位置关系

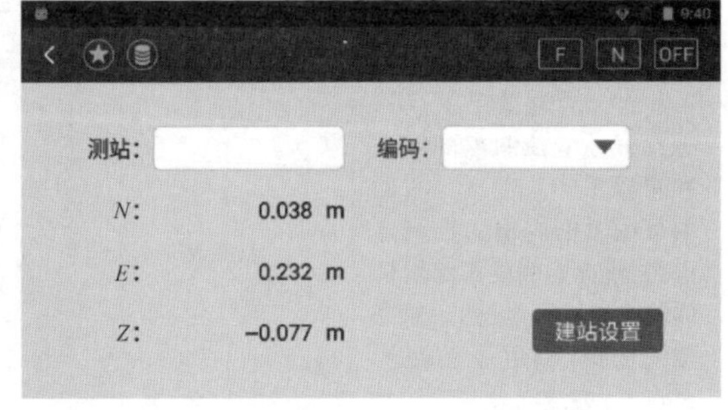

图 4-23　建站界面

六、任意建站

利用一个未知坐标点进行定向（设置），建站完成后，在此测站采集的点数据须进行归算，进行归算需要获取后视点的坐标。

任意建站界面如图 4-24 所示。

在图 4-24 中：

测站：输入已知测站点的名称，通过［+］可以调用或新建一个已知点作为测站点；

仪高：输入当前的仪器高度；

镜高：输入当前的棱镜高度；

后视点：输入已知后视点的名称，通过［+］可以调用或新建一个已知点作为后视点；

方位角：通过直接输入方位角来设置后视；

当前 *HA*：显示当前的水平角；

［设置］：点击进行设置，照准后视，完成建站。如果前面的输入不满足计算或设置要求，将会给出提示。

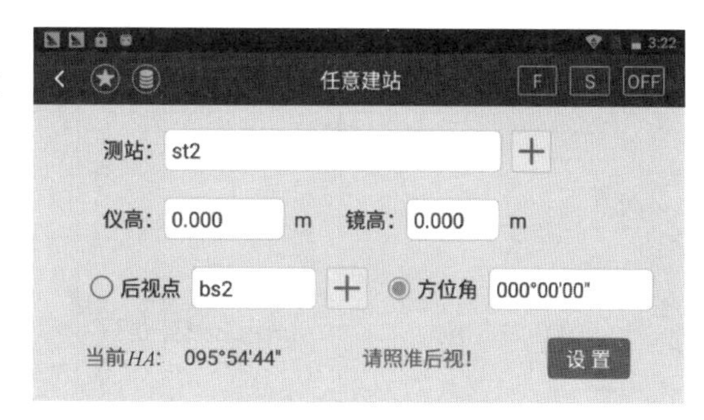

图 4-24　任意建站界面

归算界面如图 4-25 所示。

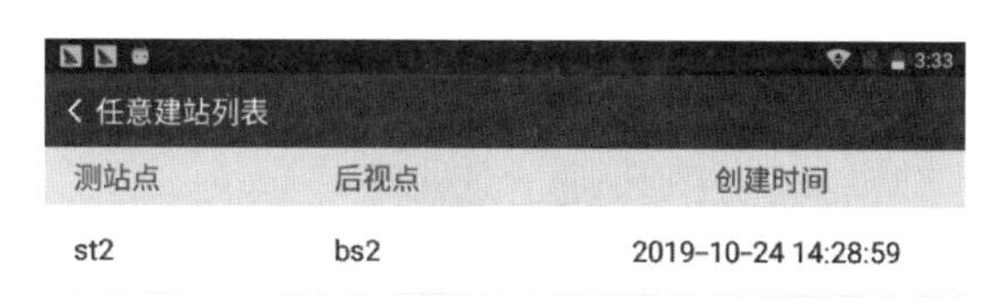

图 4-25　归算界面

归算按钮界面如图 4-26 所示。点击此按钮，确定任意建站点对应的后视点，如图 4-27 所示。

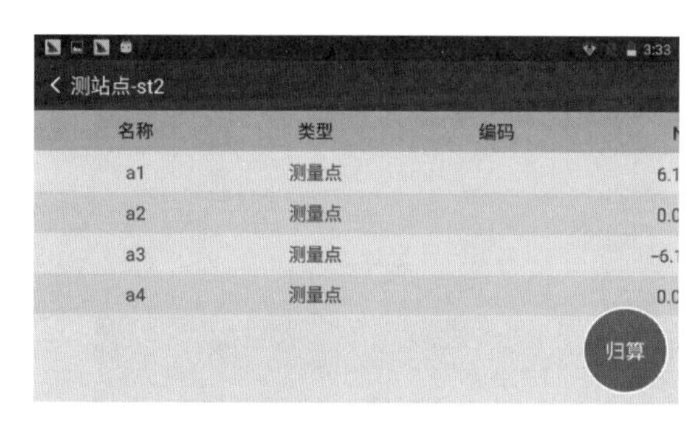

图 4-26　归算按钮界面

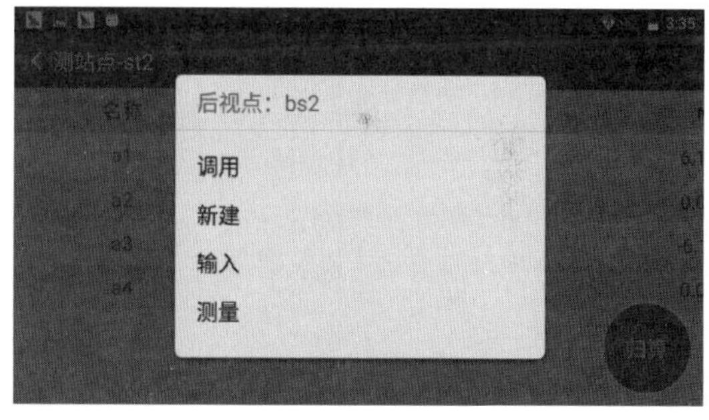

图 4-27　确定任意建站点对应的后视点

表 4-6 所示为任意建站操作示例。

表 4-6　　任意建站操作示例

操作步骤	按键	界面显示
1. 在主菜单点击［建站］，选择“任意建站”功能	［任意建站］	

续表

操作步骤	按键	界面显示
2. 设置测站点坐标	[调用]或[新建]	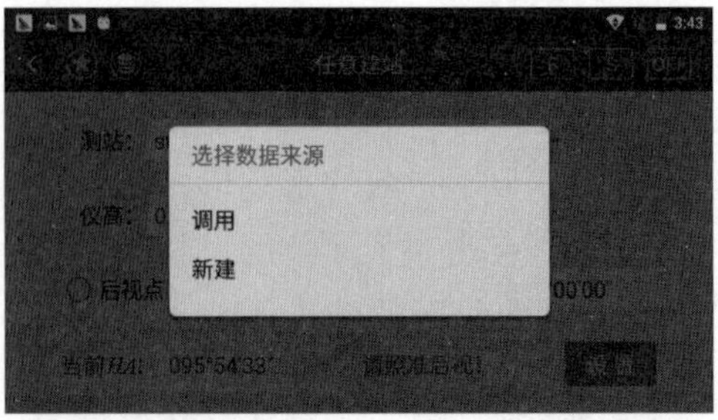 测站: 仪高: 后视点 选择数据来源 调用 新建 当前HA: 095°54'33" 请照准后视!
3. 选择需要调用的已知点,确定后返回建站界面	—	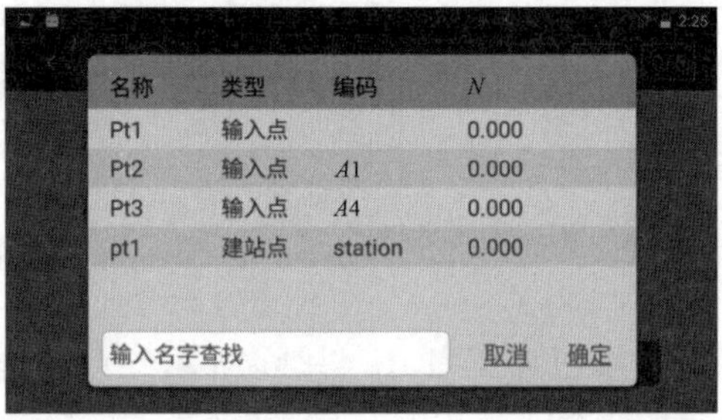 名称 类型 编码 N Pt1 输入点 0.000 Pt2 输入点 A1 0.000 Pt3 输入点 A4 0.000 pt1 建站点 station 0.000 输入名字查找 取消 确定
4. 在主菜单点击[计算],选择“归算”功能,选择任意建站中要改正的测站点	[归算]	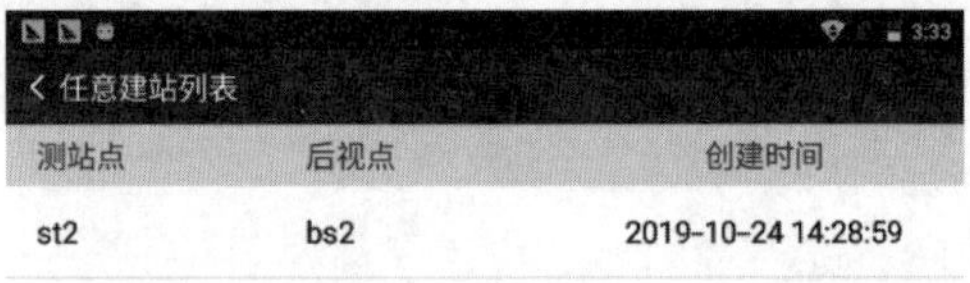 任意建站列表 测站点 后视点 创建时间 st2 bs2 2019-10-24 14:28:59
5. 点击[归算],选择正确的后视点坐标,自动重新计算临时坐标系中的坐标值	[归算]	 测站点-st2 名称 类型 编码 a1 测量点 6.1 a2 测量点 0.0 a3 测量点 -6.1 a4 测量点 0.0 归算

注：目前后视点的坐标未知，方位角未知，因此方位角和测量点的坐标并不是最终坐标（为临时坐标中的坐标）。

任务五　数据采集

建站后，通过数据采集程序可以进行数据采集工作。数据采集菜单如图 4-28 和图 4-29 所示。

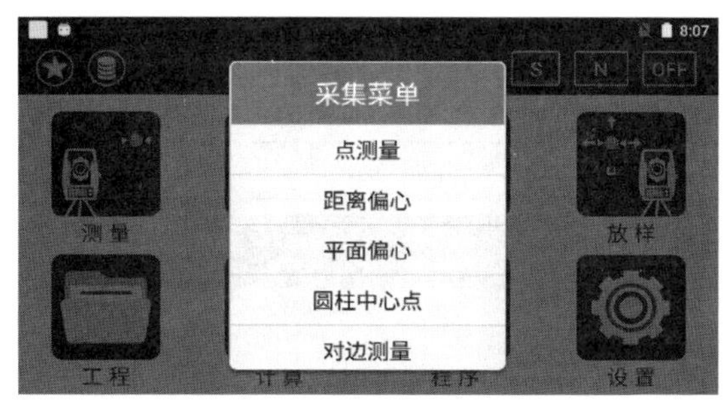

图 4-28　数据采集菜单（一）

图 4-29　数据采集菜单（二）

一、点测量

点击［测距］后，改变仪器中的垂直角，仪器将按照测量的水平距离及垂直角重新计算 *VD* 及 *Z* 坐标；改变水平角，仪器将根据水平距离重新计算 *N* 及 *E* 坐标，此时点击［保存］，仪器将按照重新计算的结果进行保存。

点测量界面如图 4-30 所示。

图 4-30　点测量界面

在图 4-30 中：

HA：显示当前的水平角；

VA：显示当前的垂直角；

HD：显示测量的水平距离；

VD：显示测量的垂直距离；

SD：显示测量的斜距；

点名：输入测量点的点名，每次保存后点名自动递增；

编码：输入或调用测量点的编码；

镜高：显示当前的棱镜高度；

［测距］：开始进行测距；

［保存］：对上一次的测量结果进行保存，如果没有测距，则只保存当前的角度；

［测存］：进行测距并将结果保存；

［数据］：显示计算或实时测量结果；

［图形］：显示当前坐标点的图形。

表 4-7 所示为点测量操作示例。

表 4-7　　点测量操作示例

操作步骤	按键	界面显示
1. 建站完成后，在主菜单点击[采集]，选择“点测量”功能，进入测量界面。照准目标后点击[测距]可以测量当前目标点的水平角、垂直角、水平距离、垂直距离、斜距	[点测量]	点测量　F　N　OFF 测量　数据　图形 HA: 312°09′31″　点名: 1　测距 VA: 287°19′46″ HD: 4.480 m　编码:　保存 VD: 1.398 m SD: 4.694 m　镜高: 0.000 m　测存
2. 点击[数据]显示当次测量的详细信息，包括点名、坐标、编码、水平角、垂直角、水平距离、垂直距离、斜距	[数据]	点测量　F　N　OFF 测量　数据　图形 点名: 1　编码: N: −3.007 m　HD: 4.480 m E: 3.321 m　VD: 1.398 m Z: 1.398 m　SD: 4.694 m HA: 312°09′34″　保存 VA: 287°19′45″
3. 点击[图形]，显示当前坐标点的图形	[图形]	点测量　F　N　OFF 测量　数据　图形 1 8.06m

二、距离偏心

距离偏心示意图如图 4-31 所示。图中所列方向均为相对于测量者的视角。

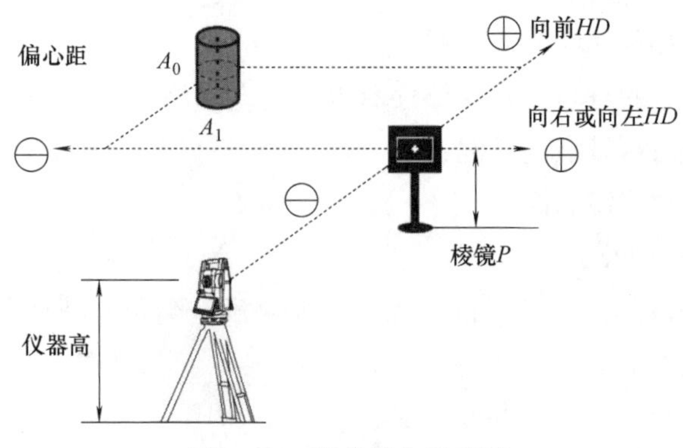

图 4-31　距离偏心示意图

距离偏心界面如图 4-32 所示。

在图 4-32 中：

［左］［右］：输入左偏差或右偏差；

［前］［后］：输入前偏差或后偏差；

［上］［下］：输入上偏差或下偏差；

［测量］：开始进行测量；

［保存］：数据保存；

［测存］：进行测量并将结果保存；

［数据］：显示计算得到的坐标和测量的结果；

［图形］：显示距离偏差的图形。

表 4-8 所示为距离偏心操作示例。

图 4-32　距离偏心界面

表 4-8　　距离偏心操作示例

操作步骤	按键	界面显示
1. 在主菜单点击［采集］，选择“距离偏心”功能	［距离偏心］	
2. 对准棱镜，在下方［左］［右］、［前］［后］、［上］［下］栏中输入各个方向上棱镜与待测点的偏差，然后点击［测量］或［测存］，即可获得待测点的坐标	［测量］或［测存］	

三、平面偏心

平面偏心示意图如图 4-33 所示。图中的三个棱镜点确定一个平面，而无棱镜点为任意点。

平面偏心界面如图 4-34 所示。

在图 4-34 中：

［待测］：当前点还没有进行测量，测量后显示为“完成”；

[测量]：对当前点进行测量；

[保存]：对当前点的计算结果进行保存；

[数据]：当三个点都测量完成并且有效时，将显示计算得到的当前照准方向与三个点形成平面的交点坐标；

[图形]：实时显示测量点的坐标图形。

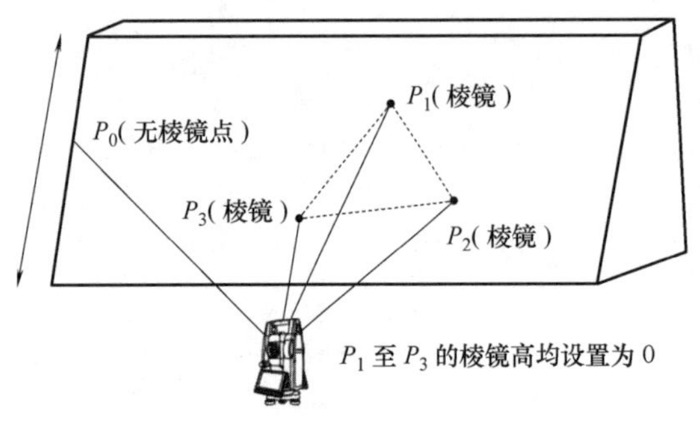

图 4-33　平面偏心示意图

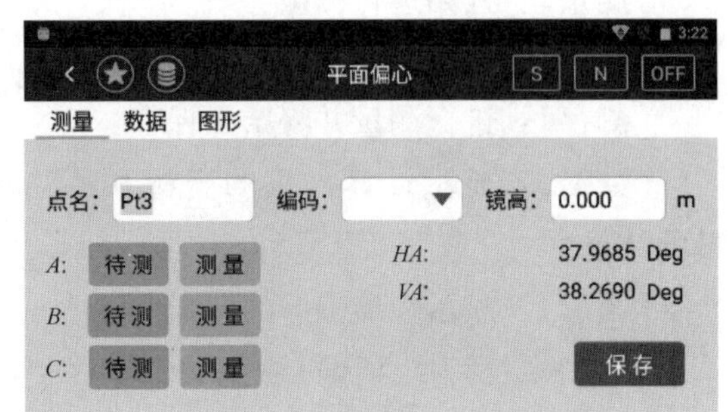

图 4-34　平面偏心界面

表 4-9 所示为平面偏心操作示例。

表 4-9　　**平面偏心操作示例**

操作步骤	按键	界面显示
1. 在主菜单点击[采集]，选择“平面偏心”功能	[平面偏心]	
2. 照准棱镜 A，点击[测量]，进行测量	[测量]	

续表

操作步骤	按键	界面显示
3. 照准棱镜 *B*,点击[测量],进行测量	[测量]	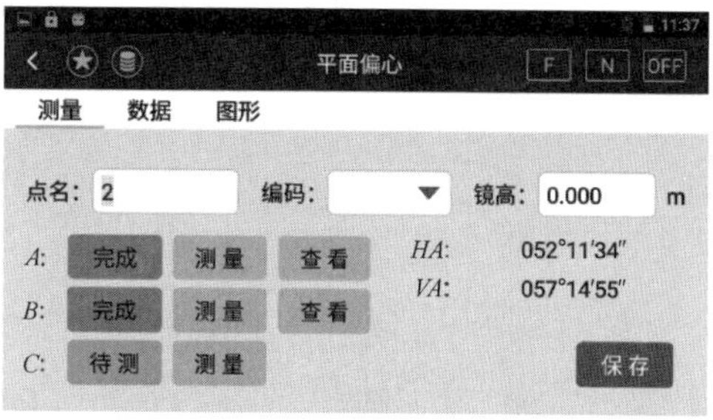
4. 照准棱镜 *C*,点击[测量],进行测量,确定平面	[测量]	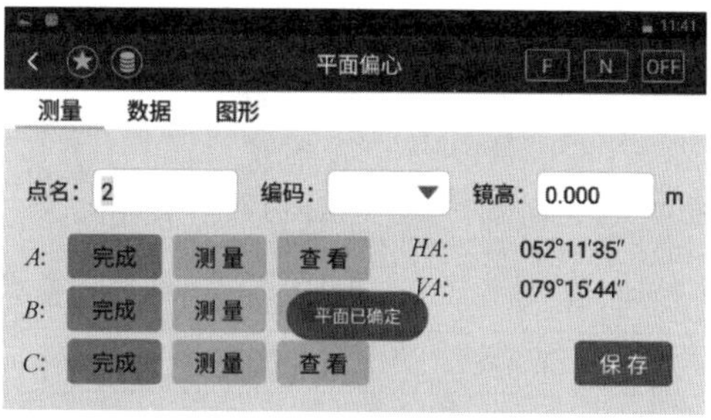
5. 如测量点数据正确则会提示平面已确定,并自动计算交点关系,点击[保存],保存结果	[保存]	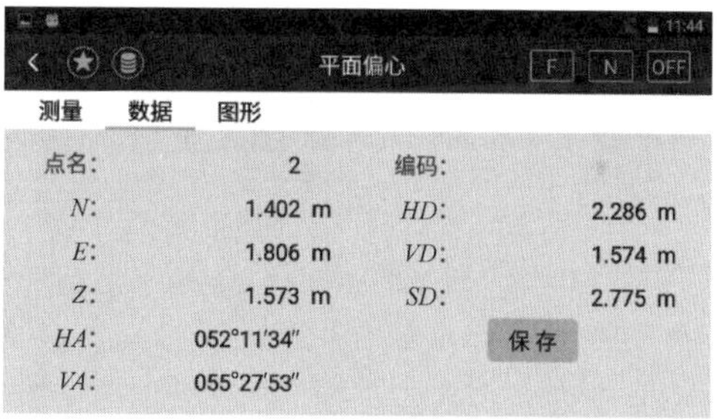

四、圆柱中心点

圆柱中心点示意图如图 4-35 所示。首先直接测定圆柱面上 P_1 点的距离，然后通过测定圆柱面上 P_2 点和 P_3 点的方向角即可计算出圆柱中心的距离、方向角和坐标。其中，圆柱中心的方向角等于圆柱面上 P_2 点和 P_3 点的方向角的平均值。

圆柱中心点界面如图 4-36 所示。

在图 4-36 中：

方向 *A*：照准圆柱侧边；

方向 *B*：照准圆柱的另外一个侧边；

中心：照准圆柱的中心进行测距；

[完成]：已经照准，完成角度测量；

[测角]：重新进行测角；

[测量]：重新进行测距；

[保存]：对测量的结果进行保存，其前提是必须先完成两个角度和距离的测量；

[数据]：测量完成后，显示计算得到的圆心坐标和测量的结果。

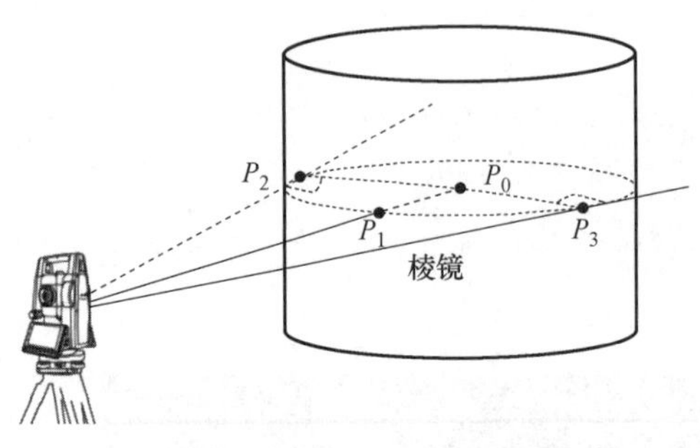

图 4-35　圆柱中心点示意图

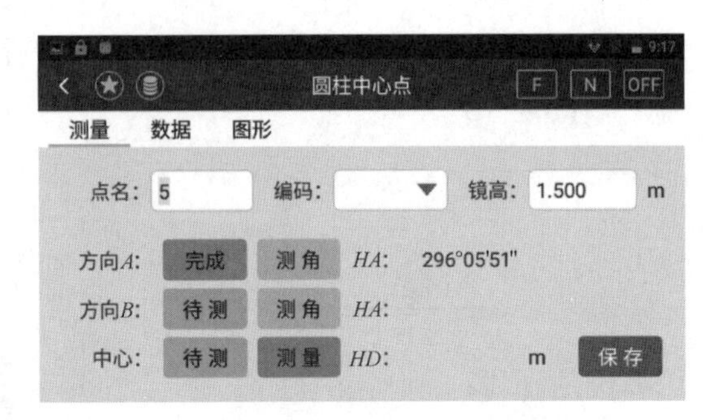

图 4-36　圆柱中心点界面

表 4-10 所示为圆柱中心点操作示例。

表 4-10　　圆柱中心点操作示例

操作步骤	按键	界面显示
1. 在主菜单点击[采集]，选择“圆柱中心点”功能	[圆柱中心点]	
2. 将目镜内十字丝对准目标圆柱体一个侧边“方向 A”，之后点击[确定]。然后转动镜筒，对准圆柱体的另一个侧边“方向 B”，点击[确定]。最后将十字丝对准大致圆柱中心位置，点击[测距]，获得圆柱中心坐标	[确定] [确定] [测距]	

五、对边测量

对边测量示意图如图 4-37 所示。对边测量用于测量两个目标棱镜之间的水平距离（*dHD*）、斜距（*dSD*）、高差（*dVD*）和水平角（*HR*）。这些数据也可以通过直接输入坐标或调用坐标数据文件进行计算得到。

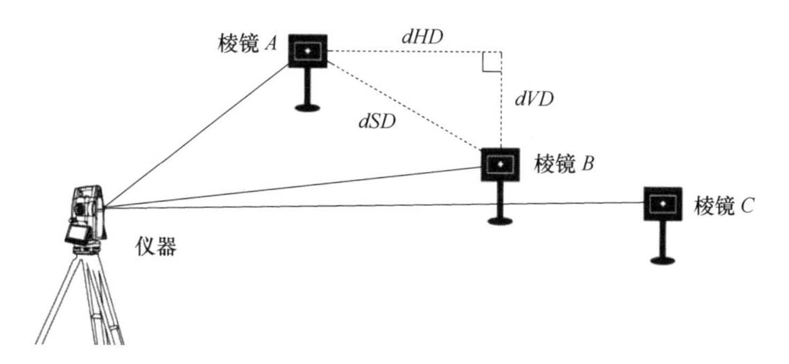

图 4-37　对边测量示意图

对边测量界面如图 4-38 所示。

在图 4-38 中：

[测量]：开始进行测量；

[计算]：计算起始点与最后测量点的关系（点击后跳转至数据界面，如图 4-39 所示）；

[锁定起始点]：锁定当前起始点，若此项关闭，则起始点将是上一个测量点的坐标。

在图 4-39 中：

AZ：起始点到测量点的方位角；

dHD：起始点与测量点之间的平距；

dSD：起始点与测量点之间的斜距；

dVD：起始点与测量点之间的高差；

V%：起始点与测量点之间的坡度。

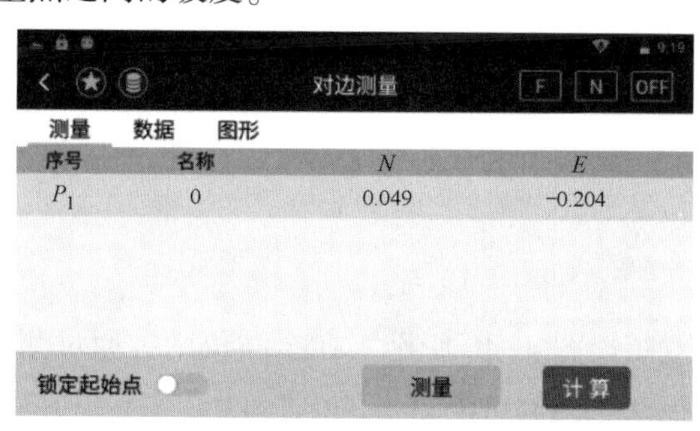

图 4-38　对边测量界面

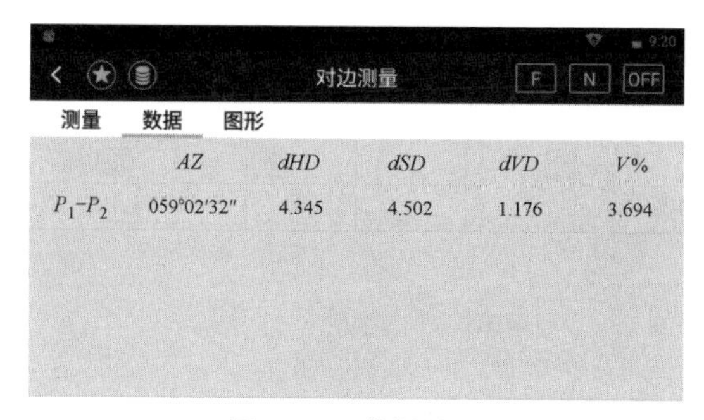

图 4-39　数据界面

表 4-11 所示为对边测量操作示例。

表 4-11 对边测量操作示例

操作步骤	按键	界面显示
1. 在主菜单点击[采集]，选择“对边测量”功能，点击[测量]	[对边测量] [测量]	12:14 对边测量 F N OFF 测量 数据 图形 序号 名称 N E 锁定起始点 测量 计算
2. 照准棱镜 A，点击[测角 & 测距]，显示仪器和棱镜 A 之间的平距，点击[完成]，然后点击[保存]	[测角 & 测距] [完成] [保存]	12:32 F N OFF 点名：4 镜高：0.000 m HA：056°54′57″ VA：059°36′44″ SD：2.994 m 测角&测距 查看 完成 保存
3. 可选择照准下一个点，点击[测量]或选择[计算]查看测量结果	[测量] [计算]	12:37 对边测量 F N OFF 测量 数据 图形 AZ dHD dSD dVD V% P_0-P_1 053°01′13″ 2.586 2.998 1.516 0.586

六、线和延长点

线和延长点测量示意图如图 4-40 所示。在全站仪中，通过测量两个点的坐标和输入起始点到结束点的延长距离，得到待测量点的坐标。

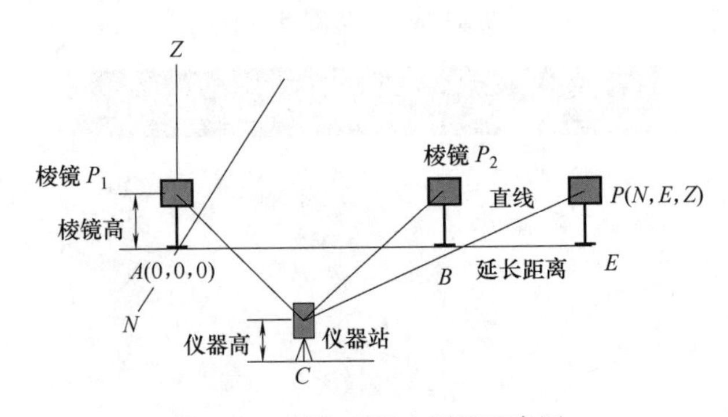

图 4-40 线和延长点测量示意图

线和延长点界面如图 4-41 所示。

图 4-41　线和延长点界面

在图 4-41 中：

点 P_1：到第一个测量点的斜距；

点 P_2：到第二个测量点的斜距；

[测量]：测量点 1 或点 2 的坐标；

[查看]：查看测量完成点的坐标；

[距离设置]：输入延长距离。

距离设置界面如图 4-42 所示。

在图 4-42 中：

[正] [反]：选择延长方向（正向：$P_1 \to P_2$；反向：$P_2 \to P_1$）；

[保存]：保存延长点的坐标。

图 4-42　距离设置界面

表 4-12 所示为线和延长点操作示例。

表 4-12　　线和延长点操作示例

操作步骤	按键	界面显示
1. 在主菜单点击[采集]，选择"线和延长点"功能	[线和延长点]	采集菜单：圆柱中心点、对边测量、线和延长点、线和角点测量、悬高测量
2. 照准棱镜 P_1，点击[测量]	[测量]	线和延长点　点名：5　编码：A_1　镜高：0.000 m　HA：057°00′26″　VA：086°16′43″　点P_1：3.472 m　点P_2： m

续表

操作步骤	按键	界面显示
3. 照准棱镜 P_2，点击[测量]	[测量]	线和延长点 F N OFF 测量 数据 图形 点名：5 编码：A_1 镜高：0.000 m HA: 057°00′26″ VA: 061°50′35″ 点P_1: 3.472 m 测量 查看 距离设置 点P_2: 3.210 m 测量 查看 保存
4. 点击[距离设置]，选择延长线方向，输入延长距离，然后点击[确定]	[距离设置] [确定]	输入 ◉正 ○反 0.000 m 取消 确定
5. 结果自动计算，在数据界面显示	—	线和延长点 F N OFF 测量 数据 图形 点名：5 编码：A_1 N: 1.541 m HD: 2.830 m E: 2.374 m VD: 1.515 m Z: 1.515 m SD: 3.210 m HA: 057°00′26″ 保存 VA: 061°50′33″

七、线和角点测量

线和角点测量示意图如图 4-43 所示。在全站仪中，通过测量两个点的坐标和测站到待测点的方位角，得到待测点的坐标。

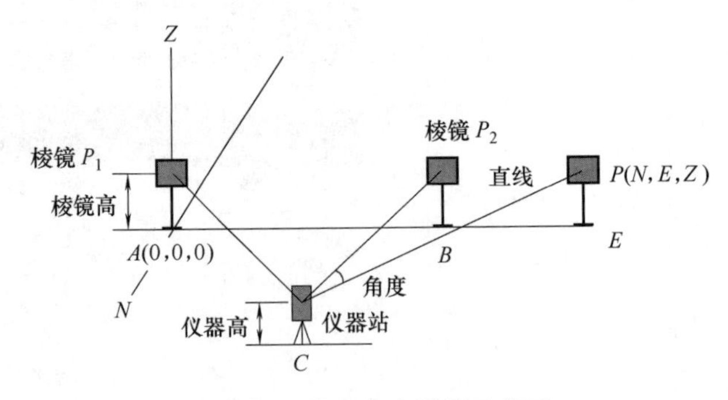

图 4-43 线和角点测量示意图

线和角点测量界面如图 4-44 所示。

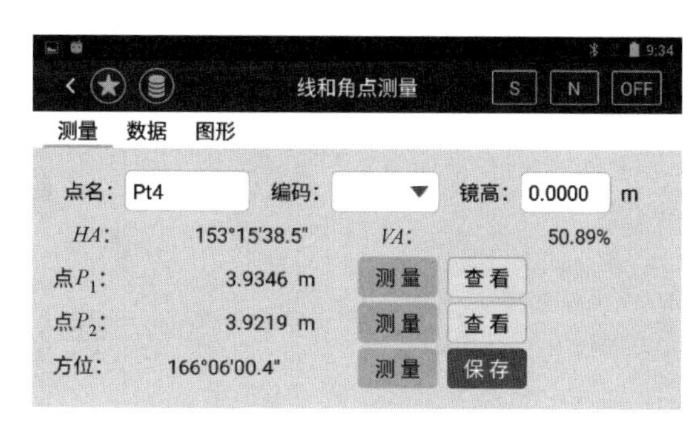

图 4-44　线和角点测量界面

在图 4-44 中：

点 P_1：到第一个测量点的斜距；

点 P_2：到第二个测量点的斜距；

方位：测量得到的测站点到待测点的方位角；

[测量]：测量点 1 或点 2 的坐标或待测点的方位；

[查看]：查看测量完成点的坐标；

[保存]：保存待测点的坐标。

表 4-13 所示为线和角点测量操作示例。

表 4-13　　线和角点测量操作示例

操作步骤	按键	界面显示
1. 在主菜单点击[采集]，选择“线和角点测量”功能	[线和角点测量]	
2. 照准棱镜 P_1，点击[测量]	[测量]	
3. 照准棱镜 P_2，点击[测量]	[测量]	

续表

操作步骤	按键	界面显示
4. 转到待测方位,点击方位[测量]	[测量]	线和角点测量 F N OFF 测量 数据 图形 点名：5 编码： 镜高：0.000 m *HA*: 066°59′07″ *VA*: 066°58′43″ 点P_1: 3.891 m 测量 查看 点P_2: 3.892 m 测量 查看 方位: 067°24′46″ 测量 保存
5. 如果方向正确,结果自动计算,在数据界面显示	—	线和角点测量 F N OFF 测量 数据 图形 点名: 5 编码: *N*: 1.726 m *HD*: 3.627 m *E*: 3.190 m *VD*: −0.401 m *Z*: −0.401 m *SD*: 3.649 m *HA*: 061°34′56″ 保存 *VA*: 096°19′00″

八、悬高测量

悬高测量示意图如图 4-45 所示。测量一已知目标点，然后通过不断改变垂直角，得到与已知目标点相同水平位置的点与已知目标点的高差。

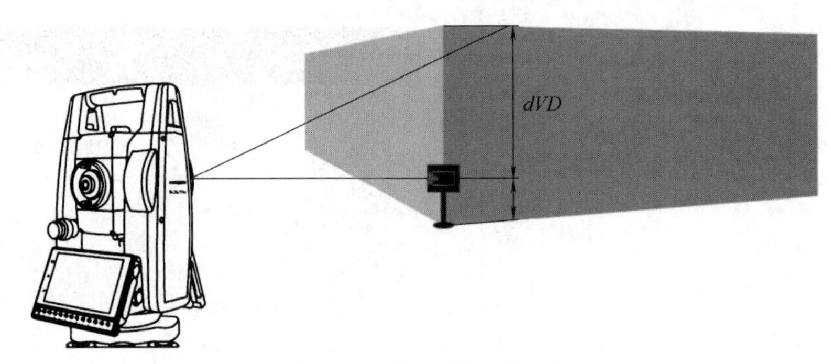

图 4-45　悬高测量示意图

悬高测量界面如图 4-46 所示。

在图 4-46 中：

dVD：测量点与计算的 *VD* 之间的差值；

垂角：测量点的垂直角；

平距：测量点的水平距离；

[测角]：将 *VA* 的角度赋值给垂角；

［测角 & 测距］：重新测量距离和角度，定位起点。

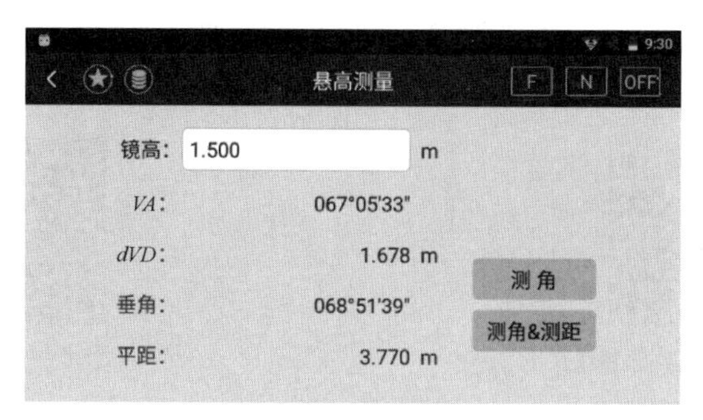

图 4-46　悬高测量界面

表 4-14 所示为悬高测量操作示例。

表 4-14　　　　　　　　　　**悬高测量操作示例**

操作步骤	按键	界面显示
1. 在主菜单点击［采集］，选择“悬高测量”功能	［悬高测量］	
2. 输入镜高	—	
3. 在镜高右侧的可编辑框内输入棱镜高度，将镜头对准棱镜，点击［测角 & 测距］，得到高度、垂角和平距的信息。然后将镜头上抬，对准目标点，此时显示的 *dVD* 即为目标点的高度	［测角 & 测距］	

任务六 放 样

全站仪点位放样方法

全站仪面积测量

全站仪可以用于日常的测量放样操作。在任务四中已经提到，在进行放样之前要先进行已知点建站的工作。放样菜单如图 4-47 所示。

一、点放样

在放样菜单中选择“点放样”功能，进入点放样界面，如图 4-48 所示。

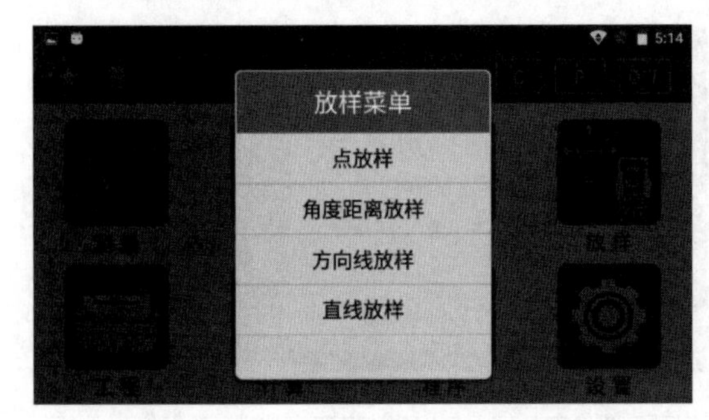

图 4-47 放样菜单

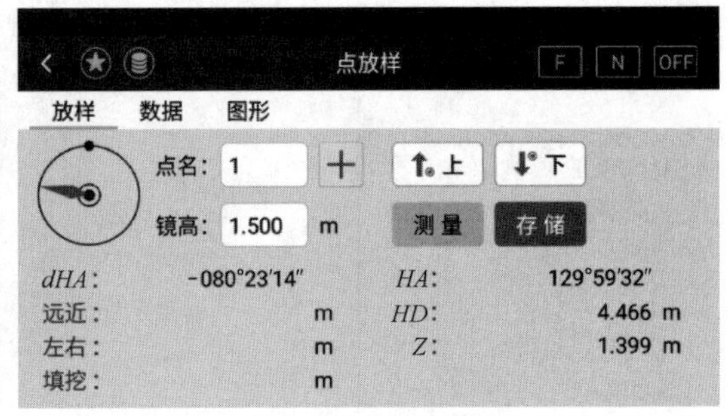

图 4-48 点放样界面

在图 4-48 中：

[+]：调用、新建或输入一个放样点；

[上]：当前放样点的上一点，当前是第一个点时将没有变化；

[下]：当前放样点的下一点，当前是最后一个点时将没有变化；

dHA：仪器当前水平角与放样点方位角的差值；

远近：棱镜相对仪器移近或移远的距离；

左右：棱镜向左或向右移动的距离；

填挖：棱镜向上或向下移动的距离；

HA：放样的水平角；

HD：放样的水平距离；

Z：放样点的高程；

[测量]：进行测量；

[存储]：存储前一次的测量值；

[数据]：显示测量的结果；

[图形]：显示放样点、测站点、测量点的图形关系。

表 4-15 所示为点放样操作示例。

表 4-15　　点放样操作示例

操作步骤	按键	界面显示
1. 建站完成后，在主菜单点击[放样]，选择"点放样"功能，进入点放样界面	[点放样]	
2. 点击[+]，选择调用或新建一个点。转动仪器至"右转"一行显示 0dms，即说明放样的点在该视准线上。点击[测量]，根据屏幕显示的"远近""左右""填挖"调整棱镜，当这三项信息都为 0 时说明棱镜所在地就是放样点位置	[+] [测量]	

二、角度距离放样

全站仪角度距离放样是通过输入测站与待放样点间的距离、角度及高程进行放样，其界面如图 4-49 和图 4-50 所示。

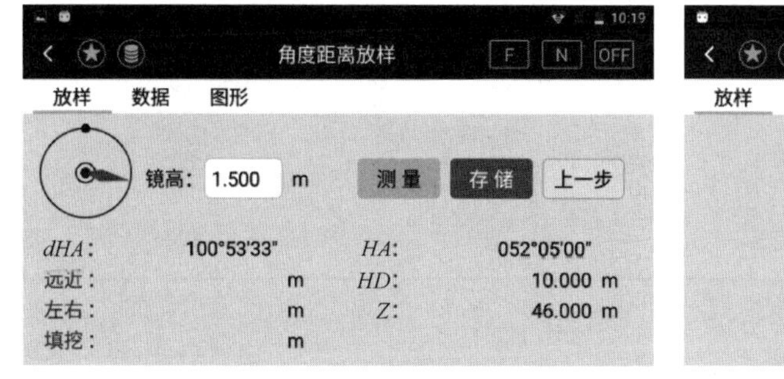

图 4-49　角度距离放样界面（一）

图 4-50　角度距离放样界面（二）

表 4-16 所示为角度距离放样操作示例。

表 4-16　　角度距离放样操作示例

操作步骤	按键	界面显示
1. 建站完成后，在主菜单点击[放样]，选择“角度距离放样”功能，进入角度距离放样界面	[角度距离放样]	
2. 根据所需，输入相关参数后，点击[下一步]	[下一步]	
3. 根据输入的参数，跳转至放样界面，显示数据	—	
4. 根据计算得出的方位差，转动望远镜，找到正确的方位，然后点击[测量]，按照提示完成放样工作	[测量]	

三、方向线放样

全站仪方向线放样是通过输入一个已知点的方位角、平距、高差，得到一个放样点的坐标进行放样，其界面如图 4-51 所示。

图 4-51　方向线放样界面

在图 4-51 中：

点名：输入或者调用一个点作为已知点；

方位角：从已知点到待放样点的方位角；

平距：待放样点与已知点的水平距离；

高差：待放样点与已知点的高差；

[下一步]：完成输入，进入下一步的放样操作。

表 4-17 所示为方向线放样操作示例。

表 4-17　　方向线放样操作示例

操作步骤	按键	界面显示
1. 建站完成后，在主菜单点击[放样]，选择“方向线放样”功能，进入方向线放样界面	[方向线放样]	
2. 根据所需，输入相关参数后，点击[下一步]	[下一步]	
3. 根据输入的参数，跳转至放样界面，显示数据	—	

续表

操作步骤	按键	界面显示
4. 根据计算得出的方位差,转动望远镜,找到正确的方位,然后点击[测量],按照提示完成放样工作	[测量]	方向线放样 F N OFF 放样 数据 图形 镜高: 1.500 m 测量 存储 上一步 dHA: −000°00′00″ HA: 051°30′27″ 后↑: 8.845 m HD: 9.105 m 停■: 0.000 m Z: −0.107 m 填↑: 1.323 m

四、直线放样

全站仪直线放样是通过两个已知点，输入与这两个点形成的直线的三个偏差距离，计算得到待放样点的坐标，其界面如图 4−52 所示。

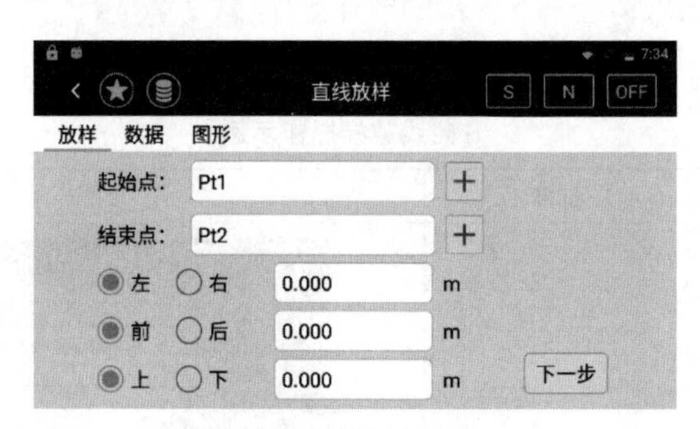

图 4−52 直线放样界面

在图 4−52 中：

起始点：输入或调用一个已知点作为起始点；

结束点：输入或调用一个已知点作为结束点；

[左] [右]：向左或向右偏差的距离；

[前] [后]：向前或向后偏差的距离；

[上] [下]：向上或向下偏差的距离；

[下一步]：根据输入的参数，计算出放样点的坐标，进入下一步的放样操作。

项目五　小区域控制测量

任务一　控制测量

一、控制测量概述

在测量工作中，为了防止测量误差的积累，确保以必要的精度控制全局，无论是将地形测绘成地形图，还是将工程设计图上的建筑物、构筑物测设到实地上，都需要先在测区范围内选定若干有控制意义的点。这些点组成一定的几何图形，通过精密的测量仪器和高精度的测量方法，测定它们的平面位置和高程，然后再以这些点为基础，进行测绘和测设工作。这些在测区范围内的有控制意义的点，称为控制点；由控制点组成的几何图形，称为控制网。控制网分为平面控制网和高程控制网两类。测定控制点平面位置（X，Y）的工作，称为平面控制测量；测定控制点高程 H 的工作，称为高程控制测量。

我国已经在全国范围内建立了统一的控制网，称为国家控制网。它为全国各地区、各城市进行各种比例尺测图、各项工程建设和研究地球形状及大小等科研活动提供了基础资料。国家控制网分为平面控制网和高程控制网两类，它们都采用分等布网、逐级加密的方法进行布设。国家控制网是用精密的测量仪器和高精度的测量方法依照施测精度按一等、二等、三等、四等四个等级建立的，其低级点受高级点控制。

国家控制网示意图如图 5-1 所示。如图 5-1（a）所示，一等三角锁是国家平面控制网的骨干；二等三角网布设于一等三角锁环内，是国家平面控制网的全面基础；三等、四等三角网是在二等三角网基础上的进一步加密。如图 5-1（b）所示，一等水准路线是国

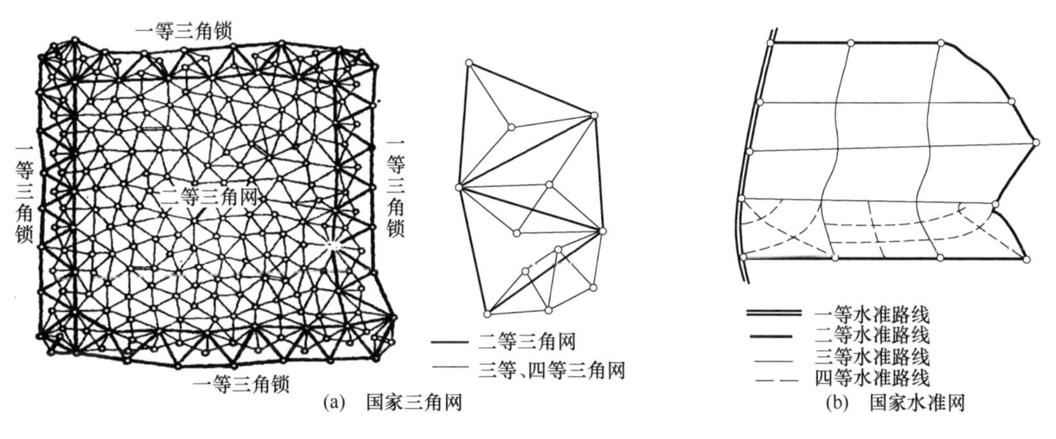

图 5-1　国家控制网示意图

家高程控制网的骨干；二等水准路线布设于一等水准路线环内，是国家高程控制网的全面基础；三等、四等水准路线是在二等水准路线基础上的进一步加密。

建立国家平面控制网，主要采用三角测量的方法；建立国家高程控制网，主要采用精密水准测量的方法。随着 GPS 技术的不断发展，以 GPS 定位为基础的高精度 GPS 国家平面高程控制网正在全面推进实施。

在城市或工矿等地区，一般应在国家控制点的基础上，根据测区的大小和施工测量的精度要求，布设不同等级的城市平面控制网和城市高程控制网，以供各项工程建立所需的地形测图和施工放样使用。

在小区域（面积在 $15km^2$ 以内）内建立的控制网，称为小区域控制网。测定小区域控制网的工作，称为小区域控制测量。小区域控制网分为平面控制网和高程控制网两类。

小区域控制网应尽可能以国家或城市的高等级控制网为基础进行联测。若测区或附近无国家或城市控制点，则建立测区独立控制网。此外，为工程建设而建立的专用控制网或个别工程出于某种特殊需要，在建立控制网时，也可以采用独立控制网。一般应与附近的国家或城市控制网联测。

小区域平面控制网，应视测区的大小，分级建立测区首级控制和图根控制。对于面积在 $15km^2$ 以内的测区，一般可用小三角网或一级导线网作为首级控制；图根控制在首级控制的基础上进行加密。直接供地形测图使用的控制点，称为图根控制点，简称图根点。对于面积在 $0.5km^2$ 以内的测区，图根控制可作为首级控制。图根点的密度，取决于测图比例尺和地形的复杂程度。平坦、开阔地区图根点的密度可参考表 5-1 所示的规定，如果是山区，则表中规定的点数可适当增加。

表 5-1　　每平方千米图根点数量　　单位：个

测图比例尺	1∶500	1∶1000	1∶2000	1∶5000
每平方千米图根点数量	150	50	15	5

小区域高程控制网，也应视测区的大小和工程精度的要求，采用分级的方法建立。一般以国家或城市的高等级水准点为基础，在测区建立三等、四等水准路线或水准网；再以三等、四等水准点为基础，测定图根点的高程。

小区域平面控制网建立的方法主要有导线测量，小三角测量，交会法定点和 GPS 定位；小区域高程控制网建立的方法主要有三等、四等水准测量，三角高程测量和 GPS 高程测量。

二、导线测量

导线测量是指测定导线长度、转角和高程，以及推算坐标等的作业，它是平面控制测量中的一种常用方法。导线测量就是测定导线各边的边长及其转折角，然后根据起算数据，推算各边的坐标方位角，从而求出各导线点的坐标。

1. 导线的形式

根据测区的情况和要求，导线可以布设成闭合导线、附合导线、支导线、导线网等常用形式。

(1) 闭合导线

闭合导线如图 5-2 (a) 所示，从某一高级控制点出发，最后仍回到这一控制点，组成一个闭合多边形。闭合导线多用于较宽阔的独立地区进行测图控制。

(2) 附合导线

附合导线如图 5-2 (b) 所示，从某一高级控制点出发，最后附合到另一高级控制点上。附合导线多用于带状地区进行测图控制，此外也广泛用于公路、铁路、管道等线性工程施工中。

(3) 支导线

支导线如图 5-2 (c) 所示，从某一高级控制点出发，既不闭合也不附合到另一控制点上。支导线不像闭合导线、附合导线那样有已知点、已知方位角进行校核，因此错误不易被发现，所以支导线点的数量不宜超过 2~3 个，一般仅作为补点使用。

(4) 导线网

根据测区的具体条件，导线还可以布设成如图 5-2 (d) 所示的具有多个闭合环或节点的导线网。

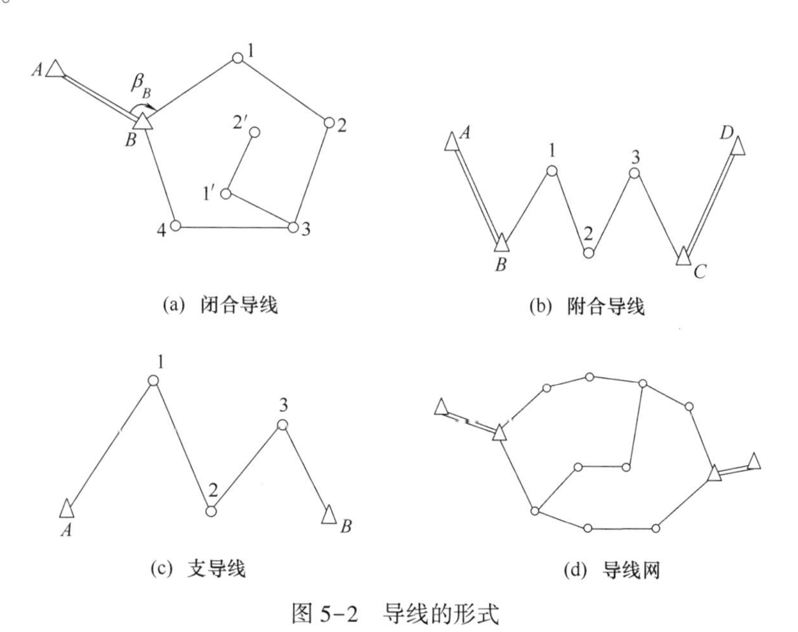

图 5-2 导线的形式

2. 导线的等级

在小区域的地形测量和一般工程测量中，根据测区范围及精度要求，导线一般可以分为一级导线、二级导线、三级导线和图根导线四个等级。它们可以作为国家或城市四等控制点、E 级 GPS 控制点基础上的加密，也可以作为独立地区的首级控制点。各级导线测量的主要技术要求参见表 5-2。

表 5-2 各级导线测量的主要技术要求

等级	测图比例尺	导线长度/m	平均边长/m	往返丈量较差相对误差	测角中误差/(″)	导线全长相对闭合差	测回数		角度闭合差/(″)
							DJ_2	DJ_6	
一级	—	2500	250	1/20000	±5	1/10000	2	4	$\pm10\sqrt{n}$
二级	—	1800	180	1/15000	±8	1/7000	1	3	$\pm16\sqrt{n}$
三级	—	1200	120	1/10000	±12	1/5000	1	2	$\pm24\sqrt{n}$
图根	1∶500	500	75	1/3000	±20	1/2000	—	1	$\pm60\sqrt{n}$
	1∶1000	1000	110						
	1∶2000	2000	180						

3. 导线测量的外业工作

导线测量的外业工作是指在实地进行导线测量时进行的一系列操作，包括踏勘选点及建立标志、测角、量边和联测。

(1) 踏勘选点及建立标志

在踏勘选点前，应调查收集测区已有的地形图和高一级控制点的成果资料，把控制点展绘在地形图上，然后在地形图上拟定导线的布设方案，最后到野外去踏勘，实地核对、修改、落实点位。如果测区没有地形图资料，则须详细踏勘现场，根据已知控制点的分布、测区地形条件及测图和施工需要等具体情况，合理地选定导线点的位置。实地选点时，应注意以下几点：

① 相邻点间通视良好，地势较平坦，便于测角和量边。

② 点位应选在土质坚实处，便于保存、寻找标志和安置仪器。

③ 视野开阔，便于测图或放样。

④ 导线各边的长度应大致相等，尽量避免忽长忽短。导线平均边长应符合表 5-2 中的规定。

⑤ 导线点应具有足够的密度，且分布均匀，便于控制整个测区。

导线点选定后，应在地上打入木桩，并在桩顶钉一小钉，作为导线点的临时性标志。若导线点需要长期保存，就要埋设混凝土桩或石桩，并在桩顶刻凿十字或嵌入锯有十字的钢筋作为标志。导线点应统一编号。为了便于寻找，应量出导线点与附近固定而明显的地物点之间的距离，并绘出草图，注明尺寸。

(2) 测角

导线的水平角即转折角，可用经纬仪按测回法进行观测。在导线点上可以测量导线前进方向的左角或右角，但为了便于计算，应统一观测导线的左角或右角。对于附合导线，一般测量导线的左角；对于闭合导线，一般测量导线的内角。

(3) 量边

根据精度要求和设备条件，导线边长可使用经过检定的钢尺进行往返丈量，也可使用全站仪进行测距。

(4) 联测

导线与高级控制网联测，必须观测连接角和连接边，以传递坐标方位角和坐标，这项工作称为联测。

4. 导线测量的内业计算

导线测量的最终目的是要获得各导线点的平面直角坐标。导线测量的内业计算就是算出各导线点的坐标。计算前，要仔细检查所有外业观测资料的计算是否正确、各项误差是否在容许范围内，保证原始资料的正确性。检查无误后绘制导线略图，注明已知数据及观测数据，以方便导线计算和检查。

（1）闭合导线的内业计算

① 闭合导线的计算。如图 5-3 所示，对于 n 条边的闭合导线，其多边形内角和的理论值 $\sum\beta_{理}$ 应为：

$$\sum\beta_{理}=(n-2)\times180°$$

由于角度观测存在误差，使得实测内角之和 $\sum\beta_{测}$ 不等于其理论值，而产生角度闭合差 f_β，即：

$$f_\beta=\sum\beta_{测}-\sum\beta_{理}=\sum\beta_{测}-(n-2)\times180°$$

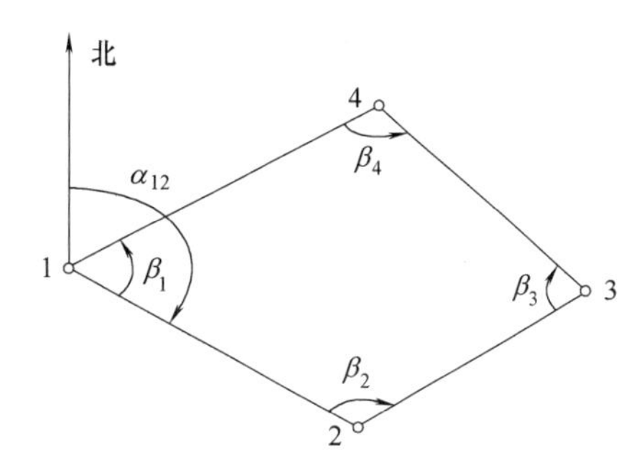

图 5-3　闭合导线

根据表 5-2 的技术要求，若 $f_\beta>f_{\beta容}$，则说明所测角度不符合要求，必须重新测量。若 $f_\beta\leqslant f_{\beta容}$，可将角度闭合差反符号平均分配到各观测角度中，调整后的角度必须满足理论要求。若分配有余数，则将余数部分分配到长短边相交的相邻角上。

表 5-3 所示为闭合导线坐标计算表。

表 5-3　闭合导线坐标计算表

点号	观测角（左角）	改正数	改正角	坐标方位角 α	距离 D/m	增量计算值/m		改正后增量/m		坐标/m	
						Δx	Δy	Δx	Δy	x	y
1	—	—	—							500.00	500.00
				125°30′00″	105.22	−0.02 −61.10	+0.02 +85.66	−61.12	+85.68		
2	107°48′30″	+13″	107°48′43″							438.88	585.68
				53°18′43″	80.18	−0.02 +47.90	+0.02 +64.30	+47.88	+64.32		
3	73°00′20″	+12″	73°00′32″							486.76	650.00
				306°19′15″	129.34	−0.03 +76.61	+0.02 −104.21	+76.58	−104.19		
4	89°33′50″	+12″	89°34′02″							563.34	545.81
				215°53′17″	78.16	−0.02 −63.32	+0.01 −45.82	−63.34	−45.81		
1	89°36′30″	+13″	89°36′43″							500.00	500.00
				125°30′00″	—	—	—	—	—		
2	—	—	—								
Σ	359°59′10″	+50″	360°00′00″	—	392.90	+0.09	−0.07	0.00	0.00	—	—
辅助计算	$f_\beta=\sum\beta-(n-2)\times180°=-50''$ $f_{\beta容}=\pm60\sqrt{n}=\pm120''$ $f_\beta\leqslant f_{\beta容}$（合格）			$\sum D=392.90\text{m}$ $f_x=\sum\Delta x=+0.09\text{m}$ $f_y=-0.07\text{m}$		$f_D=\sqrt{f_x^2+f_y^2}=0.114\text{m}$ $K=\frac{f_D}{\sum D}\approx\frac{1}{3500}<\frac{1}{2000}$（满足精度要求）					

② 推算各边的坐标方位角。根据起始边的已知坐标方位角及改正后的水平角，按式（5-1）推算其他各导线边的坐标方位角。

$$\alpha_{前}=\alpha_{后}+180°\pm\beta \tag{5-1}$$

式中 $\pm\beta$——若 β 是左角，则取 $+\beta$；若 β 是右角，则取 $-\beta$；

$\alpha_{前}$——若算出的 $\alpha_{前}>360°$，则应减去 360°；若 $\alpha_{前}<0°$，则应加上 360°。即保证坐标方位角在 0°~360°。

在推算闭合导线各边的坐标方位角时，最后推算出起始边的坐标方位角的推算值应与已知值相等，否则推算过程有错，应重新检查计算。

③ 坐标增量计算。如图 5-4（a）所示，设导线边长为 D_{12}，坐标方位角为 α_{12}。则纵坐标增量 Δx_{12}、横坐标增量 Δy_{12} 分别为：

$$\Delta x_{12}=D_{12}\cdot\cos\alpha_{12}$$

$$\Delta y_{12}=D_{12}\cdot\sin\alpha_{12}$$

其中，坐标增量的正负号由方位角所在的象限确定。

④ 坐标增量闭合差计算和调整。闭合导线纵、横坐标增量代数和的理论值应分别等于零，即：

$$\sum\Delta x_{理}=0$$

$$\sum\Delta y_{理}=0$$

在实际工作中，如图 5-4（b）所示，由于测角和量边存在误差，计算出的坐标增量通常是一个不为零的数，这个数称为坐标增量闭合差，按式（5-2）和式（5-3）计算。

$$f_x=\sum\Delta x_{测} \tag{5-2}$$

$$f_y=\sum\Delta y_{测} \tag{5-3}$$

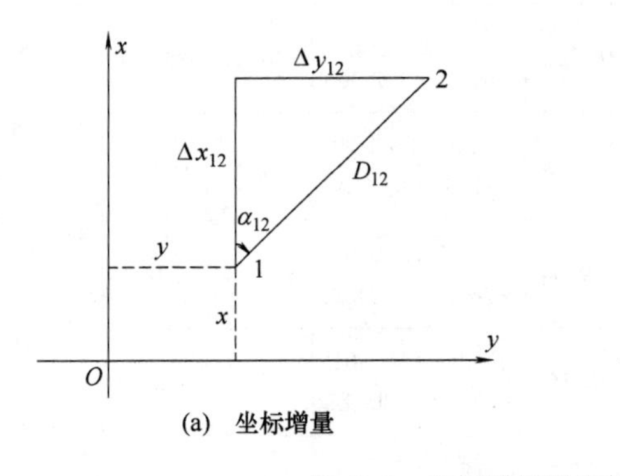

(a) 坐标增量

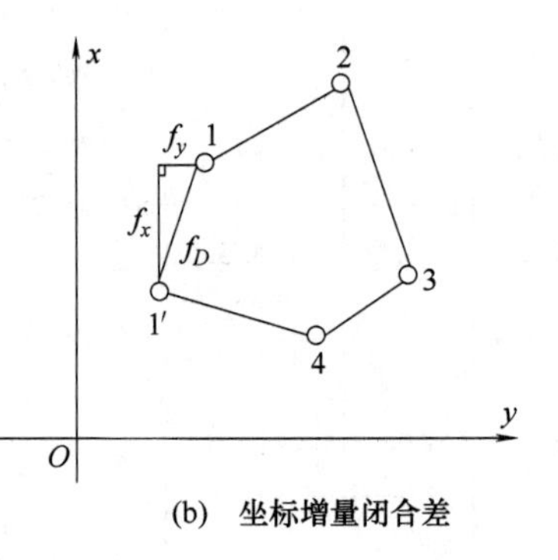

(b) 坐标增量闭合差

图 5-4 坐标增量及坐标增量闭合差

由于坐标增量闭合差的存在，实际计算的闭合导线并不闭合，而是存在一个缺口，如图 5-4（b）所示，此缺口的距离称为导线全长闭合差，以 f_D 表示，按式（5-4）计算。

$$f_D=\sqrt{f_x^2+f_y^2} \tag{5-4}$$

由于 f_D 随导线总长度的增大而增大，所以不能仅用 f_D 的大小衡量导线测量的精度。

通常用导线全长相对闭合差 K 作为衡量导线测量精度的标准，按式（5-5）计算。

$$K=\frac{f_D}{\sum D}=\frac{1}{\frac{\sum D}{f_D}} \tag{5-5}$$

式中　$\sum D$——导线边长的总和。

不同等级导线全长相对闭合差的容许值见表 5-2。若 K 值满足精度要求，可将坐标增量闭合差反符号按边长成正比分配到各边的坐标增量中；否则，应先检查记录或计算是否有误，必要时须重测部分或全部成果。以 V_{x_i}、V_{y_i} 分别表示第 i 边的纵、横坐标增量改正数，按式（5-6）和式（5-7）计算。

$$V_{x_i}=-\frac{f_{x_i}}{\sum D}\cdot D_i \tag{5-6}$$

$$V_{y_i}=-\frac{f_{y_i}}{\sum D}\cdot D_i \tag{5-7}$$

各边坐标增量改正数之和应与坐标增量闭合差数值相等、符号相反，即：

$$\sum V_{x_i}=-f_x$$

$$\sum V_{y_i}=-f_y$$

改正后的坐标增量为：

$$\Delta x_i=\Delta x_{i测}+V_{x_i}$$

$$\Delta y_i=\Delta y_{i测}+V_{y_i}$$

⑤ 导线点坐标计算。根据起始点坐标和改正后的坐标增量，按式（5-8）和式（5-9）依次推算各点坐标，具体计算详见表 5-3。

$$x_i=x_{i-1}+\Delta x_i \tag{5-8}$$

$$y_i=y_{i-1}+\Delta y_i \tag{5-9}$$

注意，用上式推算出的起始点坐标，推算值应和已知值相等，以此检核整个计算过程。

（2）附合导线的内业计算

图 5-5 所示为一附合导线，A、B、C、D 为高级控制点，其坐标和起始边方位角 α_{AB}

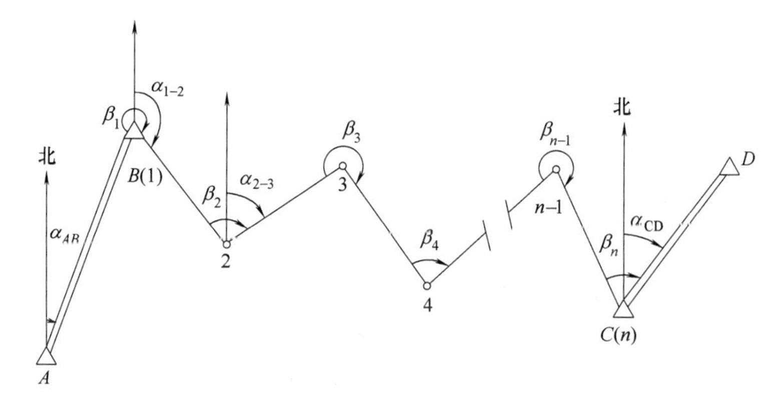

图 5-5　附合导线

及终边方位角 α_{CD} 均已知，β_i 和 D_i 为观测值。附合导线的坐标计算步骤与闭合导线基本相同，仅角度闭合差与坐标增量闭合差的计算稍有区别，下面着重介绍这两个部分。

① 角度闭合差计算。由于观测角度存在误差，用观测角推算的 CD 边方位角 α'_{CD} 与其已知值 α_{CD} 不相等，它们之间的差值称为附合导线角度闭合差 f_β，按式（5-10）计算。

$$f_\beta=\alpha'_{CD}-\alpha_{CD}=\alpha'_{终}-\alpha_{终} \tag{5-10}$$

附合导线角度闭合差容许值及闭合差的调整方法与闭合导线相同。

② 坐标增量闭合差的计算。如图 5-5 所示，附合导线坐标增量代数和的理论值应为终点和起始点两已知点坐标之差，如若不等，则产生纵、横坐标增量闭合差，按式（5-11）和式（5-12）计算。

$$f_x=\sum\Delta x_{测}-(x_{终}-x_{始}) \tag{5-11}$$

$$f_y=\sum\Delta y_{测}-(y_{终}-y_{始}) \tag{5-12}$$

其他计算与闭合导线相同，具体计算详见表 5-4。

表 5-4　　附合导线坐标计算表

点号	观测角（右角）	改正数	改正角	坐标方位角	距离 D/m	增量计算值/m		改正后增量/m		坐标/m	
						Δx/m	Δy/m	Δx/m	Δy/m	x/m	y/m
1	2	3	4	5	6	7	8	9	10	11	12
A	—	—	—							—	—
				236°44′28″	—	—	—	—	—		
B	205°36′48″	−13″	205°36′35″							1536.86	837.54
				211°27′11″	125.36	+0.04 −107.31	−0.02 −64.81	−107.27	−64.83		
1	290°40′54″	−12″	290°40′42″							1429.59	772.71
				100°27′11″	98.76	+0.03 −17.92	−0.02 +97.12	−17.89	+97.10		
2	202°47′08″	−13″	202°46′55″							1411.70	869.81
				77°40′16″	114.63	+0.04 +30.88	−0.02 +141.29	+30.92	+141.27		
3	167°21′56″	−13″	167°21′43″							1442.62	1011.08
				90°18′33″	116.44	+0.03 −0.63	−0.02 +116.44	−0.60	+116.42		
4	175°31′25″	−13″	175°31′12″							1442.02	1127.50
				94°47′21″	156.25	+0.05 −13.05	−0.03 +155.70	−13.00	+155.67		
C	214°09′33″	−13″	214°09′20″							1429.02	1283.17
				60°38′01″	—	—	—	—	—		
D	—	—	—							—	—
Σ	1256°07′44″	−77″	1256°06′27″	—	641.44	−108.03	+445.74	−107.84	+445.63	—	—
辅助计算	$\sum\beta_{理}=\alpha_{AB}+\alpha_{CD}+6\times180°=1256°06'27''$ $f_\beta=\sum\beta_{测}-\sum\beta_{理}=+1'17''$ $f_{\beta容}=\pm60\sqrt{n}=\pm147''$ $f_\beta<f_{\beta容}$				$\sum\Delta x_{测}=-108.03$m $\sum\Delta y_{测}=+445.74$m $\sum\Delta x_{理}=x_C-x_B=-107.84$m $\sum y_{理}=y_C-y_B=+445.63$m			$f_x=\sum\Delta x_{测}-(x_C-x_B)=-0.19$m $f_y=\sum\Delta y_{测}-(y_C-y_B)=+0.11$m $f_D=\sqrt{f_x^2+f_y^2}=0.22$m $K=\frac{f_D}{\sum D}\approx\frac{1}{2900}<\frac{1}{2000}$（满足精度要求）			

（3）支导线的内业计算

由于支导线既不回到原起始点上，又不附合到另一个已知点上，所以在支导线的内业计算中也就不会出现两种矛盾：一是观测角的总和与导线几何图形的理论值不符的矛盾，即角度闭合差；二是以已知点出发，逐点计算各点坐标，最后闭合到原出发点或附合到另一个已知点时，其推算的坐标值与已知坐标值不符的矛盾，即坐标增量闭合差。支导线没有检核限制条件，也就不需要计算角度闭合差和坐标增量闭合差，只要根据已知边的坐标方位角和已知点的坐标，由外业测定的转折角和转折边长，计算出各边方位角及各边坐标增量，最后推算出待定导线点的坐标。由此可知，支导线只适用于图根控制补点。

三、全站仪坐标测量

全站仪作为一种先进的测量仪器，已经在工程测量中得到了广泛的应用。全站仪具有其他常规仪器无法比拟的优势，它可以在测站通过测量计算出点的三维坐标。

下面介绍全站仪的操作方法。

1. 开机前准备工作

仪器使用前要进行检查和校正，提前充好电并带好备用电池，如果室内外温差较大，要把仪器事先拿到现场进行预热，确认仪器正常后，方可开机。

2. 设置测站

设置测站步骤如下：

① 开始坐标测量之前，需要先输入测站点坐标、仪器高和目标高。

② 仪器高和目标高可使用卷尺量取，一般量两次取平均值，精确至 mm。

③ 测站坐标数据可预先输入仪器。

④ 测站数据可以记录在所选择的工作文件中。

⑤ 也可以在测量模式第 3 页菜单下，点击［菜单］进入菜单模式后，选择“1. 坐标测量”功能，进行坐标测量。

设置测站操作及显示如表 5-5 所示。

表 5-5　　设置测站操作及显示

操作过程	操作	显示
1. 在测量模式的第 2 页菜单下，点击［坐标］，显示坐标测量菜单	［坐标］	坐标测量 1. 测量 2. 设置测站 3. 设置方位角
2. 选择“2. 设置测站”功能后点击［ENT］（或直接按数字键 2），输入测站数据	2. 设置测站 ［ENT］	N0：1234. 688 E0：1748. 234 Z0：5121. 579 仪器高：0. 000m 目标高：0. 000m 取值　记录　确定
3. 输入下列各数据项：N0，E0，Z0（测站点坐标）；仪器高；目标高。每输入一个数据项后点击［ENT］，若点击［记录］，则记录测站数据，再点击［储存］将测站数据存入工作文件	输入测站数据 ［ENT］	N0：1234. 688 E0：1748. 234 Z0：5121. 579 仪器高：1. 600m 目标高：2. 000 m 取值　记录　确定

续表

操作过程	操作	显示
4. 点击[确定]结束测站数据输入操作，返回坐标测量菜单界面	[确定]	坐标测量 1. 测量 2. 设置测站 3. 设置方位角

3. 设置后视定向方位角

(1) 输入后视坐标定向

后视方位角可通过输入后视坐标进行设置，系统根据输入的测站点和后视点坐标计算出方位角。照准后视点，通过按键操作，仪器便根据测站点和后视点的坐标，自动完成后视定向方位角的设置。

输入后视坐标定向操作及显示如表 5-6 所示。

表 5-6　　输入后视坐标定向操作及显示

操作过程	操作	显示
1. 在设置后视菜单中，选择“2. 坐标定后视”功能	2. 坐标定后视	设置后视 1. 角度定后视 2. 坐标定后视
2. 输入后视点坐标 *NBS*，*EBS* 和 *ZBS* 的值，每输入一个数据后点击[ENT]，然后点击[确定]。若要调用作业中的数据，则点击[取值]	输入后视点坐标 [ENT] [确定]	后视坐标 *NBS*：1382. 450 *EBS*：3455. 235 *ZBS*：1234. 344 取值　确定
3. 系统根据设置的测站点和后视点坐标计算出后视方位角(*HAR* 为应照准的后视方位角)	—	设置方位角 请照准后视 *HAR*：40°00′00″ 否　是
4. 照准后视点，点击[是]，结束方位角设置，返回坐标测量菜单界面	[是]	坐标测量 1. 观测 2. 设置测站 3. 设置方位角

(2) 输入后视方位角定向

后视方位角可以通过直接输入方位角进行设置。

输入后视方位角定向操作及显示如表 5-7 所示。

表 5-7　　输入后视方位角定向操作及显示

操作过程	操作	显示
1. 在坐标测量菜单下选择“3. 设置后视”功能后点击[ENT](或直接按数字键 3)，然后选择“1. 角度定后视”功能	3. 设置后视 [ENT] 1. 角度定后视	设置后视 1. 角度定后视 2. 坐标定后视

续表

操作过程	操作	显示
2. 输入方位角，点击[确定]	输入方位角 [确定]	设置方位角 HAR： 确定
3. 照准后视点，点击[是]	[是]	设置方位角 请照准后视 HAR：0°0′0″ 否　是
4. 结束方位角设置，返回坐标测量菜单屏幕	—	坐标测量 1. 观测 2. 设置测站 3. 设置后视

（3）坐标测量

完成测站数据的输入和后视方位角的设置后，通过距离和角度测量便可确定目标点的坐标。如图5-6所示，未知点坐标的计算和显示过程如下：

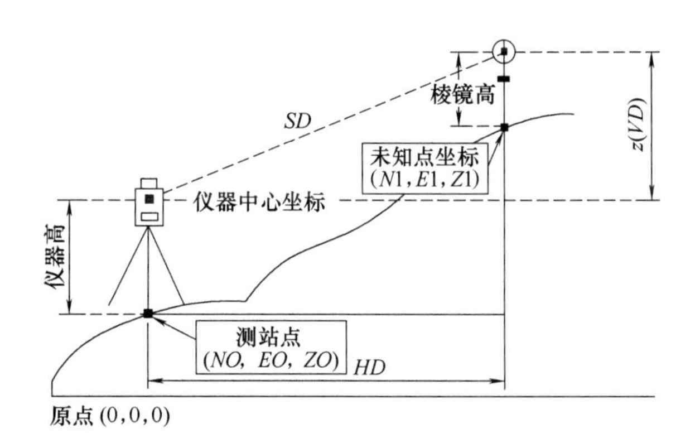

图5-6　坐标测量

测站点坐标：（NO，EO，ZO）

仪器高：

棱镜高：

高差：Z

仪器中心至棱镜中心的坐标差：（n，e，z）

未知点坐标：（$N1$，$E1$，$Z1$）

$N1=NO+n$

$E1=EO+e$

$Z1=ZO+$仪器高$+z-$棱镜高

坐标测量操作及显示如表 5-8 所示。

表 5-8　　坐标测量操作及显示

操作过程	操作	显示
1. 精确照准目标棱镜中心后,在坐标测量菜单下选择“1. 观测”功能后点击[ENT](或直接按数字键 1)	1. 观测 [ENT]	坐标测量 坐标　镜常数=0 *PPM*=0 单次精测 [停止]
2. 测量完成后,显示出目标点的坐标以及到目标点的距离、垂直角和水平角(若仪器设置为重复测量模式,则点击[停止],结束测量并显示测量值)	—	*N*:　1534.688 *E*:　1048.234 *Z*:　1121.579 *S*:　1382.450m *HAR*:　12°34′34″ [停止] *N*:　1534.688 *E*:　1048.234 *Z*:　1121.579 *S*:　1382.450m *HAR*:　12°34′34″ [记录] [测站] [测量]
3. 若需要将坐标数据记录于工作文件,则点击[记录]。输入下列各数据项: 点号:目标点点号 编码:特征码或备注信息等 每输入一个数据项后点击[ENT]。当光标位于编码行时,点击[↑]或[↓]可以显示和选取预先输入内存的代码。点击[存储]记录数据	[记录] [存储]	*N*:　1534.688 *E*:　1048.234 *Z*:　1121.579 点号:6 目标高:1.600m　↓ [存储] 编码:　↑ [存储] [↓] [↑]
4. 照准下一目标点点击[测量],开始下一目标点的坐标测量。点击[测站]可以进入测站数据输入界面,重新输入测站数据。重新输入的测站数据将对下一观测起作用,因此当目标高发生变化时,应在测量前输入变化后的值	[测量]	*N*:　1534.688 *E*:　1848.234 *Z*:　1821.579 *S*:　1482.450m *HAR*:　92°34′34″ [测站] [测量]
5. 点击[ESC]结束坐标测量,返回坐标测量菜单界面	[ESC]	坐标测量 1. 观测 2. 设置测站 3. 设置方位角

四、全站仪导线测量

由于全站仪具有坐标测量和高程测量的功能，因此在外业观测时，可直接得到观测点的坐标和高程。在成果处理时，可将坐标和高程作为观测值进行平差计算。

1. 外业观测工作

全站仪导线三维坐标测量的外业工作除踏勘选点及建立标志外，还应测得导线点的坐标、高程和相邻点间的边长，并以此作为观测值。

图 5-7 所示为一附合导线，将全站仪安置于起始点 B（高级控制点），按照距离及三维坐标的测量方法测定控制点 1 到 B 点的距离 D_{B1} 及 1 点的坐标（x'_1，y'_1）和高程 H'_1。再将仪器安置在已测坐标的 1 点上，用同样的方法测得 1、2 点间的距离 D_{12} 及 2 点的坐标（x'_2，y'_2）和高程 H'_2。依照此方法进行观测，最后测得终点 C（高级控制点）的坐标观测值（x'_C，y'_C）。

由于 C 为高级控制点，其坐标已知。在实际测量中，由于各种因素的影响，C 点的坐标观测值一般不等于其已知值，因此，需要进行观测成果的平差计算。

2. 以坐标和高程为观测值的导线近似平差计算

在图 5-7 中，设 C 点坐标的已知值为（x_C，y_C），其坐标的观测值为（x'_C，y'_C），则纵、横坐标闭合差按式（5-13）和式（5-14）计算。

$$f_x = x'_C - x_C \tag{5-13}$$

$$f_y = y'_C - y_C \tag{5-14}$$

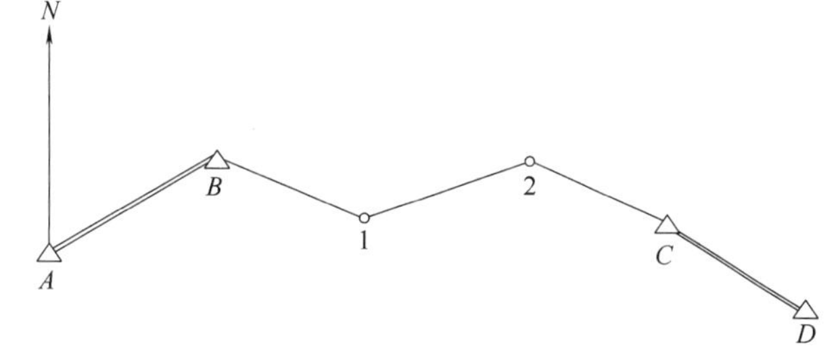

图 5-7　全站仪附合导线三维坐标测量

由此可计算出导线全长闭合差：

$$f_D = \sqrt{f_x^2 + f_y^2}$$

用导线全长相对闭合差 K 衡量导线测量的精度。若 $K \leq K_{容}$，则表明测量结果满足精度要求。此时可计算出各点坐标的改正数，然后根据起始点的已知坐标和各点坐标的改正数，依次计算各导线点的坐标。相关公式前面已有介绍，此处不再赘述。

由于全站仪测量可以同时测得导线点的坐标和高程，因此高程的计算可与坐标的计算一并进行，高程闭合差按式（5-15）计算。

$$f_H = H'_C = H_C \tag{5-15}$$

式中　H'_C——C 点的高程观测值；

　　　H_C——C 点的已知高程。

各导线点的高程改正数按式（5-16）计算。

$$V_{H_i} = -\frac{f_H}{\sum D} \cdot \sum D_i \tag{5-16}$$

式中　$\sum D$——导线全长；

　　　$\sum D_i$——第 i 点之前的导线边长之和。

改正后导线点的高程按式（5-17）计算。

$$H_i = H'_i + V_{H_i} \tag{5-17}$$

式中 H_i'——第 i 点的高程观测值。

表 5-9 所示为一个以坐标和高程为观测量的近似平差计算全过程的算例。

表 5-9　　全站仪附合导线三维坐标计算算例

点号	坐标观测值/m			距离 D/m	坐标改正数/m			坐标/m			点号
	x_i'	y_i'	H_i'		V_{x_i}	V_{y_i}	V_{H_i}	x_i	y_i	H_i	
1	2	3	4	5	6	7	8	9	10	11	12
A	—	—	—	—	—	—	—	110.253	51.026	—	*A*
B	—	—	—	297.262	—	—	—	200.000	200.000	72.126	*B*
1	125.532	487.855	72.543	187.814	-0.010	+0.008	+0.004	125.522	487.863	72.547	1
2	182.808	666.741	73.233	93.403	-0.017	+0.013	+0.007	182.791	666.754	73.240	2
C	155.395	756.046	74.151	$\sum D=$ 578.479	-0.020	+0.015	+0.008	155.375	756.061	74.159	*C*
D	—	—	—		—	—	—	86.451	841.018	—	*D*

辅助计算

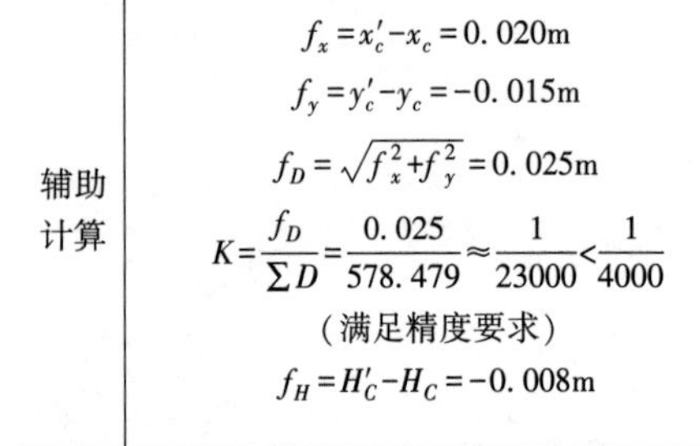

$$f_x = x_c' - x_c = 0.020\text{m}$$
$$f_y = y_c' - y_c = -0.015\text{m}$$
$$f_D = \sqrt{f_x^2 + f_y^2} = 0.025\text{m}$$
$$K = \frac{f_D}{\sum D} = \frac{0.025}{578.479} \approx \frac{1}{23000} < \frac{1}{4000}$$
（满足精度要求）
$$f_H = H_C' - H_C = -0.008\text{m}$$

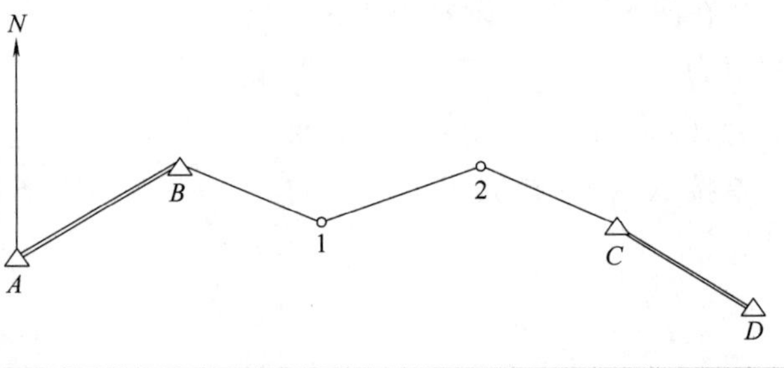

五、交会定点法测量

在进行平面控制测量时，如果导线点的密度无法满足测图和工程的要求，则需要进行控制点的加密。控制点的加密，可以采用导线测量，也可以采用交会定点法测量。交会定点法是常用的加密控制点的方法，通过在数个已知控制点上设站，并分别向待定点观测方向或距离，或者在待定点上设站向数个已知控制点观测方向或距离，然后计算待定点的坐标。

交会定点法分为测角前方交会法、测角侧方交会法、测角后方交会法和测边交会法等，如图 5-8 所示。

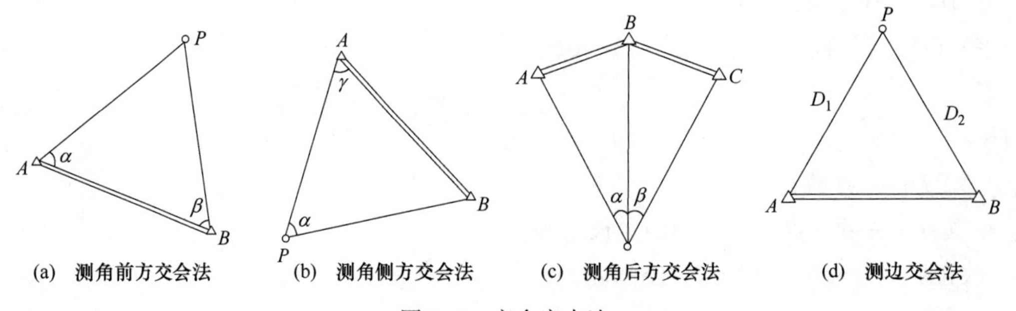

图 5-8　交会定点法

采用交会定点法时，必须注意交会角的大小（不应小于 30°，也不应大于 150°）。其中，交会角是指待定点至两相邻已知点方向的夹角。交会定点法的外业工作与导线测量外业相似，下面重点介绍测角前方交会法和测角后方交会法的内业计算。

1. 测角前方交会法

图 5-9 所示为测角前方交会法基本图形。已知 A 点坐标为（x_A，y_A），B 点坐标为（x_B，y_B），在 A、B 两点上设站，观测出 α、β，通过三角形的余切公式求出加密点 P 的坐标，这种方法称为测角前方交会法，简称前方交会。

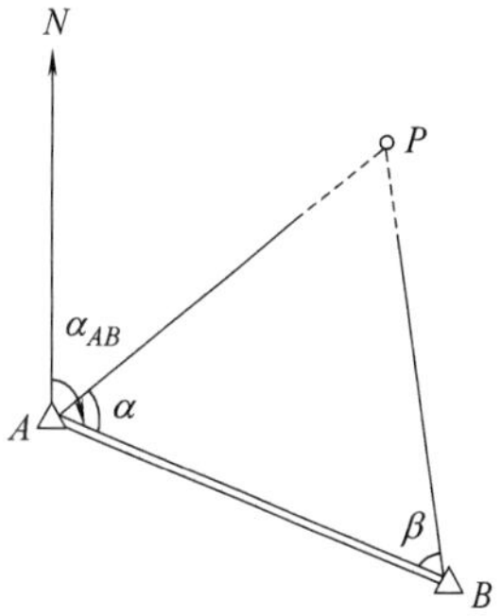

图 5-9 测角前方交会法基本图形

在图 5-9 中，根据导线计算公式，对加密点 P 的坐标进行求解，计算过程如下：

因为 $x_P = x_A + \Delta x_{AP} = x_A + D_{AP} \cdot \cos\alpha_{AP}$

而且 $\alpha_{AP} = \alpha_{AB} - \alpha$

$D_{AP} = D_{AB} \cdot \sin\beta / \sin(\alpha+\beta)$

则有

$$
\begin{aligned}
x_P &= x_A + D_{AP} \cdot \cos\alpha_{AP} \\
&= x_A + \frac{D_{AB} \cdot \sin\beta\cos(\alpha_{AB}-\alpha)}{\sin(\alpha+\beta)} \\
&= x_A + \frac{D_{AB} \cdot \sin\beta(\cos\alpha_{AB}\cos\alpha + \sin\alpha_{AB}\sin\alpha)}{\sin\alpha\cos\beta + \cos\alpha\sin\beta} \\
&= x_A + \frac{D_{AB} \cdot \sin\beta(\cos\alpha_{AB}\cos\alpha + \sin\alpha_{AB}\sin\alpha)/(\sin\alpha\sin\beta)}{(\sin\alpha\cos\beta + \cos\alpha\sin\beta)/(\sin\alpha\sin\beta)} \\
&= x_A + \frac{D_{AB} \cdot \cos\alpha_{AB}\cot\alpha + D_{AB} \cdot \sin\alpha_{AB}}{\cot\alpha + \cot\beta} \\
&= x_A + \frac{(x_B - x_A)\cot\alpha + (y_B - y_A)}{\cot\alpha + \cot\beta} \\
&= \frac{x_A\cot\beta + x_B\cot\alpha + (y_B - y_A)}{\cot\alpha + \cot\beta}
\end{aligned}
$$

同理有 $y_P = \dfrac{y_A\cot\beta + y_B\cot\alpha + (x_A - x_B)}{\cot\alpha + \cot\beta}$

应用上式计算坐标时，必须注意实测图形的编号与推导公式的编号要一致。在实际测量工作中，为了校核和提高 P 点坐标的精度，通常采用三个已知点的前方交会图形。如图 5-10 所示，在三个已知点 A、B、C 上设站，测定 α_1、β_1 和 α_2、β_2，构成两组前方交会，然后分别计算两组 P 点坐标。由于测角存在误差，故计算的两组 P 点坐标不相等。若两组坐标较差不大于两倍比例尺精

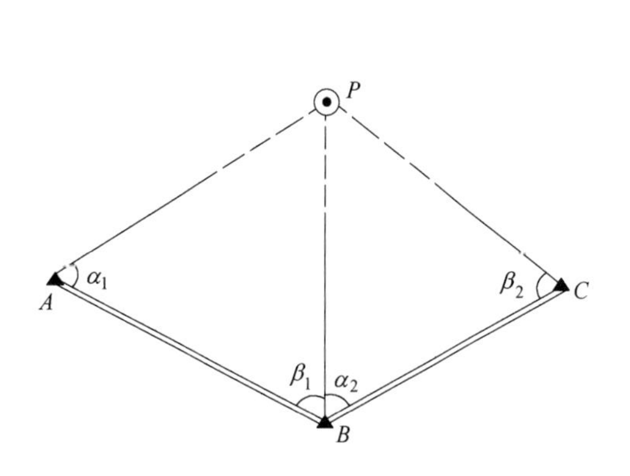

图 5-10 前方交会

度，则取两组坐标的平均值作为 P 点的最后坐标，按式（5-18）计算。

$$f_D=\sqrt{\delta_x^2+\delta_y^2}\leq f_{容}=2\times0.1M\ (\text{mm}) \tag{5-18}$$

式中 δ_x、δ_y——两组（x_P，y_P）坐标之差；

M——测图比例尺分母。

2. 测角后方交会法

图 5-11 所示为测角后方交会法基本图形。A、B、C、D 为已知点，在待定点 P 上设站，分别观测已知点 A、B、C，观测出 α 和 β，然后根据已知点的坐标计算出 P 点的坐标，这种方法称为测角后方交会法，简称后方交会。后方交会的计算方法有多种，现介绍其中一种，即 P 点位于 A、B、C 三点组成的三角形之外时的简便计算方法，计算过程如下：

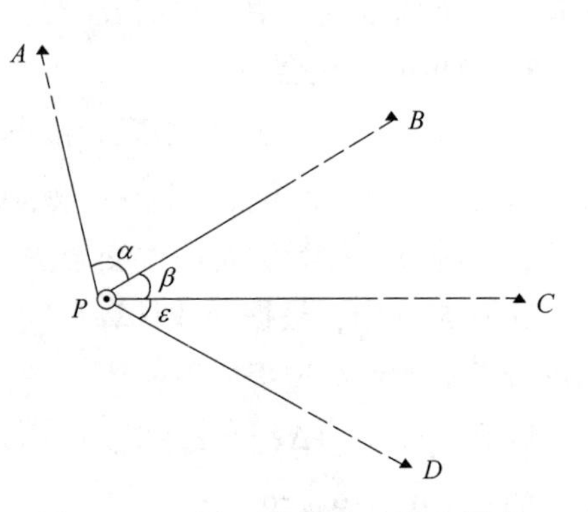

图 5-11 测角后方交会法基本图形

$$a=(x_A-x_B)+(y_A-y_B)\cot\alpha$$

$$b=(y_A-y_B)-(x_A-x_B)\cot\alpha$$

$$c=(x_C-x_B)-(y_C-y_B)\cot\beta$$

$$d=(y_C-y_B)+(x_C-x_B)\cot\beta$$

$$k=\tan\alpha_{BP}=\frac{c-a}{b-d}$$

$$\Delta x_{BP}=\frac{a+bk}{1+k^2}$$

$$\Delta y_{BP}=k\cdot\Delta x_{BP}$$

$$x_P=x_B+\Delta x_{BP}$$

$$y_P=y_B+\Delta y_{BP}$$

为了保证 P 点的坐标精度，后方交会还应该用另一个已知点进行检核。在图 5-11 中，在 P 点观测 A、B、C 点的同时，还应观测 D 点，测定检核角 $\varepsilon_{测}$。在算得 P 点坐标后，可求出 α_{PB} 与 α_{PD}，由此可得 $\varepsilon_{计}=\alpha_{PD}-\alpha_{PB}$。若角度观测和计算无误，则应有 $\varepsilon_{测}=\varepsilon_{计}$。

在实际测量工作中，由于观测误差的存在，使得 $\varepsilon_{计}\neq\varepsilon_{测}$，二者之差称为检核角较差，即：

$$\Delta\varepsilon''=\varepsilon_{测}-\varepsilon_{计}$$

$\Delta\varepsilon''$的容许值可按式（5-19）计算。

$$\Delta\varepsilon''_{容}=\pm\frac{M}{10^4\cdot S_{PB}}\rho'' \tag{5-19}$$

式中 M——测图比例尺分母；

S_{PB}——P、B 两点间距离；

ρ''——206265″。

如果选定的交会点 P 与 A、B、C 三点恰好在同一圆周上，则 P 点无定解，此圆称为危险圆。在后方交会中，要避免 P 点处在危险圆上或是危险圆附近，一般要求 P 点至危险圆的距离应大于该圆半径的 1/5。

六、高程控制测量

高程控制测量主要采用水准测量的方法测定控制点的高程。小区域高程控制测量，根据情况可采用三等、四等水准测量和三角高程测量。

（一）三等、四等水准测量

三等、四等水准测量，除用于国家高程控制网的加密外，常用于小区域的首级高程控制。三等、四等水准测量的外业工作和等外水准测量基本相同。三等、四等水准点可以单独埋设标石，也可以用平面控制点标志代替，即平面控制点和高程控制点共用。三等、四等水准测量应由二等水准点上引测。

下面介绍三等、四等水准测量的主要技术要求和施测方法。

三等、四等水准测量使用的水准尺，通常是双面水准尺。两根标尺黑面的底数均为 0，红面的底数一根为 4. 687m，另一根为 4. 787m。两根标尺应成对使用。

1. 主要技术要求。

三等、四等水准测量的主要技术要求如表 5-10 和表 5-11 所示。

表 5-10　　水准测量的主要技术要求（一）

等级	路线长度/m	水准仪级别	水准尺	观测次数		往返较差、闭合差	
				与已知点联测	附合或环线	平地/mm	山地/mm
三等	≤50	DS1	铟瓦	往返各一次	往一次	$\pm12\sqrt{L}$	$\pm4\sqrt{n}$
		DS3	双面		往返各一次		
四等	≤16	DS3	双面	往返各一次	往一次	$\pm20\sqrt{L}$	$\pm6\sqrt{n}$
等外	≤5	DS3	单面	往返各一次	往一次	$\pm40\sqrt{L}$	$\pm12\sqrt{n}$

表 5-11　　水准测量的主要技术要求（二）

等级	水准仪级别	视线长度/m	前、后视较差/m	前、后视累积差/m	视线离地面最低高度/m	黑红面读数较差/mm	黑红面高差较差/mm
三等	DS1	100	3. 0	6. 0	0. 3	1. 0	1. 5
	DS3	75				2. 0	3. 0
四等	DS3	100	5. 0	10. 0	0. 2	3. 0	5. 0
等外	DS3	100	近似相等	—	—	—	—

2. 水准测量的方法

（1）一个测站上的观测顺序、记录

一个测站上的观测顺序如下：

① 观测后视黑面尺，读取下、上丝读数（1）、（2）及中丝读数（3）（括号中的数字代表观测和记录顺序）。

② 观测前视黑面尺，读取下、上丝读数（4）、（5）及中丝读数（6）。

③ 观测前视红面尺，读取中丝读数（7）。

④ 观测后视红面尺，读取中丝读数（8）。

上述“后—前—前—后”的观测顺序，主要是为了抵消水准仪与水准尺下沉产生的误差。四等水准测量每站的观测顺序也可以为“后—后—前—前”，即“黑—红—黑—红”。其中，各次中丝读数（3）、（6）、（7）、（8）是用来计算高差的。因此，在每次读取中丝读数之前，都要注意使符合气泡严格重合。

下面结合三（四）等水准测量观测手簿（表 5-12）介绍水准测量的记录、计算方法。

表 5-12　　三（四）等水准测量观测手簿

测站编号	点号	后尺 下丝 / 上丝	前尺 下丝 / 上丝	方向及尺号	中丝水准尺读数		K+黑-红	平均高差	备注
		后视距离	前视距离		黑面	红面			
		前、后视距差	前、后视距累积差						
—	—	(1) (2) (9) (11)	(4) (5) (10) (12)	后 前 后—前	(3) (6) (15)	(8) (7) (16)	(14) (13) (17)	(18)	—
1	*A* ~ 转 1	1.587 1.213 37.4 -0.2	0.755 0.379 37.6 -0.2	后 02 前 02 后—前	1.400 0.567 +0.833	6.187 5.255 +0.932	0 -1 +1	+0.8325	—
2	转 1 ~ 转 2	2.111 1.737 37.4 -0.1	2.186 1.811 37.5 -0.3	后 02 前 01 后—前	1.924 1.998 -0.074	6.611 6.786 -0.175	0 -1 +1	-0.0745	—
3	转 2 ~ 转 3	1.916 1.541 37.5 -0.2	2.057 1.680 37.7 -0.5	后 01 前 02 后—前	1.728 1.868 -0.140	6.515 6.556 -0.041	0 -1 +1	-0.1405	—
4	转 3 ~ 转 4	1.945 1.680 26.5 -0.2	2.121 1.854 26.7 -0.7	后 02 前 01 后—前	1.812 1.987 -0.175	6.499 6.773 -0.274	0 +1 -1	-0.174	—
5	转 4 ~ *B*	0.675 0.237 43.8 +0.2	2.902 2.466 43.6 -0.5	后 01 前 02 后—前	0.466 2.684 -2.218	5.254 7.71 -2.117	-1 0 1	-2.2175	—

校核计算：

末站 (18) = −0.5

$\sum(9)-\sum(10)=182.6-183.1=-0.5$

$\frac{1}{2}\times[\sum(15)+\sum(16)\pm0.100]$

$=\frac{1}{2}\times[(-1.774+(-1.675)-0.100)]=-1.7745$

$\sum(18)=-1.7745$

(2) 测站的计算、检核与限差

视距计算：

后视距离(9) = [(1) − (2)]×100

前视距离(10) = [(4) − (5)]×100

前、后视距差(11) = (9) − (10)

前、后视距累积差(12) = 本站(11) + 前站(12)

注意，三等水准测量中，前、后视距差不得超过±3m，前、后视距累积差不得超过±6m；四等水准测量中，前、后视距差不得超过±5m，前、后视距累积差不得超过±10m。

黑、红面读数差：

前尺(13) = $K1$ + (6) − (7)

后尺(14) = $K2$ + (3) − (8)

其中，$K1$、$K2$ 分别为前尺、后尺的红黑面常数差。三等水准测量中，其值不得超过±2mm；四等水准测量中，其值不得超过±3mm。

高差计算：

黑面高差(15) = (3) − (6)

红面高差(16) = (8) − (7)

检核计算(17) = (14) − (13) = (15) − (16) ±0.100

高差中数(18) = $\frac{1}{2}\times[(15)+(16)\pm0.100]$

注意，三等水准测量中，检核计算的结果不得超过 3mm；四等水准测量中，该结果不得超过 5mm。

上述各项记录、计算数据见表 5-12。观测时，若发现本测站某项限差超限，应立即重测。只有各项限差均检查无误后，才可以迁站。

(3) 每页计算的总检核

在每测站检核的基础上，应进行每页计算的总检核。

$\sum(15)=\sum(3)-\sum(6)$

$\sum(16)=\sum(8)-\sum(7)$

$\sum(9)-\sum(10)$ = 本页末站(12) − 前页末站(12)

$$\sum(18)=\frac{1}{2}\times[\sum(15)+\sum(16)]\text{(测站数为偶数)}$$

$$\sum(18)=\frac{1}{2}\times[\sum(15)+\sum(16)]\pm0.100\text{(测站数为奇数)}$$

(4) 水准路线测量成果的计算、检核

三等、四等附合水准路线或闭合水准路线高差闭合差的计算、调整方法与普通水准测量相同。

(二) 三角高程测量

三角高程测量分为测距仪三角高程测量和经纬仪三角高程测量。当地面两点间地形起伏较大而不便于施测水准时，可采用三角高程测量的方法测定两点间的高差而求得高程。该法比水准测量的精度低，常用于山区各种比例尺测图的高程控制。

1. 三角高程测量的主要技术要求

三角高程测量的主要技术要求，是针对竖直角测量的技术要求，一般分为四等和五等两个等级，其可作为测区的首级控制。

电磁波测距三角高程测量与三角高程观测的主要技术要求分别见表 5-13 和表 5-14。

表 5-13　　电磁波测距三角高程测量的主要技术要求

等级	每千米高差全中误差/mm	边长/km	观测方式	对向观测高差较差/mm	附合或环形闭合差/mm
四等	10	≤1	对向观测	$40\sqrt{D}$	$20\sqrt{\sum D}$
五等	15	≤1	对向观测	$60\sqrt{D}$	$30\sqrt{\sum D}$

注：1. D 为测距边的长度（km）。
2. 起讫点的精度等级，四等应起讫于不低于三等水准的高程点上，五等应起讫于不低于四等的高程点上。
3. 路线长度不应超过相应等级水准路线的总长度。

表 5-14　　电磁波测距三角高程观测的主要技术要求

等级	垂直角观测				边长测量	
	仪器精度等级	测回数	指标差较差/(″)	测回较差/(″)	仪器精度等级	观测次数
四等	2″级仪器	3	≤7	≤7	10mm 级仪器	往返各一次
五等	2″级仪器	2	≤10	≤10	10mm 级仪器	往一次

2. 三角高程测量的原理

如图 5-12 所示，已知 A 点的高程 H_A，欲求 B 点高程 H_B。可将仪器安置在 A 点，照准 B 点目标，测得竖直角 α，量取仪器高 i 和目标高 v。

在图 5-12 中：

如果用测距仪测得 A、B 两点间的斜距 D'，则高差 ΔH 为：

$$\Delta H=D'\cdot\sin\alpha+i-v$$

如果已知 A、B 两点间的水平距离 D，则高差 ΔH 为：

$$\Delta H=D\cdot\tan\alpha+i-v$$

B 点高程 H_B 为：

$$H_B = H_A + \Delta H$$

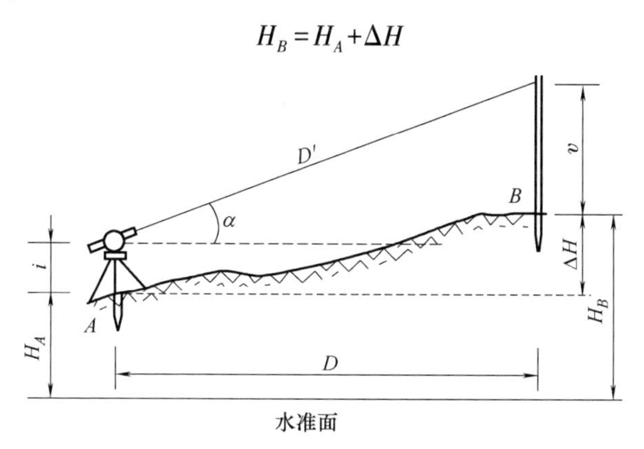

图 5-12　三角高程测量的原理

3. 三角高程测量的观测与计算

进行三角高程测量，当 $v=i$ 时，计算较方便。当两点间距大于 300m 时，应考虑地球曲率和大气折光对高差的影响。为了消除这个影响，三角高程测量应进行往、返观测，即所谓的对向观测，也就是由 A 点观测 B 点，又由 B 点观测 A 点。往、返所测高差之差不大于限差时（对向观测较差 $f_{H容} \leq \pm 0.1D$mm），取平均值作为两点间的高差，可以抵消地球曲率和大气折光差的影响。

对图根控制进行三角高程测量时，竖直角 α 用 J6 级经纬仪测 1 至 2 个测回。为了减少大气折光的影响，目标高应大于 1m。仪器高 i 和目标高 v 应用皮尺量出，取至 cm。

三角高程测量的观测与计算应按以下步骤进行：

① 安置仪器于测站上，量出仪器高 i；觇标立于测点上，量出目标高 v。

② 用经纬仪或测距仪采用测回法观测竖直角 α，取其平均值作为最后观测成果。

③ 采用对向观测，其方法同步骤①和步骤②。

④ 计算高差和高程。

三角高程路线应尽可能组成闭合测量路线或附合测量路线，并尽可能起闭于高一等级的水准点上。若闭合差 f_H 在规定的容许范围内，则将 f_H 反符号按照与各边边长成正比的关系分配到各段高差中，最后根据起始点的高程和改正后的高差，计算出各待求点的高程。

任务二　大比例尺地形图的测绘

一、地形测量的基本知识

（一）地形图

1. 地形图的概念

简单地讲，地形图就是将地表面的地物和地貌的各个特征点投影到水准面上（小区域范围内以水平面代替水准面)，然后按一定的比例尺缩绘到图纸上所形成的图。

2. 平面图和地图

在实际工作中，经常还会用到平面图和地图。平面图上只表示地物，而不表示地貌，因此可以将平面图视为简化后的地形图。在工程建设中，只表示房屋、道路、河流等地物平面位置的图就是平面图。而地图则是指在大区域或整个地球范围内测图时，将地面各点投影到地球椭球体面上，并用特殊的投影方法把点展绘到图纸上的图。

上述三种图中，地形图的内容最详细，其用途也最广。

(二) 地形图的比例尺

1. 比例尺的定义

地形图上某一线段的长度与地面上相应线段的水平距离之比，称为地形图的比例尺。这一比例尺在平面图和地图上同样适用。

地形图、平面图和地图上都必须标有比例尺。其中，地形图和平面图上的比例尺处处相等，而地图上各处的比例尺则不相同。

2. 比例尺的种类

地形图的比例尺表示方法有数字比例尺和图示比例尺两种。

(1) 数字比例尺

数字比例尺用分子为1，分母为整数的分数表示。设图上一段直线长度为 d，相应实地的水平距离为 D，则该图的比例尺可按式（5-20）计算。

$$\frac{d}{D}=\frac{1}{M} \tag{5-20}$$

式中 M——比例尺分母。

由上式可知，比例尺的大小是由分数值确定的。M 越小，此分数值越大，则比例尺就越大。

在实际工作中，数字比例尺也可以写成 1∶500、1∶1000 等。

(2) 图示比例尺

图示比例尺分为直线比例尺和复式比例尺两种，其中最常用的是直线比例尺，如图5-13所示。

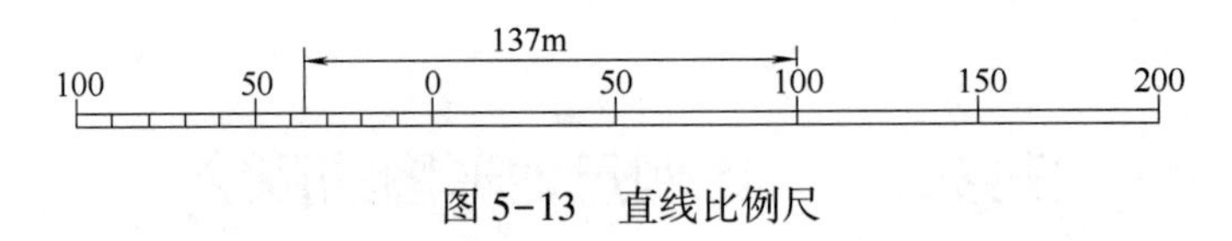

图 5-13 直线比例尺

直线比例尺是根据数字比例尺绘制而成的。例如，1∶1000 的直线比例尺，取 2cm 为基本单位，每一基本单位所代表的实地长度为 20m。

图示比例尺标注在图纸的下方，便于用分规直接在图上量取直线段的水平距离，同时还可以抵消在图上量取长度时图纸伸缩的影响。

根据比例尺的大小，通常将地形图分为以下三类：

大比例尺地形图：比例尺为 1 ∶ 500、1 ∶ 1000、1 ∶ 2000、1 ∶ 5000、1 ∶ 10000 的地形图。

中比例尺地形图：比例尺为 1 ∶ 25000、1 ∶ 50000、1 ∶ 100000 的地形图。

小比例尺地形图：比例尺为 1 ∶ 200000、1 ∶ 500000、1 ∶ 1000000 的地形图。

（三）比例尺的精度

在明视距离下（28cm），人眼能分辨的图上最小距离为 0.1mm，如果地形图的比例尺为 1 ∶ M，则将图上 0.1mm 所表示的实地水平距离 0.1×M（mm）称为比例尺的精度。不同比例尺的精度如表 5-15 所示。

表 5-15　　　不同比例尺的精度

比例尺	1 ∶ 500	1 ∶ 1000	1 ∶ 2000	1 ∶ 5000	1 ∶ 10000
比例尺精度/m	0.05	0.1	0.2	0.5	1.0

根据比例尺的精度，可以确定测绘地形图时测量距离的精度。另外，如果规定了地物图上要表示的最短长度，根据比例尺的精度，可以确定测图的比例尺。例如，在比例尺为 1 ∶ 500 的地形图上测绘地物，测量距离的精度只需要达到±5cm 即可；而如果要求测量能反映出测量距离的精度为±10cm 的图，则应选择比例尺为 1 ∶ 1000 的地形图。

二、地形图的分幅和编号

在测绘地形图时，由于测区通常较大，不可能将所有地物、地貌都绘制到一张图纸上。为了方便测图，更好地查看和管理地形图，比较科学的做法是将各种比例尺地形图统一分成多幅图，并统一编号。

地形图的分幅方法有两种：一种是梯形分幅法；另一种是矩形分幅法。前者常用于国家基本比例尺地形图，后者则用于工程建设大比例尺地形图。

1. 梯形分幅法

2012 年 6 月，我国颁布了《国家基本比例尺地形图分幅和编号》（GB/T 13989—2012）标准，并于 2012 年 10 月开始实施。标准中规定了国家基本比例尺地形图的图幅和编号。下面介绍 1 ∶ 1000000 地形图、1 ∶ 500000 ~ 1 ∶ 5000 地形图的分幅和编号方法，1 ∶ 2000、1 ∶ 1000、1 ∶ 500 地形图的分幅和编号方法可参见《国家基本比例尺地形图分幅和编号》（GB/T 13989—2012），此处不再介绍。

（1）1 ∶ 1000000 地形图的分幅和编号

1 ∶ 1000000 地形图的分幅采用国际 1 ∶ 1000000 地图分幅标准。每幅 1 ∶ 1000000 地形图范围是经差 6°、纬差 4°；纬度 60° ~ 76°为经差 12°、纬差 4°；纬度 76° ~ 88°为经差 24°、纬差 4°（在我国范围内没有纬度 60°以上的需要合幅的图幅）。

1 ∶ 1000000 地形图的编号采用国际 1 ∶ 1000000 地图编号标准。从赤道起算，每纬差 4°为一行，至南、北纬 88°各分为 22 行，依次用大写拉丁字母（字符码）A，B，C，…，V 表示其相应行号；从 180°经线起算，自西向东每经差 6°为一列，全球分为 60 列，依次用阿拉伯数字（数字码）1，2，3，…，60 表示其相应列号。由经线和纬线所围成的每一个梯形小格为一幅 1：1000000 地形图，它们的编号由该图所在的行号与列号组合而成。同时，国际 1：1000000 地图编号第一位表示南、北半球，用“N”表示北半球，用“S”表示南半球。我国范围全部位于赤道以北，我国范围内 1：1000000 地形图的编号省略国际 1：1000000 地图编号中用来标志北半球的字母代码“N”。

（2）1：500000~1：5000 地形图的分幅和编号

1：500000~1：5000 地形图均以 1：1000000 地形图为基础，按规定的经差和纬差划分图幅。

每幅 1：1000000 地形图划分为 2 行 2 列，共 4 幅 1：500000 地形图，每幅 1：500000 地形图的范围是经差 3°、纬差 2°。

每幅 1：1000000 地形图划分为 4 行 4 列，共 16 幅 1：250000 地形图，每幅 1：250000 地形图的范围是经差 1°30′、纬差 1°。

每幅 1：1000000 地形图划分为 12 行 12 列，共 144 幅 1：100000 地形图，每幅 1：100000 地形图的范围是经差 30′、纬差 20′。

每幅 1：1000000 地形图划分为 24 行 24 列，共 576 幅 1：50000 地形图，每幅 1：50000 地形图的范围是经差 15′、纬差 10′。

每幅 1：1000000 地形图划分为 48 行 48 列，共 2304 幅 1：25000 地形图，每幅 1：25000 地形图的范围是经差 7′30″、纬差 5′。

每幅 1：1000000 地形图划分为 96 行 96 列，共 9216 幅 1：10000 地形图，每幅 1：10000 地形图的范围是经差 3′45″、纬差 2′30″。

每幅 1：1000000 地形图划分为 192 行 192 列，共 36864 幅 1：5000 地形图，每幅 1：5000 地形图的范围是经差 1′52.5″、纬差 1′15″。

1：1000000~1：5000 地形图的图幅范围、行列数量和图幅数量关系如表 5-16 所示。

表 5-16　1：1000000~1：5000 地形图的图幅范围、行列数量和图幅数量关系

比例尺		1：1000000	1：500000	1：250000	1：100000	1：50000	1：25000	1：10000	1：5000
图幅范围	经差	6°	3°	1°30′	30′	15′	7′30″	3′45″	1′52.5″
	纬差	4°	2°	1°	20′	10′	5′	2′30″	1′15″
行列数量关系	行数	1	2	4	12	24	48	96	192
	列数	1	2	4	12	24	48	96	192
图幅数量关系（图幅数量=行数×列数）		1	4（2×2）	16（4×4）	144（12×12）	576（24×24）	2304（48×48）	9216（96×96）	36864（192×192）
		—	1	4（2×2）	36（6×6）	144（12×12）	576（24×24）	2304（48×48）	9216（96×96）
		—	—	1	9（3×3）	36（6×6）	144（12×12）	576（24×24）	2304（48×48）
		—	—	—	1	4（2×2）	16（4×4）	64（8×8）	256（16×16）

续表

比例尺	1∶1000000	1∶500000	1∶250000	1∶100000	1∶50000	1∶25000	1∶10000	1∶5000
图幅数量关系（图幅数量=行数×列数）	—	—	—	—	1	4（2×2）	16（4×4）	64（8×8）
	—	—	—	—	—	1	4（2×2）	16（4×4）
	—	—	—	—	—	—	1	4（2×2）
	—	—	—	—	—	—	—	1

1∶500000～1∶5000 各比例尺地形图分别采用不同的字符作为其比例尺的代码，如表 5-17 所示。

表 5-17　　1∶500000～1∶5000 地形图的比例尺代码

比例尺	1∶500000	1∶250000	1∶100000	1∶50000	1∶25000	1∶10000	1∶5000
代码	B	C	D	E	F	G	H

1∶500000～1∶5000 地形图的编号均以 1∶1000000 地形图编号为基础，采用行列编号方法。1∶500000～1∶5000 地形图的图号均由其所在 1∶1000000 地形图的图号、比例尺代码和各图幅的行列号共十位码组成。1∶500000～1∶5000 地形图编号的组成如图 5-14 所示。

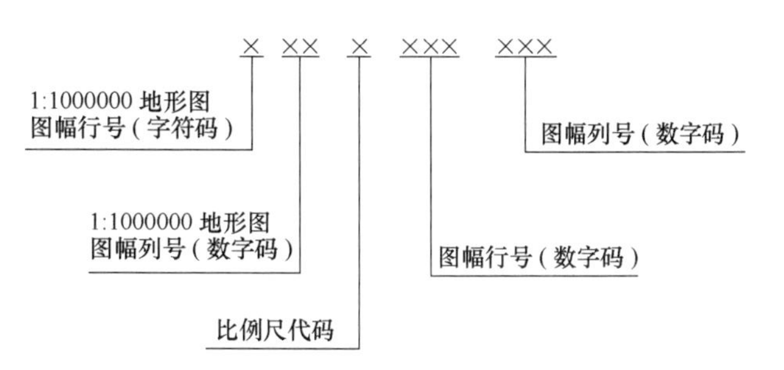

图 5-14　1∶500000～1∶5000 地形图图幅编号的组成

1∶500000～1∶5000 地形图的行、列编号是将 1∶1000000 地形图按所含各比例尺地形图的经差和纬差划分成若干行和列，横行从上到下、纵列从左到右按顺序分别用三位阿拉伯数字（数字码）表示，不足三位者前面补零，取行号在前、列号在后的排列形式标记。

2. 矩形分幅法

为了更好地满足各种工程建设的需要，对于大比例尺地形图，一般按纵、横坐标格网线进行等间距分幅，即采用矩形分幅法。

矩形图幅的编号一般采用坐标编号法，编号由图幅西南角纵坐标 x 和横坐标 y 组成。编号时，1∶5000 地形图，坐标取至 1km；1∶2000、1∶1000 地形图，坐标取至 0.1km；1∶500 地形图，坐标取至 0.01km。例如，某 1∶5000 地形图西南角的坐标值为 x=20km、y=10km，其编号为 20-10；某 1∶1000 地形图的西南角坐标值为 x=6230km、y=10km，则其编号为 6230.0-10.0。

矩形图幅的编号也可以采用基本图号法。其中，1∶2000 地形图图幅以 1∶5000 地形图图幅为基础，其编号是在 1∶5000 地形图图幅编号后面加上罗马数字Ⅰ、Ⅱ、Ⅲ、Ⅳ。

1∶1000 地形图图幅以 1∶2000 地形图图幅为基础，其编号是在 1∶2000 地形图图幅编号后面加上Ⅰ、Ⅱ、Ⅲ、Ⅳ。同理，在 1∶1000 地形图图幅编号后面加上Ⅰ、Ⅱ、Ⅲ、Ⅳ，就是 1∶500 地形图图幅的编号。以上各比例尺地形图图幅分幅方法如图 5-15 所示，其中，1∶5000 地形图图幅编号为 20-60。

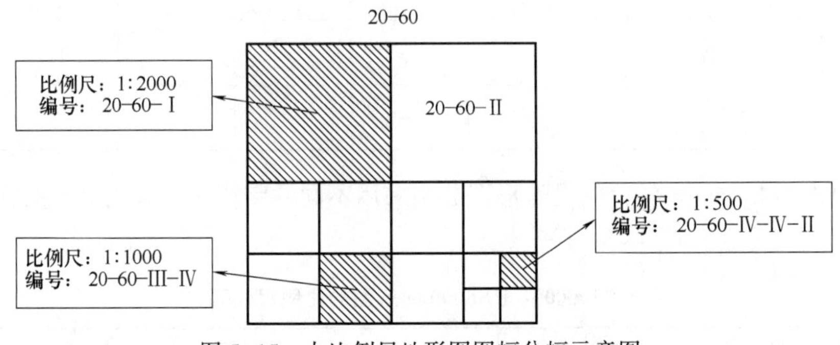

图 5-15　大比例尺地形图图幅分幅示意图

三、地物、地貌在地形图上的表示方法

地形图上用来表示地物、地貌的符号，称为地形图符号。

地球表面的地形由地物和地貌组成。地物是指地球表面固定不动的物体，如房屋、道路等；地貌是指地球表面高低起伏的形态，如高山、平原、盆地等。

地形图符号分为地物符号、地貌符号和注记符号。地形图符号的大小和形状均视测图比例尺的大小不同而异。例如，实地 0.25m 宽的一堵围墙，在 1∶500 和 1∶5000 两种地形图上表示时就不一样：前者表示为依比例尺的地形图符号，后者表示为不依比例尺的地形图符号。地形图符号的具体大小、形状以及地形图图廓的形式、图上和图边注记字体的位置与排列等，都有一定的格式，这些格式称为图式。地形图图式由国家测绘总局统一编写，供全国各测绘单位使用。

对于大比例尺地形图符号的具体规定，请参见《国家基本比例尺地图图式　第 1 部分：1∶500　1∶1000　1∶2000 地形图图式》（GB/T 20257.1—2017）。部分地形图符号如表 5-18 所示。

表 5-18　　部分地形图符号

编号	符号名称	1∶500　1∶1000	1∶2000
1	一般房屋（混——房屋结构；3——房屋层数）	混 3	1.6
2	简单房屋		
3	建筑中的房屋	建	

续表

编号	符号名称	1∶500　1∶1000	1∶2000
4	破坏房屋	 破	
5	棚房	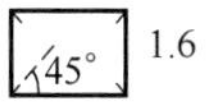 45°　1.6	
6	架空房屋	 混凝土4　1.0　混凝土　混凝土4	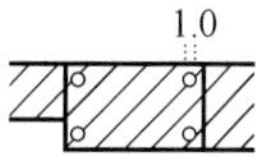 1.0
7	廊房	 混3　1.0	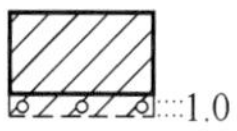 1.0
8	台阶	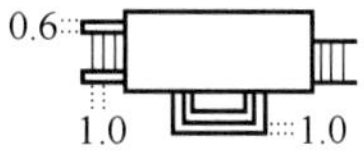 0.6　1.0　1.0	
9	无看台的露天体育场	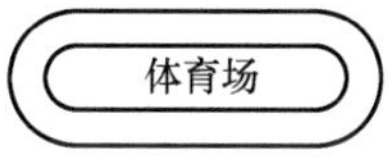 体育场	
10	游泳池	 泳	
11	过街天桥		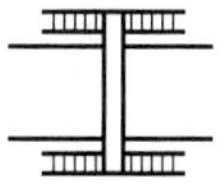
12	高速公路(a——收费站；0——技术等级代码)	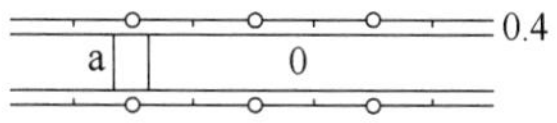 a　0　0.4	
13	等级公路(2——技术等级代码；G325——国道路线编码)	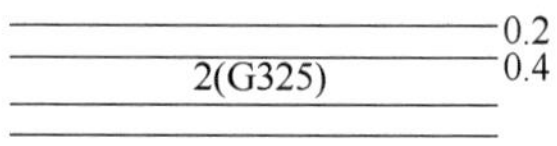 0.2　0.4　2(G325)	
14	乡村路(a——依比例尺的；b——不依比例尺的)	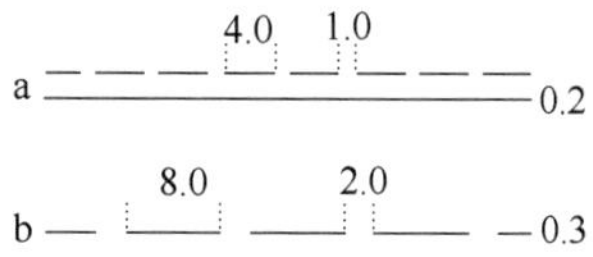 a　4.0　1.0　0.2 b　8.0　2.0　0.3	
15	小路	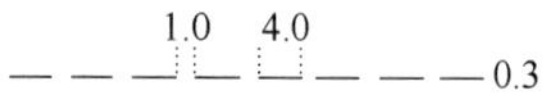 1.0　4.0　0.3	
16	内部道路	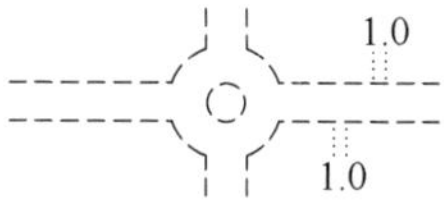 1.0　1.0	

续表

编号	符号名称	1：500 1：1000	1：2000
17	阶梯路	1.0	
18	打谷场、球场	球	
19	旱地	1.0 2.0 10.0 10.0	
20	花圃	1.6 1.6 10.0 10.0	
21	有林地	1.6 松6	
22	人工草地	2.0 3.0 10.0 10.0	
23	稻田	0.2 3.0 1.0 10.0 10.0	
24	常年湖	青湖	
25	池塘	塘	塘

续表

编号	符号名称	1∶500　1∶1000	1∶2000
26	常年河（a——水涯线；b——高水界；c——流向；d——潮流向） 涨潮 落潮	a　b　0.15　3.0　1.0　c　0.5　d　7.0	
27	喷水池	1.0　3.6	
28	GPS控制点	B 14 / 495.267　3.0	
29	三角点（凤凰山——点名；394.468——高程）	凤凰山 / 394.468　3.0	
30	导线点（116——等级、点号；84.46——高程）	2.0　116 / 84.46	
31	埋石图根点（16——点号；84.46——高程）	1.6　16 / 84.46　2.6	
32	不埋石图根点(25——点号；62.74——高程)	1.6　25 / 62.74	
33	水准点(Ⅱ京石5——等级、点名、点号；32.804——高程)	2.0　Ⅱ京石5 / 32.804	
34	加油站	1.6　3.6　1.0	
35	路灯	2.0　1.6　4.0　1.0	
36	独立树（a——阔叶；b——针叶；c——果树；d——棕榈、椰子、槟榔）	a　1.6　2.0　3.0　1.0 b　1.6　3.0　1.0 c　1.6　3.0　1.0 d　2.0　3.0　1.0	

续表

编号	符号名称	1：500　1：1000	1：2000
37	独立树(棕榈、椰子、槟榔)	2.0 3.0 1.0	
38	上水检修井	2.0	
39	下水(污水)雨水检修井	2.0	
40	下水暗井	2.0	
41	煤气、天然气检修井	2.0	
42	热力检修井	2.0	
43	电信检修井(a——电信人孔；b——电信手孔)	a 2.0 2.0 b 2.0	
44	电力检修井	2.0	
45	地面下的管道	污 4.0 1.0	
46	围墙(a——依比例尺的；b——不依比例尺的)	a 10.0 b 10.0 0.3 0.6	
47	挡土墙	1.0 6.0	
48	栅栏、栏杆	10.0 1.0	
49	篱笆	10.0 1.0	
50	活动篱笆	6.0 1.0 0.6	
51	铁丝网	10.0 1.0	
52	通信线(地面上的)	4.0	
53	电线架		
54	配电线(地面上的)	4.0	

续表

编号	符号名称	1 : 500 1 : 1000	1 : 2000
55	陡坎(a——加固的；b——未加固的)	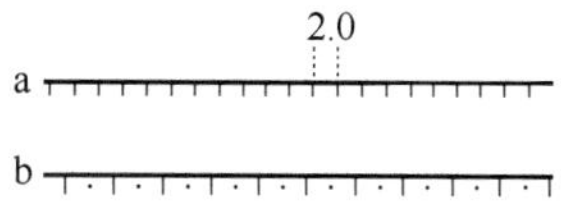 a 2.0 b	
56	散树、行树(a——散树；b——行树)	 a 1.6 b 10.0 1.0	
57	一般高程点及注记(a——一般高程点；b——独立性地物的高程)	 a 0.5··• 163.0 b 75.4	
58	名称、说明、注记	友谊路 中等线体 4.0(18k) 团结路 中等线体 3.5(15k) 胜利路 中等线体 2.75(12k)	
59	等高线(a——首曲线；b——计曲线；c——间曲线)	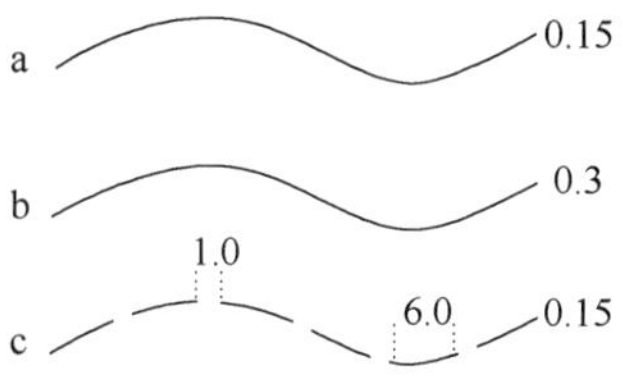 a 0.15 b 0.3 c 1.0 6.0 0.15	
60	等高线注记	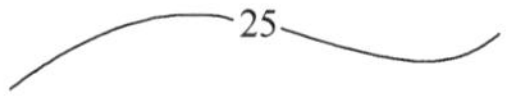 25	
61	示坡线	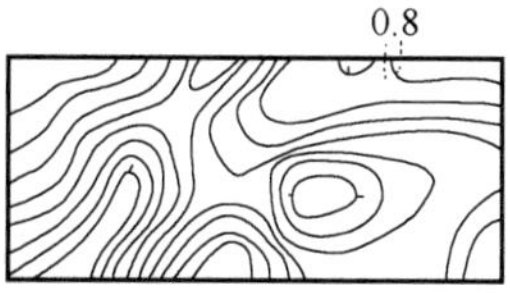 0.8	
62	梯田坎	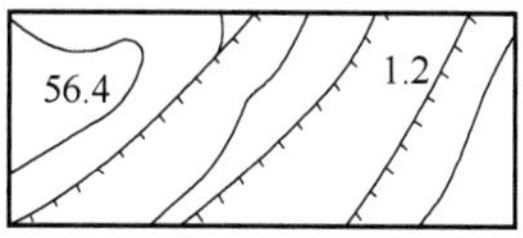 56.4 1.2	

1. 地物符号

地物符号分为比例符号、非比例符号和线状符号。

(1) 比例符号

按照地形图成图所用的投影方法将地面实物的特征点投影到水准面或平面上，然后把投影点的连线按测图比例尺相似地缩小，并绘制在图纸上成图，这种依比例尺缩小的地物称为比例符号或轮廓符号，如房屋、道路、园林、江河等。

（2）非比例符号

当一些重要地物的轮廓小到无法依比例尺画出时，通常按照国家统一规定的符号描绘在图上，这种符号称为非比例符号，如独立树、钻孔、消火栓等。

需要注意的是，非比例符号和比例符号是相对的，具体使用哪种符号取决于测图所用的比例尺大小。

在实际测绘中，利用非比例符号表示地物时，实物的测绘定位点是关键。只有找对定位点，实物在地形图上的位置才能与周围参照物的位置对应。否则，将会产生错误或较大的偏差。非比例符号均按直立方向描绘，即与南图廓保持垂直。

非比例符号的中心位置与该地物实地的中心位置的关系，随地物的不同而存在差异，在测图和用图时应注意以下几点：

① 规则的几何图形符号，如圆形、正方形、三角形等，以图形几何中心点为实地地物的中心位置。

② 底部为直角形的符号，如独立树、路标等，以符号的直角顶点为实地地物的中心位置。

③ 宽底符号，如烟囱、岗亭等，以符号底部中心为实地地物的中心位置。

④ 几种图形组合符号，如路灯、消火栓等，以符号下方图形的几何中心为实地地物的中心位置。

⑤ 下方无底线的符号，如山洞、窑洞等，以符号下方两端点连线的中心为实地地物的中心位置。

（3）线状符号

线状符号是指地物的长度能够依比例尺表示，而宽度只能按照规定绘制的符号。这类符号通常用于表示狭长的地物类型，因为这类地物的长度和宽度中，只有长度能够依比例尺表示，所以线状符号又称为半比例符号，如铁路、电力线等。

2. 地貌符号

地貌符号中，最常用的是等高线。

（1）等高线、等高距和等高线平距

等高线是由地面上高程相等的相邻各点依次连接而成的闭合曲线。如图 5-16 所示，由于高程相等的地面相邻各点都位于同一水平面上，因此等高线可以看作是由水平面与地面相截得到的闭合曲线缩小而成的图形。在地形图上，等高线往往由两条或者多条线（一组等高线）所组成，其形成可以看作是由多个高程不相等的水平面与地面相截得到的相应闭合曲线向同一个投影面投影并缩小而成的图形。

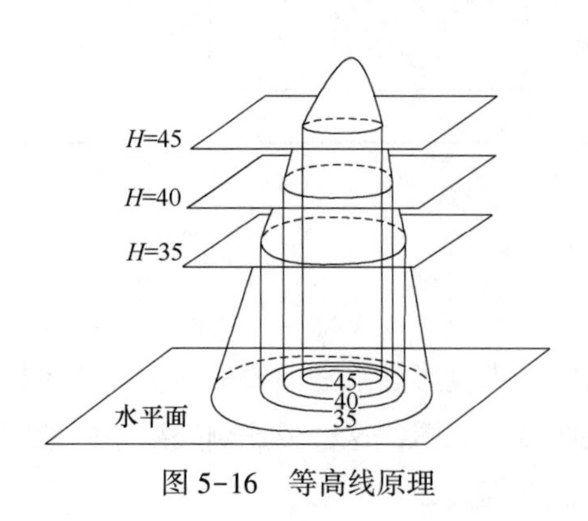

图 5-16　等高线原理

地形图上相邻等高线间的高差，称为等高距，用 h 表示。例如，90m 等高线和相邻的 92m 等高线之间的等高距为 2m。在同一幅地形图上，等高距是相同的。

等高线平距是指两条相邻等高线间的水平距离，用 d 表示，它随地面的起伏情况而改变。如图 5-17 所示，在同一幅地形图上，等高线平距越小，地面坡度越大；反之，等高线平距越大，坡度就越小；若等高线平距相等，则坡度相同。因此，可以根据地形图上等高线的疏密程度判定地面坡度的陡缓。

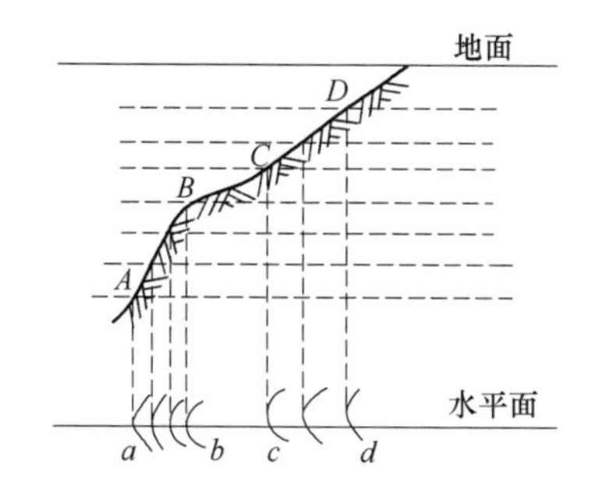

图 5-17　等高线平距与地面坡度的关系

（2）等高线的种类

等高线分为首曲线、计曲线、间曲线和助曲线。

① 首曲线。以基本等高距绘制的等高线称为首曲线。基本等高距由地形类别确定，具体规定如表 5-19 所示。

表 5-19　**基本等高距**　单位：m

比例尺	平地	丘陵地	山地	高山地
1∶500	0.5	1.0(0.5)	1.0	1.0
1∶1000	0.5(1.0)	1.0	1.0	2.0
1∶2000	1.0(0.5)	1.0	2.0(2.5)	2.0(2.5)
1∶5000	1.0	2.5	5.0	5.0
1∶10000	1.0	2.5	5.0	10.0
1∶25000	5.0(2.5)	5.0	10.0	10.0
1∶50000	10.0(5.0)	10.0	20.0	20.0
1∶100000	20.0(10.0)	20.0	40.0	40.0

注：1. 当地势平坦及用图需要时，基本等高距可选用括号内的数值。
2. 1∶250000、1∶500000、1∶1000000 地形图的基本等高距参见《国家基本比例尺地图 1∶250000 1∶500000 1∶1000000 地形图》（GB/T 33181—2016）。

② 计曲线。为了使绘制的等高线看起来足够清晰，习惯上每隔四条首曲线注记一个高程值。注记高程值的等高线称为计曲线。

③ 间曲线。当首曲线不能满足用图的精度要求时，在基本等高距之间以 1/2 基本等高距添加一组等高线，该等高线称为间曲线。间曲线一般用长虚线表示。

④ 助曲线。当间曲线仍不能满足用图的精度要求时，在间曲线之间继续以 1/4 基本等高距添加一组等高线，该等高线称为助曲线。助曲线一般用短虚线表示。

（3）等高线的特点

等高线有以下特点：

① 同一条等高线上各点的高程都相同。

② 等高线是闭合的曲线，如果不在本幅图内闭合，则必在图外闭合。

③ 除在悬崖和绝壁处外，等高线在图上不能相交，也不能重合。

④ 等高线的平距越小，表示坡度越陡；平距越大，表示坡度越缓；平距相同，表示

坡度相等。

⑤ 等高线与山脊线正交，凸向低处；与山谷线正交，凸向高处。

（4）典型地貌的等高线

① 山头和洼地。山头和洼地的等高线形状相似，如果不标高程值，很难将二者区分开来。通常，山头的等高线高程值向外变小，洼地的等高线高程值向外变大。山头和洼地的等高线分别如图 5-18 和图 5-19 所示。

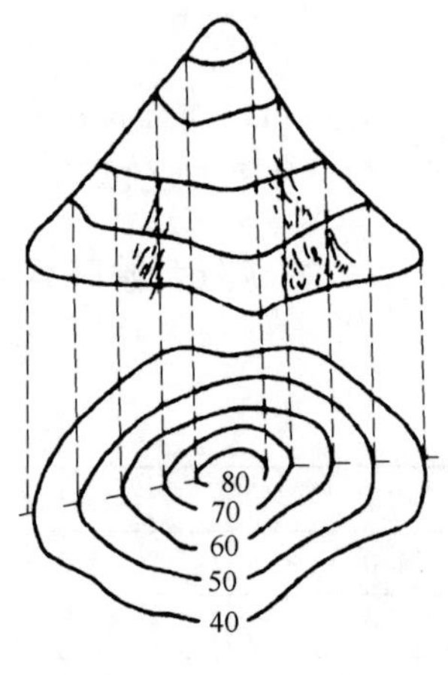

图 5-18　山头的等高线

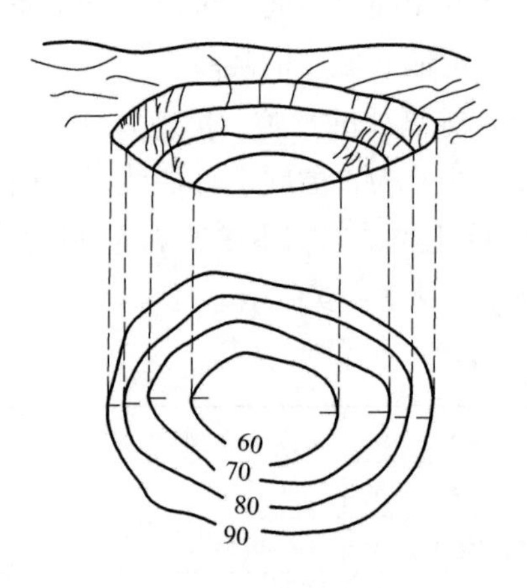

图 5-19　洼地的等高线

② 山谷和山脊。山谷和山脊的等高线形状相似，不同的是山谷的等高线高程值向外变大，山脊的等高线高程值向外变小。单独绘制山谷等高线或山脊等高线时是不会闭合的，只有把整座山的等高线全部绘出时才是闭合的。山谷和山脊的等高线分别如图 5-20 和图 5-21 所示。

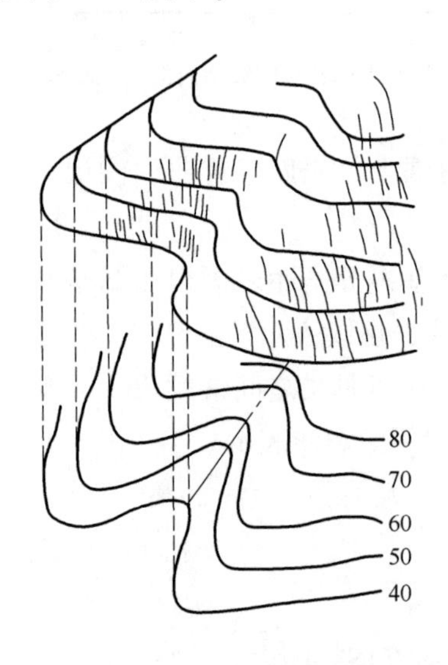

图 5-20　山谷的等高线

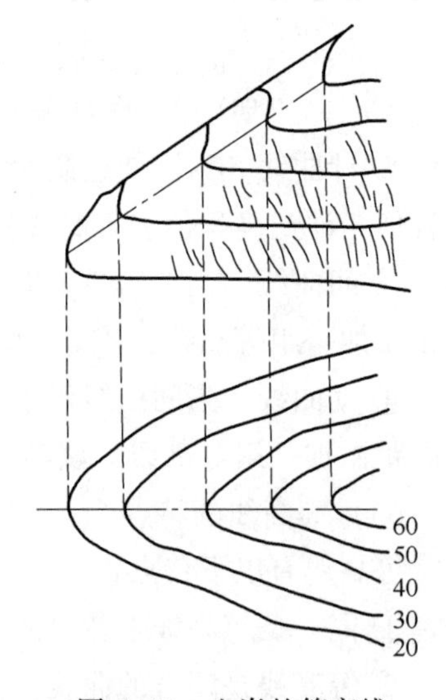

图 5-21　山脊的等高线

③ 鞍部。鞍部的等高线由山谷和山脊的等高线共同组成，如图 5-22 所示。

（5）等高线的绘制

等高线的绘制以野外采集的高程点信息为基础，这些高程点根据其在等高线绘制中的作用，大致可以分为三类：直接参与连线绘制等高线的点，也称为等高线通过点；用于内插法求取等高线通过点的点；不参与等高线绘制的点。

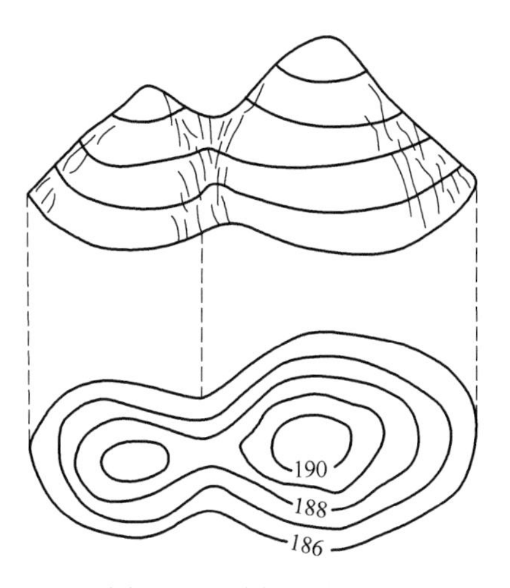

图 5-22　鞍部的等高线

等高线通过点可以采用比例内插法或图解法求取。

a. 用比例内插法求取等高线通过点

如图 5-23 所示，A、B 为两个相邻变坡点，$H_A=40.8\text{m}$，$H_B=36.2\text{m}$，$AB=9.2\text{mm}$，基本等高距为 1m。试求各等高线通过点。在图 5-23 中，先求 37m 与 40m 等高线通过点。这两个等高线通过点与 A 点、B 点之间的距离相等，设为 x_1，则根据等比关系式有：$x_1/0.8\text{m}=9.2\text{mm}/(40.8\text{m}-36.2\text{m})$，可得 $x_1=1.6\text{mm}$。同理，可求出 38m 与 39m 等高线通过点。

绘制等高线时，应先连接地性线，再勾绘等高线。连接地性线时，自山顶到山脚，分别用细实线和细虚线把山脊和山谷上的变坡点依次连接起来。勾绘等高线时，应边测边绘，以防绘制的等高线与实地不符，或达不到精度要求甚至出现错误；等高线的绘制运用概括性原则，一些地貌中小的起伏或者变化要服从大的走向，即进行综合制图；绘制的等高线一定是均匀光滑的曲线，避免出现死角或带刺现象。

b. 用图解法求取等高线通过点

如图 5-24 所示，将一张绘有若干条等间隔平行线的透明纸，蒙在勾绘等高线的图上。转动透明纸，使 a、b 两点分别位于平行线间的 0.9 和 0.5 的位置上。则直线 ab 与图 5-24 中五条平行线的交点，便是高程为 44m、45m、46m、47m 及 48m 的等高线位置。

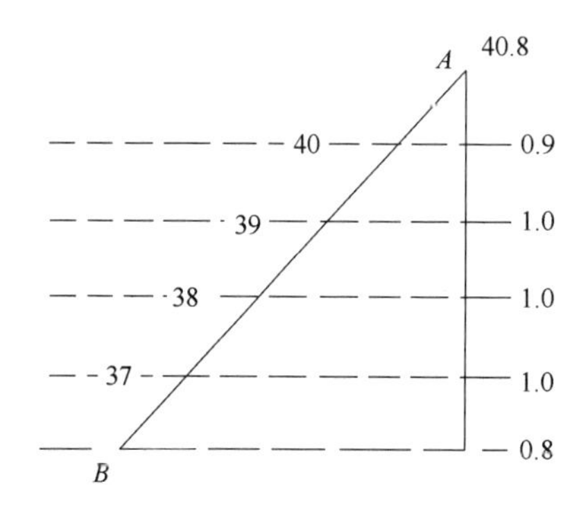

图 5-23　用比例内插法求取等高线通过点

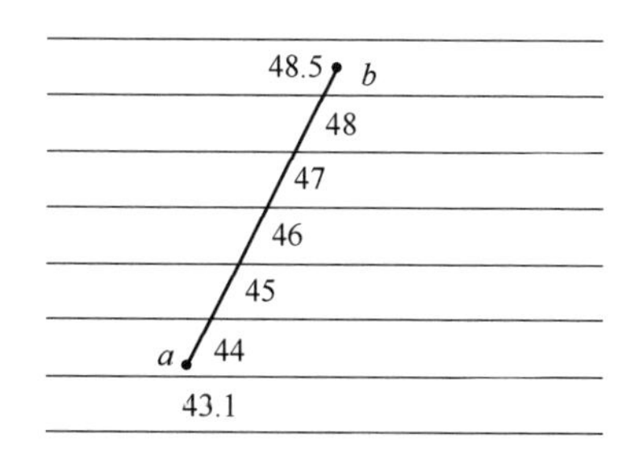

图 5-24　用图解法求取等高线通过点

3. 注记符号

注记符号是对其他地形图符号的补充说明，如某个地方或者某条交通路线等的名称、河流的流向及流速等。注记符号通常用文字、数字、箭头等表示。

四、测图前的准备工作

测图前，原则上应到野外进行踏勘，以了解实地情况，同时了解控制点的布设情况及其完好程度。在这一过程中，需要抄录控制点坐标、高程成果并准备所需的材料和工具。要确保所使用的测绘仪器处于正常工作状态，否则应进行校正。此外，还要拟定好野外施测的作业计划、人员配备以及在图纸上展绘控制点等。

1. 图纸的准备

地形图测绘应选用质地较好的图纸，如聚酯薄膜、普通优质绘图纸等。聚酯薄膜是一面打毛的半透明图纸，其厚度约为 0.07mm~0.1mm。聚酯薄膜具有伸缩率小、坚韧耐湿、沾污后可水洗等优点。在图纸上着墨后，可直接晒蓝图。其缺点是图纸易燃、有折痕后不能消除，因此在测图、使用、保管时须注意防火防折。

（1）图幅

表 5-20 所示为大比例尺地形图矩形图幅大小及其代表的实地面积。

表 5-20　矩形图幅大小及其代表的实地面积

比例尺	50×40 分幅		50×50 分幅		
	图幅大小/（cm×cm）	实地面积/km^2	图幅大小/（cm×cm）	实地面积/km^2	一幅 1：5000 图所含分幅数
1：5000	50×40	5	50×50	4	1
1：2000	50×40	0.8	50×50	1	4
1：1000	50×40	0.2	50×50	0.25	16
1：500	50×40	0.05	50×50	0.0625	64

（2）图名

图名，即图的名称。一般来说，地形图是以本幅图内最具代表意义的地物或地貌命名的。例如，图内最大的城镇、村庄、名胜古迹等都可以取为图名。图名的位置一般写在图幅上方的中央。

（3）图号

图号是一种索引号，是为方便保管和使用地形图而对图幅所编的号。图号一般标注在图幅的上方，位于图名的下方。图 5-25（a）中的图号是“20.0-536.0”。

（4）接图表

接图表是为方便查找相邻图幅而画的示意图，它表示本幅图与相邻最多八幅图之间的相对位置关系。接图表一般放在图幅的左上方。

（5）图廓与坐标格网

图廓是地形图的边界，正方形图廓只有内、外图廓之分。内图廓为直角坐标格网线，外图廓用较粗的实线描绘。外图廓与内图廓之间的短线用来标记坐标值。

由经纬线分幅的地形图，内图廓呈梯形，如图 5-25（b）所示。西图廓经线为东经

128°45′，南图廓纬线为北纬 46°50′，两线的交点为图廓点。内图廓与外图廓之间绘有黑白相间的分度带，每段黑白线长表示经纬差 1′。连接东西、南北相对应的分度带值，便得到大地坐标格网。分度带与内图廓之间注记了以 km 为单位的高斯直角坐标值。在图 5-25（b）中，左下角从赤道起算的 5189km 为纵坐标，其余的 90、91 等为省去了前面两位（51）的公里数。横坐标为 22482km，其中 22 为该图所在的投影带号，482km 为该纵线的横坐标值。纵、横坐标线构成了公里格网。在四边的外图廓与分度带之间注有相邻接图号，供接边查用。

坐标格网的类型受分幅形式和地形图比例尺的影响。一般来说，矩形分幅坐标格网同时又是公里格网，而梯形分幅则是经纬线。随着比例尺的不同，这两种格网可能会同时存在，这种情况在 1∶100000 及以下比例尺的地形图图廓内较为常见，而大于 1∶50000 比例尺的地形图则不绘经纬线，其图廓点坐标用查表的方法获取。

在外图廓线外，除了有图名、图号、接图表外，还应注明测量所用的平面坐标系、高程坐标系和比例尺等，如图 5-25（a）所示。

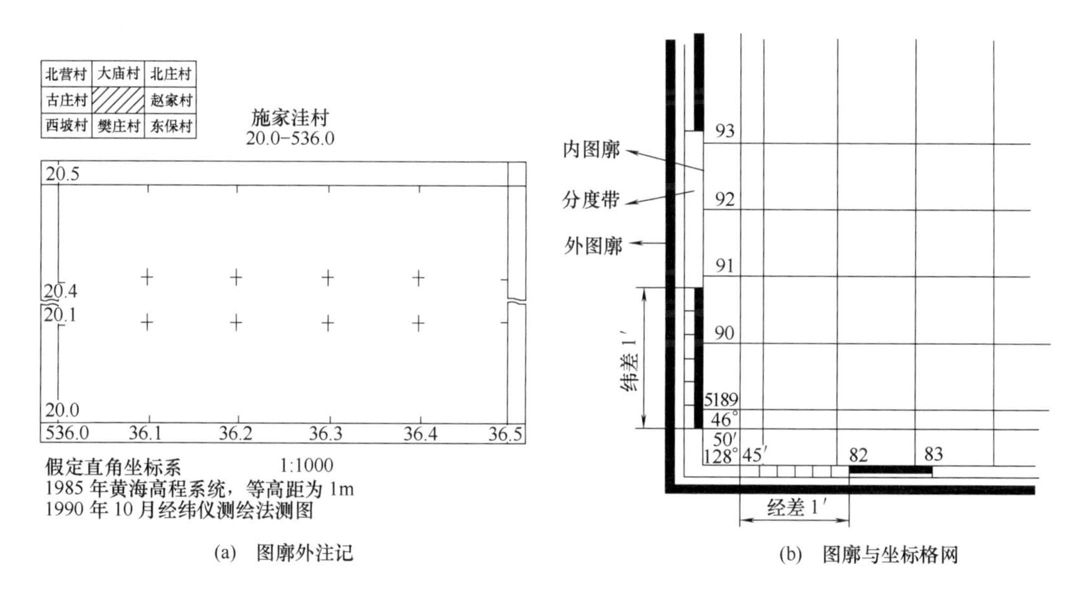

图 5-25 图廓与坐标格网

2. 绘制坐标格网

为了确保控制点能准确地展绘在图纸上，首先需要精确地绘制直角坐标方格网。每个方格为 10cm×10cm，格网线宽为 0. 15mm。绘制坐标格网的工具和方法有很多，如对角线法、坐标仪法或坐标格网尺法等。坐标仪是专门用于展绘控制点和绘制坐标格网的仪器，坐标格网尺是专门用于绘制格网的金属尺，二者都是测图单位的专用设备。

在实际工作中，通常使用印刷好的带有坐标格网的聚酯薄膜图纸或选用幅宽不一的成卷的聚酯薄膜由绘图仪直接打印坐标格网，无须手动绘制。

下面介绍对角线法绘制坐标格网。

如图 5-26 所示，先用直尺在图纸上绘出两条对角线，以交点 O 为圆心沿对角线量取等长线段，得 a、b、c、d 点，用直线顺序连接这四个点，得矩形 $abcd$。再从 a、d 两点起各沿 ab、dc 方向每隔 10cm 定一点；从 d、c 两点起各沿 da、cb 方向每隔 10cm 定一点。连接矩形对边上的相应点，即得坐标格网。

坐标格网是测绘地形图的基础，每一个方格的边长都应该准确，纵、横格网线应严格垂直。

坐标格网绘好后，要进行格网边长和垂直度的检查。首先检查各方格的角点，它们应在一条直线上，偏离不应大于 0. 2mm。然后检查各个方格的对角线长度，其容许误差为 ±0. 3mm。检查过程中，若误差超过容许值，则应将方格网进行修改或重绘、重选。

3. 展绘控制点

展绘控制点前，首先要按图的分幅位置确定坐标格网线的坐标值（也可以根据测图控制点的最大和最小坐标值确定），使控制点安置在图纸上的适当位置。坐标值要注在相应格网边线的外侧，如图 5-27 所示。

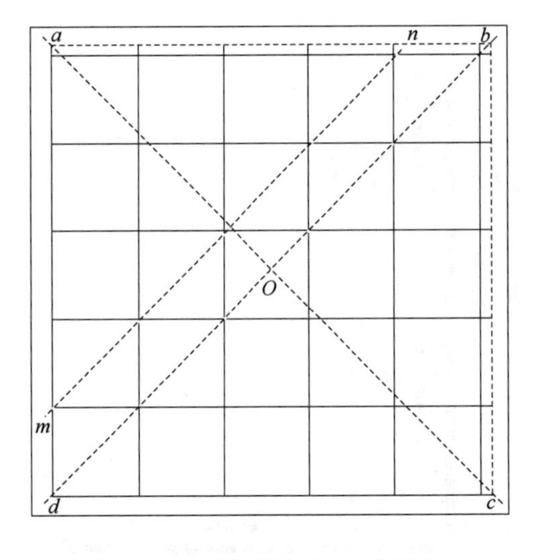

图 5-26　对角线法绘制坐标格网

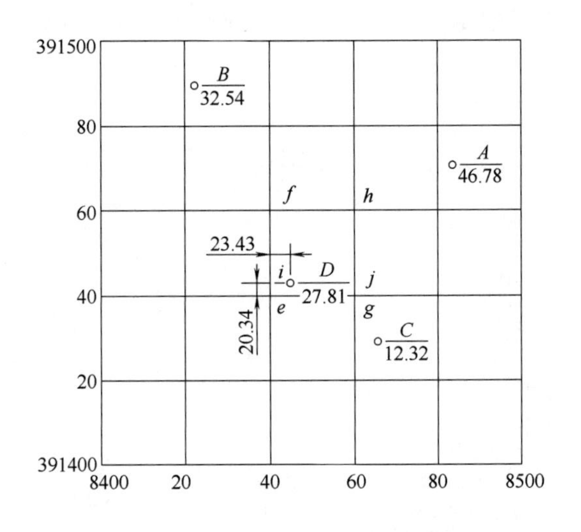

图 5-27　展绘控制点示意图

按坐标展绘控制点，先要根据其坐标，确定所在的方格。图 5-27 中，控制点 D 的坐标值 $x_D = 420.34\text{m}$、$y_D = 423.43\text{m}$。根据 D 点的坐标值，可以确定其位置在 $efhg$ 方格内。分别在 ef 和 gh 上按测图比例尺各量取 20. 34m，得 i、j 两点：然后从 i 点开始沿 ij 方向按测图比例尺量取 23. 43m，得 D 点。同法可将图幅内所有控制点展绘在图纸上，最后用比例尺量取各相邻控制点间的距离进行检查，其距离与相应实地距离的误差不应超过图上 0. 3mm。在图纸上的控制点要注记点名和高程，一般可在控制点的右侧以分数形式注明，分子为点名，分母为高程。

五、碎部测量方法

碎部测量以控制点为测站，测定周围碎部点的平面位置和高程，并按规定的图式符号绘制成图。

（一）碎部点的选择

地物、地貌的特征点，统称为地形特征点。在碎部测量中，正确选择地形特征点至关重要，它是地形测绘的基础。地物特征点，一般选在地物轮廓的方向线变化处，如房屋角点、道路转折点或交叉点、河岸水涯线或水渠的转弯点等。连接这些特征点，就能得到地物的相似形状。对于形状不规则的地物，通常要进行取舍，一般的规定是主要地物凸凹部分在地形图上大于 0.4mm 时均应测定出来；小于 0.4mm 时可用直线连接。一些非比例表示的地物，如独立树、纪念碑和电线杆等独立地物，则应选在中心点位置。地貌特征点，通常选在最能反映地貌特征的山脊线、山谷线等地性线上，如山顶、鞍部、山脊、山谷、山坡、山脚等坡度或方向的变化点，如图 5-28 所示的立尺点，利用这些特征点勾绘等高线，才能在地形图上真实地反映地貌。

图 5-28 立尺点选择

碎部点的密度应该适当。如果密度过稀，则无法详细反映地形的细小变化；密度过密，则会增加野外工作量，造成浪费。碎部点在地形图上的间距约为 2cm～3cm，各种比例尺的碎部点间距可参考表 5-21。在地面平坦或坡度无显著变化地区，地貌特征点的间距可以采用最大值。

表 5-21 碎部点的最大间距和最大视距

比例尺	地形点最大间距/m	最大视距/m			
		主要地物点		次要地物点和地形点	
		一般地区	城市建筑区	一般地区	城市建筑区
1：500	15	60	50(量距)	100	70
1：1000	30	100	80	150	120
1：2000	50	180	120	250	200
1：5000	100	300	—	350	—

（二）地物、地貌的描绘

在外业工作中，当碎部点展绘在图上后，就可以对照实地随时描绘地物和等高线。

1. 地物描绘

描绘的地形图要按图式规定的符号表示地物。依比例描绘的房屋，轮廓要用直线连接，道路、河流的弯曲部分要逐点连成光滑的曲线。不依比例描绘的地物，须按规定的非比例符号表示。

2. 等高线勾绘

由于等高线表示的地面高程均为等高距 h 的整倍数，因而需要在两碎部点之间内插以 h 为间隔的等高点。内插在同坡段上进行，具体方法在前文中已有介绍。

（三）碎部测量方法

碎部测量方法有很多种，包括经纬仪（全站仪）测绘法、平板仪测图法、联合作图法等，本书仅介绍经纬仪（全站仪）测绘法。

1. 经纬仪（全站仪）测绘法

（1）仪器安置

如图 5-29 所示，在测站 A 安置经纬仪，量取仪器高 i 并填入手簿，在视距尺上用红布条标出仪器高的位置 v，以便照准。将水平度盘读数配置为 0°，照准控制点 B 作为后视点的起始方向，用视距法测定其距离和高差并填入手簿，以便进行检查。当测站周围碎部点测完后，再重新照准后视点检查水平度盘零方向，在确定变动不大于 2′后，才可以迁站。测图板应置于测站旁。

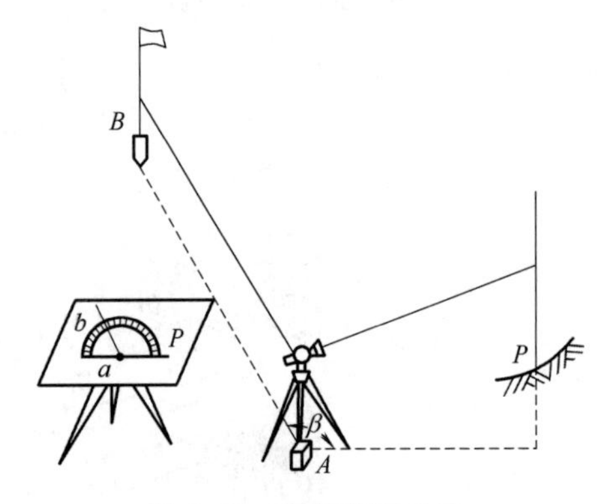

图 5-29 经纬仪测绘法

（2）跑尺

在地形特征点上立尺的工作通称为跑尺。立尺点的位置、密度、远近及跑尺的方法对成图的质量和功效都有一定的影响。立尺员在立尺之前，应了解实测范围和实地情况，选定立尺点，并与观测员、绘图员共同商定跑尺路线，依次将尺立置于地物、地貌特征点上。

（3）观测

将经纬仪照准地形点 P 的标尺，中丝对准尺上仪器高处的红布条（或另一位置读数），上下丝读取视距间隔 l，并读取竖盘读数 L 及水平角 β，填入手簿（表 5-22），进行计算。然后将 β_P、D_P、H_P 报给绘图员。同法测定其他各碎部点，结束测定前，应检查经纬仪的零方向是否符合要求。

表 5-22　　碎部测量记录手簿

测站：　　后视点：　　仪器高：i　　指标差：X　　测站高程：H

点号	视距 $K\cdot l$/m	中丝读数 v	水平角 β	竖盘读数 L	竖直角 α	高差 h/m	水平距离 D/m	高程/m	备注
1									
2									
3									

(4) 绘图

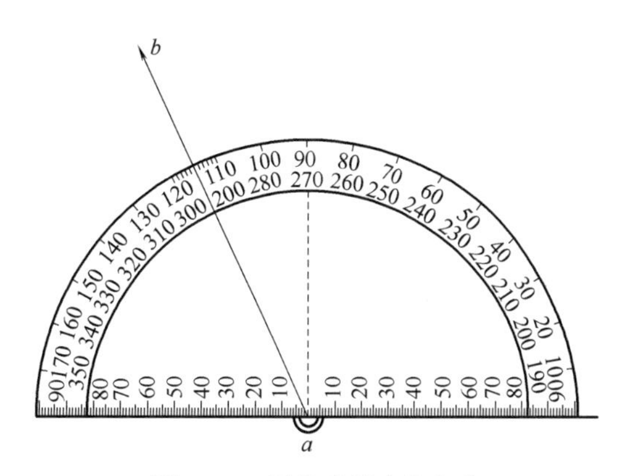

图 5-30　展绘碎部点的方向

如图 5-30 所示，绘图是根据图上已知的零方向，在 a 点上用量角器定出 aP 方向，并在该方向上按比例尺定出 P 点；以该点为小数点注记其高程 H_P。同法展绘其他各点，并根据这些点绘图。测绘地物时，应对照外轮廓随测随绘。测绘地貌时，应对照地性线和特殊地貌外缘点勾绘等高线和描绘特征地貌符号。勾绘等高线时，应先勾出计曲线，经对照检查无误，再加密其余等高线。

用全站仪测绘地形图与用经纬仪测绘的方法基本一致，只是距离的测量方式不同。与经纬仪相比，全站仪的距离测量方式更加简便，测量数据可以存储在仪器内存中，自动化程度更高。

2. 碎部测量的注意事项

为了确保测量精度，碎部测量必须遵循“步步检核”的原则。进行碎部测量时，应注意以下几点：

① 进行碎部测量时，每观测 20~30 个碎部点后，应检查起始方向是否超限。将望远镜转到定向点，并观察视窗读数。如果视窗读数不超过 4′，则视为合格，否则需要重新定向。

② 跑尺员必须将水准尺（或视距尺）立直。

③ 地形图要随测随绘，不要把碎部测量和绘图分开，以防绘制的地形图与实地不符，避免产生较大的误差甚至错误。

④ 一般地，所测碎部点与测站点距离越远，误差越大。因此，测量的碎部点距离测站点不宜过远。

⑤ 在迁站前应仔细检查附近碎部点是否测全，确保没有遗漏。迁站后要注意与附近之前所测碎部点互相检核，检核合格后方可继续进行碎部测量，否则应该找出原因并解决。如果之前的测量存在问题，必须重测。此外，为了使绘出来的图纸既清晰又美观，还应注意选择硬度、黑度适宜的绘图笔，碎部测量一般将 4H~6H 铅笔作为绘图用笔。

六、地形图的拼接、检查和整饰

在测区较大时，地形图必须进行分幅测绘。为了保证相邻图幅的互相拼接，每一幅图的四边都要测出图廓外 5mm。测完图后，还需要对图幅进行拼接、检查与整饰，以获得符合要求的地形图。

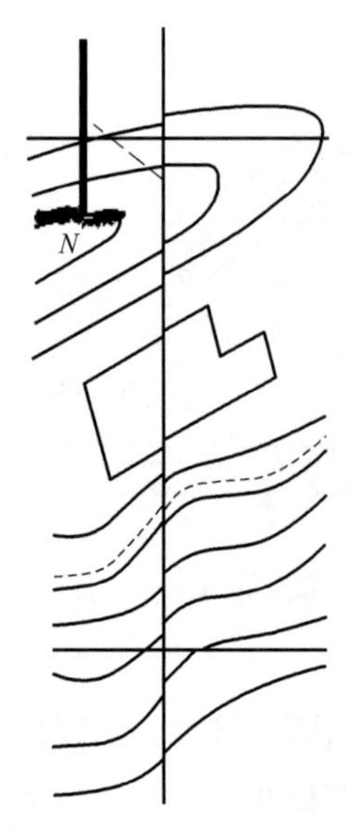

图 5-31 地形图的拼接

1. 地形图的拼接

由于测量误差和绘图误差的影响，在相邻图幅的连接处，无论地物轮廓线还是地貌轮廓线，往往不能完全吻合。如图 5-31 所示，左、右两幅图拼接处的房屋、道路、等高线都存在偏差。若相邻图幅地物和等高线的偏差不超过规定值的 $2\sqrt{2}$ 倍，则取平均位置加以修正。修正时，通常将 5cm～6cm 宽的透明纸蒙在左图幅的接图边上，用铅笔把坐标格网线、地物、地貌描绘在透明纸上，然后再将透明纸按坐标格网线位置蒙在右图幅衔接边上，同样用铅笔描绘地物、地貌。若接边差在限差内，则在透明纸上用彩色笔平均配赋，并将纠正后的地物、地貌分别刺在相邻图边上，以此修正图内的地物、地貌。

2. 地形图的检查

（1）室内检查

首先应检查观测和计算手簿的记载是否齐全、清楚和正确，各项限差是否符合规定；其次检查图上地物、地貌的真实性、清晰性和易读性，各种符号的运用、名称注记等是否正确，等高线与地貌特征点的高程是否符合，有无错误或疑点，相邻图幅的接边有无问题等。若发现错误或疑点，应到野外进行实地检查修改。

（2）外业检查

首先进行巡视检查，根据室内检查的重点，按预定的巡视路线，进行实地对照查看。主要查看原图的地物、地貌有无遗漏；勾绘的等高线是否逼真合理；符号、注记是否正确等。然后进行仪器设站检查，除对在室内检查和巡视检查过程中发现的重点错误和遗漏进行补测和更正外，对一些存疑点，地物、地貌复杂地区，图幅的四角或中心地区，也要抽样设站检查，检查量一般为 10%左右。

3. 地形图的整饰

当原图经过拼接和检查后，要进行清绘和整饰，使图面更加清晰、美观、合理。整饰应按“先图内后图外，先地物后地貌，先注记后符号”的原则进行。地形图上线条粗细，字体、注记大小等均按地形图图式规定。文字注记（如地名、河名、道路去向和等高线高程等）应放在适当位置，既能说明注记的地物和地貌，又不遮挡注记符号，注记字头一般朝北。图上的注记、地物和地貌均按规定的符号进行注记和绘制，最后按图式要求写出图名、图号、比例尺、坐标系统及高程系统、施测单位、测绘人员及测绘日期等。

现代测绘部门大多已采用计算机绘图工序，经外业测绘的地形图，只需要用铅笔完成清绘，然后用扫描仪使地图矢量化，便可通过 AutoCAD 等绘图软件进行地形图的机助绘制。

七、数字化测图

1. 数字化测图的概念

数字化测图是随着电子技术、计算机技术和激光技术的发展而兴起的一种现代测图技术手段，它主要通过全站仪或 GPS 等仪器采集野外地形碎部点，形成数字数据，然后利用 AutoCAD 或二次开发专业绘图软件进行绘图，形成数字线划图等图形文件和其他数据文件。数字化测图产品能够在电脑中被进一步加工和管理，形成各种所需要的地理空间信息。

2. 数字化测图的特点

与传统测图相比，数字化测图实际上是一种解析法测图（传统测图为图解法测图），因此其精度更高，速度更快。除此之外，数字化测图还具备以下特点：

① 可以直接采集碎部点的坐标数据（传统测图法只能采集水平角和水平距离）。

② 自动化程度高，所使用的仪器（如全站仪等）能够把野外采集的碎部点信息直接存储到其存储器中，通过传输线或内存卡将这些数据传输到电脑中（坐标数据等也可以从电脑传输到存储器中）。

③ 所采集的点数据通常都须有编码类别和属性信息。

④ 对草图依赖性强，由于数字化测图通常不能像传统测图那样在现场绘图，因此，其测点点号、连线关系和连线类型都需要在草图中记清楚。

⑤ 对地图要素实现了分层管理，使得地图信息颜色丰富、层次分明，为工程使用与设计提供了方便。

⑥ 分幅、接边方便，通过单击成图软件的相应功能菜单项即可完成此任务。

⑦ 方便修改和更新，需要时从电脑中调出原图便可进行修改和更新。

⑧ 信息的载体不是纸张，而是适合计算机存取的磁带、磁盘和光盘，因此数字化测图没有变形引起的误差问题。

⑨ 有较强的数据融合性，如有需要可以通过编程手段修改数据格式，使之满足地理信息发展对空间数据信息的更高要求。

3. 野外数据采集

野外数据采集时，应注意定向精度，必须重视测站检核。支点定向时，注意不要用其母点，检核点最好不要与测站点和定向点在一条直线上。另外，在野外画草图时要记录清楚点号、编码、连接点和连接线型四种信息。其中，连接线型记录测点与连接点之间的连接方式（直线、曲线或圆弧）。

4. 成图

成图时，目前通常利用专业的 CASS 成图软件。绘图时应先根据野外采集的坐标文件进行展点，然后按照外业草图进行连线，并按编码进行分类，再分层进入房屋、道路、水系、独立地物、植被及地貌等各层进行操作。绘制图形时，需要输入各种绘图命令，还可以选择菜单栏里的菜单项或者工具栏里的绘图工具。绘制的图形能够整体显示于电脑屏幕上，检查无误后，可以进行分幅成图，生成正确的绘图文件。最后，将绘图文件传输到绘图仪，由绘图仪绘制出地形图，通过打印机打印出必要的控制成果等数据。

任务三　地形图的应用

一、地形图的识读

在工程规划设计中，大比例尺地形图是必不可少的资料，它也是确定点位和计算工程量的主要依据。设计人员要利用地形图量距离、取高程、定方位、放设施，就必须全面掌握地形资料，熟悉地形图上的各种地物、地貌符号，熟悉等高线特征。正确地应用地形图是工程技术人员必须具备的基本技能。地形图的识读可以按照先图外后图内、先地物后地貌、先主要后次要、先注记后符号的基本顺序，并参照地形图图式进行识读。

1. 图廓外注记

根据地形图图廓外的注记，可以了解地形的基本情况，掌握图幅的范围，了解地形图与相邻图幅的关系，了解地形图的坐标系统、高程系统、等高距等。

2. 地物识读

地物识读的内容主要包括测量控制点、居民地、工业建筑、公路、铁路、管道、管线、水系、境界等。地物在地形图中用图式符号表达。

3. 地貌识读

图中的地貌主要根据等高线进行识读，根据等高线的特征判别地面坡度的变化。

4. 植被分布识读

植被是指覆盖在地球表面上的各种植物的总称，在地形图上表示植物分布、类别特征、面积大小等。

不同地区的地形图具备不同的特点，应在识图实践中熟悉地形图所反映的地形变化规律，从中选择满足工程需要的地形图，为工程建设服务。由于经济建设的发展，原有的地物、地貌、植被会发生变化，因此，通过地形图的识读了解所需要的地形情况后，仍要到实地进行踏勘对照，只有这样，才能对所需的地形、地貌有切合实际的了解。

二、地形图的工程应用

（一）确定最短线路

在道路、管线、渠道等工程设计中，都要求在规定的坡度内，选择一条最短线路或等坡度线。

如图 5-32 所示，已知地形图比例尺为 1∶2000，等高距 h 为 1m，欲在山下 A 点与山上 D 点之间设计一条公路，指定坡度 i 不大于 5%，试确定最短线路。

根据指定坡度，相邻两等高线间在图上的最短距离为：

$$d=\frac{h}{iM}=\frac{1}{0.05\times2000}=0.01\text{m}=1\text{cm}$$

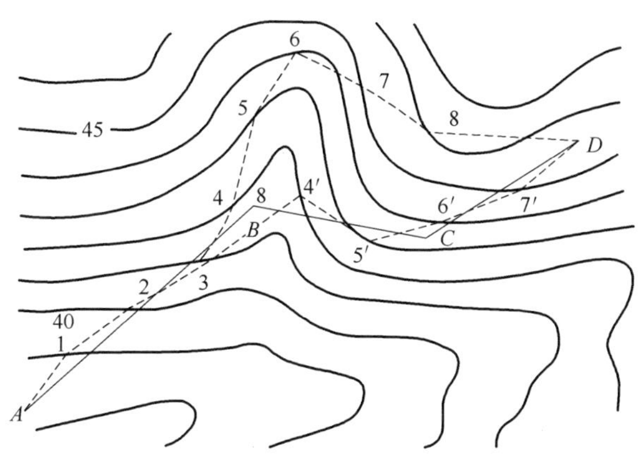

图 5-32 确定最短线路

以 A 点为圆心，以 1cm 为半径画弧，与 39m 等高线交于 1 点；再以 1 点为圆心，以 1cm 为半径画弧，与 40m 等高线交于 2 点；依次类推，直到 D 点。连接上述各点即得 A—1—2—3—4—5—6—7—8—D 限制坡度的最短线路。在图上还可以沿另一个方向定出第二条线路，即在交出点 3 之后，将 23 直线延长，与 42m 等高线交于 4′点（3、4′两点间距离大于 1cm，故其坡度不会大于指定坡度 5%），再从 4′点开始按上述方法继续进行，最后得到 A—1—2—3—4′—5′—6′—7′—D 的线路。

最终线路的确定，要根据地形图综合考虑各种因素对工程的影响，如少占耕地、避开滑坡地带、土石方工程量小等，选择最佳方案。在图 5-32 中，假设最后选择 A—1—2—3—4′—5′—6′—7′—D 为设计线路。按照线路设计要求，将其去弯取直后，设计出图上线路导线 $ABCD$。根据地形图求出各导线点 A、B、C、D 的坐标后，可用全站仪在实地将线路标定出来。

（二）绘制纵断面图

在道路、管线等工程设计中，为确定线路的坡度和里程等，应按设计线路绘制纵断面图。利用地形图可以绘制纵断面图。

如图 5-33（a）所示，$ABCD$ 为一越岭线路，需要沿此方向绘制纵断面图。

如图 5-33（b）所示，首先在图纸下方或方格纸上绘出两条垂直的直线，横轴表示距离，纵轴表示高程。然后在地形图上，从 A 点开始，沿线路方向量取两相邻等高线间的平距，按一定比例尺将各点依次绘在横轴上，得 A，1，2，…，15，D 点的位置。再从地形图上求出各点高程，按一定比例尺（一般比距离比例尺大 10 或 20 倍）绘制在横轴相应各点向上的垂线上。最后将相邻垂线上的高程点用平滑的曲线（或折线）连接起来，即得线路 $ABCD$ 方向的纵断面图。

（三）确定汇水面积

在修筑桥梁、涵洞或修建水坝等工程建设中，需要知道有多大面积的雨水往这个河流或谷地汇集。地面上某区域内雨水注入同一山谷或河流，并通过某一断面（如道路的桥涵），这一区域的面积称为汇水面积。汇水面积的分界线由一系列的山脊线连接而成。

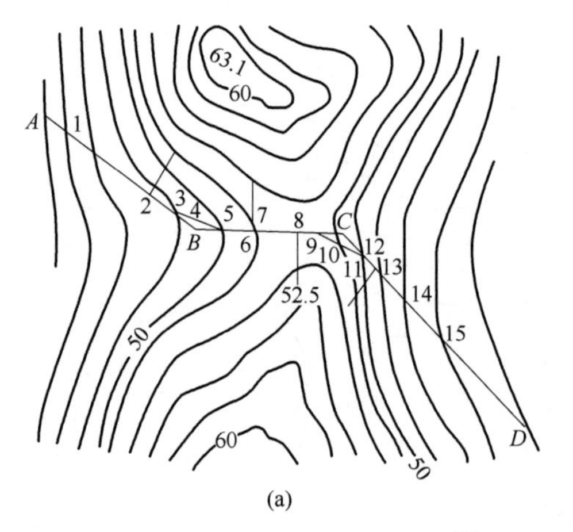

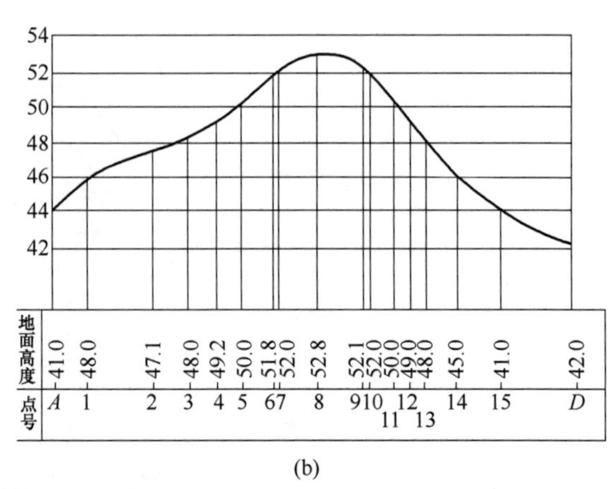

图 5-33　纵断面图的绘制

如图 5-34 所示，公路 *AB* 通过山谷，要在 *M* 处建一涵洞，为了设计孔径的大小，试确定该处汇水面积。

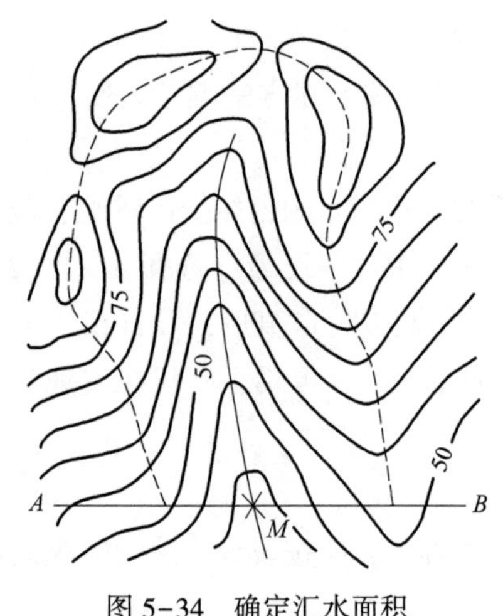

图 5-34　确定汇水面积

由图 5-34 可以看出，流往 *AB* 断面的汇水面积，即为 *AB* 断面与该山谷相邻山脊线的连线所围成的面积（图中虚线部分）。可用方格网法、平行线法或电子求积仪测定该面积的大小。

（四）量算图形的面积

利用地形图可以量算出实地图形的面积，常用的量算方法有透明方格纸法和平行线法。

1. 透明方格纸法

如图 5-35 所示，要量算曲线内的面积，可以将一张透明方格纸覆盖在图形上，数出曲线内完整的方格数 n_1 和不足一整格的方格数 n_2。设每个方格的面积为 a（当为毫米方格时，$a=1\text{mm}^2$），则曲线围成的图形的实地面积可按式（5-21）计算。计算时，应注意 a 的单位。

$$A=\left(n_1+\frac{1}{2}n_2\right)aM^2 \tag{5-21}$$

式中　M——比例尺分母。

2. 平行线法

如图 5-36 所示，在曲线围成的图形上绘制出间隔相等的一组平行线，并使两条平行线与曲线图形边缘相切。将这两条平行线间隔等分，得相邻平行线间距为 h。曲线内每相邻平行线之间的图形近似为梯形。用比例尺量出各平行

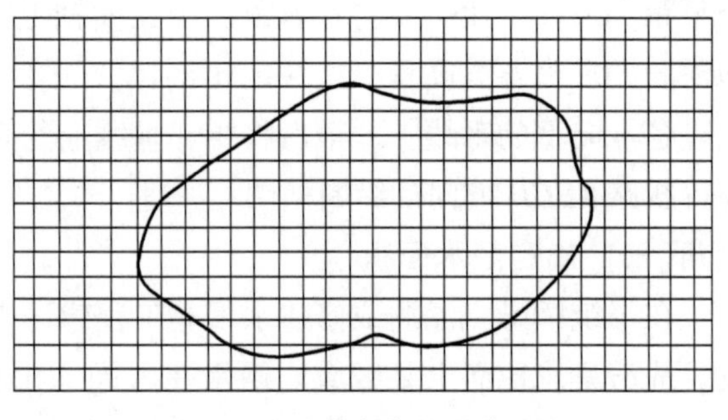

图 5-35　透明方格纸法求面积

线在曲线内的长度 l_1，l_2，…，l_n，则各梯形面积为：

$$A_1=\frac{1}{2}h(0+l_1)$$

$$A_2=\frac{1}{2}h(l_1+l_2)$$

$$\cdots$$

$$A_n=\frac{1}{2}h(l_{n-1}+l_n)$$

$$A_{n+1}=\frac{1}{2}h(l_n+0)$$

则图形总面积可按式（5-22）计算。

$$A=A_1+A_2+\cdots+A_n+A_{n+1}=h(l_1+l_2+\cdots+l_n) \tag{5-22}$$

除上述方法外，还可以使用电子求积仪测定图形的面积。仪器设定好图形比例尺和计量单位，将描迹镜中心点沿曲线推移一周后，将在显示窗自动显示图形面积和周长。

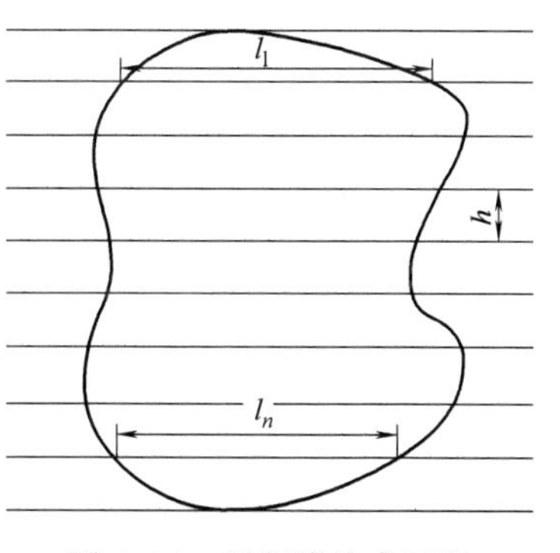

图 5-36　平行线法求面积

（五）根据地形图等高线平整场地

将施工场地的自然地表按要求整理成一定高程的水平地面或一定坡度的倾斜地面，这项工作称为平整场地。在平整场地时，为使填、挖土石方量基本平衡，常要利用地形图确定填、挖边界线，进行填、挖土石方量的估算。平整场地常用的方法有方格网法和等高线法。

1. 方格网法

如图 5-37 所示，已知地形图比例尺为 1：1000，拟将原地面平整成某一高程的水平面，使填、挖土石方量基本平衡。其方法如下：

（1）绘制方格网

在地形图上拟平整场地范围内绘制方格网，方格大小视地形起伏程度、地形图比例尺以及要求的精度而定。方格的边长一般为 10m 或 20m。图 5-37 中的方格大小为 20m×20m。各方格顶点号注于方格网点的左下角，如图中的 A_1，A_2，…，E_3，E_4。横坐标用阿拉伯数字，顺序自左到右递增；纵坐标用大写字母，顺序自上到下或自下到上递增。

（2）求各方格顶点的地面高程

根据地形图上的等高线，用内插法求出各方格顶点的地面高程，并注于方格点的右上角。

（3）计算设计高程

先分别求出各方格四个顶点的平均值，即各方格的平均高程；然后将各方格的平均高程求和并除以方格总数 n，即得到设计高程 $H_{设}$。

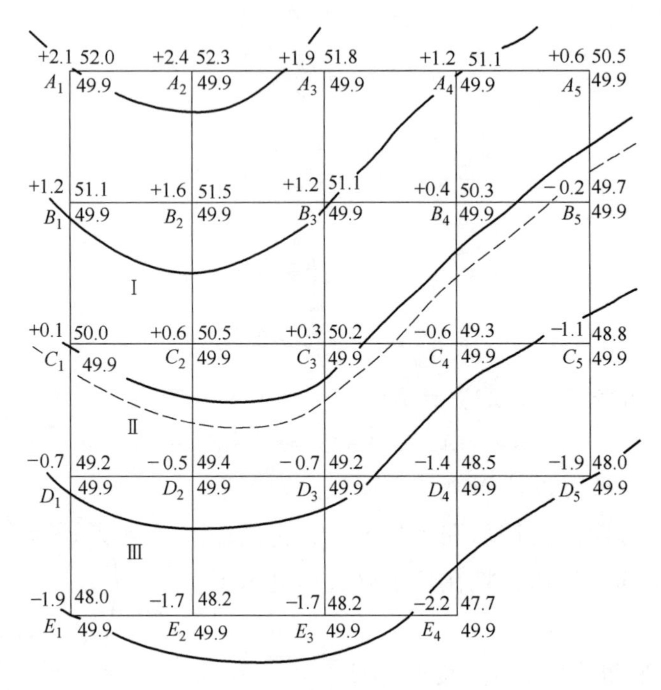

图 5-37 方格网法

各方格点参加计算的次数分别为：角点（图边往外）高程一次；边点（图边上）高程两次；拐点（图边往内）高程三次；中间点高程四次。因而设计高程可按式（5-23）计算。

$$H_{设}=\frac{\sum H_{角}\times1+\sum H_{边}\times2+\sum H_{拐}\times3+\sum H_{中}\times4}{4n} \tag{5-23}$$

式中 n——方格总数。

根据图中的数据，求得图 5-37 的设计高程 $H_{设}=49.9\text{m}$，将其注于方格顶点右下角。

（4）确定方格顶点的填、挖高度

各方格顶点地面高程与设计高程之差，为该点的填、挖高度 H，可按式（5-24）计算。求得的顶点填、挖高度注于相应方格顶点左上角。

$$H=H_{地}-H_{设} \tag{5-24}$$

式中 H——方格顶点的填、挖高度。H 为“+”表示挖深，H 为“-”表示填高。

（5）确定填、挖边界线

根据设计高程 $H_{设}=49.9\text{m}$，在地形图上用内插法绘制出 49.9m 等高线。则该线就是填、挖边界线，如图 5-37 中虚线所示。

（6）计算填、挖土石方量

计算填、挖土石方量有两种情况，一种是整个方格全填方或全挖方，如图 5-37 中方格Ⅰ、Ⅲ；另一种是既有填方，又有挖方的方格，如图 5-37 中的方格Ⅱ。

下面以方格Ⅰ、Ⅱ、Ⅲ为例，介绍其填、挖土石方量计算方法。

方格Ⅰ为全挖方：

$$V_{\text{I挖}}=\frac{1}{4}\times(1.2+1.6+0.1+0.6)\times A_{\text{I挖}}=0.875A_{\text{I挖}}\ \text{m}^3$$

方格Ⅱ既有填方，又有挖方：

$$V_{\text{II填}}=\frac{1}{4}\times(0+0-0.7-0.5)\times A_{\text{II填}}=-0.3A_{\text{II填}}\ \text{m}^3$$

$$V_{\text{II挖}}=\frac{1}{4}\times(0.1+0.6+0+0)\times A_{\text{II挖}}=0.175A_{\text{II挖}}\ \text{m}^3$$

方格Ⅲ为全填方：

$$V_{\text{III填}}=\frac{1}{4}\times(-0.7-0.5-1.9-1.7)\times A_{\text{III填}}=-1.2A_{\text{III填}}\ \text{m}^3$$

上述各式中，$A_{\text{I挖}}$、$A_{\text{II填}}$、$A_{\text{II挖}}$、$A_{\text{III填}}$为各方格的填、挖面积（m^2）。

同理可计算出其他方格的填、挖土石方量，最后将各方格的填、挖土石方量累加，即得总的填、挖土石方量。

2. 等高线法

场地地面起伏较大，且仅计算挖方时，可采用等高线法。这种方法是先从场地设计高程的等高线开始，算出各等高线所包围的面积，然后分别将相邻两条等高线所围面积的平均值乘以等高距，得到这两条等高线平面间的土方量，最后求和即得总挖方量。

三、地形图在工程规划中的应用

（一）规划建筑用地的地形分析

在规划设计前，首先要按城镇各项建设对地形的要求，进行用地的地形分析，以便充分合理地利用和改造原有地形。

1. 地形图地形分析

如图 5-38 所示，图（a）为用地地区的地形图，从西部小山顶向东北跨过公路，到北部小丘可找出分水线Ⅰ，从小山顶向东到光明村北侧可找出分水线Ⅱ。在分水线Ⅰ、Ⅱ之间可找到集水线。图（b）中的点划线表示集水线。

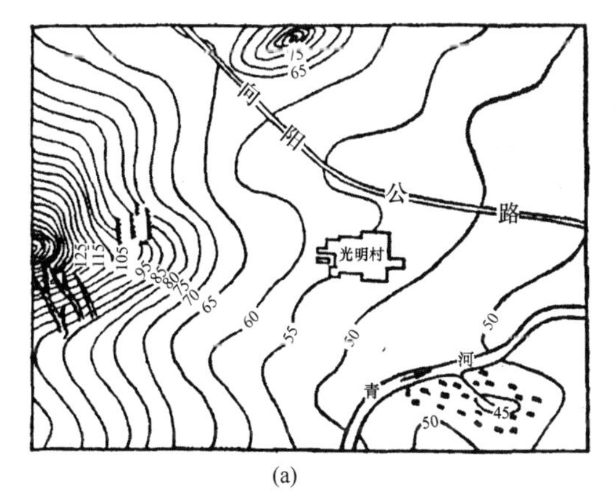

(a)

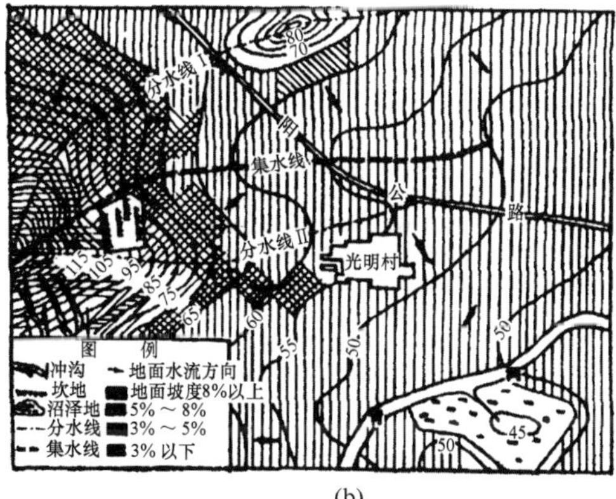

(b)

图 5-38 地形图地形分析

根据地势情况可定出地面水流方向，如图 5-38（b）中箭头所示，它是地面上最大坡度方向。在分水线Ⅰ以北的地面水都流向山丘以北，分水线Ⅱ以南的地面水则流向青河，而分水线之间的地面水则汇向集水线向东流，从图中可以看出这一地段的汇水边界线就是分水线Ⅰ、Ⅱ，从而可确定汇水面积，以便设计有关排水工程。

2. 在地形图上划分不同坡度的地段

城镇各项工程建设通常对用地都有一定的要求，为此，必须在规划之前，将用地地区划分为各种不同坡度的地段，如图 5-38（b）所示，应用各种符号表示 3%以下、3%～5%、5%～8%以及 8%以上不同地面坡度的地段。

3. 特殊地形分析

如图 5-38 所示，其特殊地段包括冲沟、坎地、沼泽地等，这些地段能否作为建设用地，需要进行进一步的调查。结合地质勘探资料进行分析，才能确定特殊地段的性质和用途。因此，在地貌复杂或具有特殊要求的地区，除了绘制地形分析图外，通常还要根据地质、气候等自然条件进行综合分析，以便经济合理地选择城镇用地并规划城镇功能分区。

（二）地形图在工程规划中的应用

在工程规划时，根据用地范围的大小，通常选用 1∶10000、1∶5000、1∶2000、1∶1000、1∶500 等比例尺的地形图。下面介绍应用地形图进行小区规划或建筑群体布置时应处理的问题。

1. 地貌与建筑群体布置

在山地或丘陵地区进行建筑群体布置时，须注意适应地形变化，确保绝大部分建筑具有良好的朝向，并提高日照、通风的效果。如图 5-39 所示，图（a）没有考虑地形和气候条件，将建筑群体布置成规则的行列式，导致间距不当、工程量较大、用地不经济等问题。图（b）结合地形，将建筑群体灵活布置为自由式或点式，在其建筑面积与（a）相同的情况下，由于改进了平面布置，既减少了挖方工程，又增加了房屋间距，同时提高了日照、通风的效果，从而改善了使用条件。

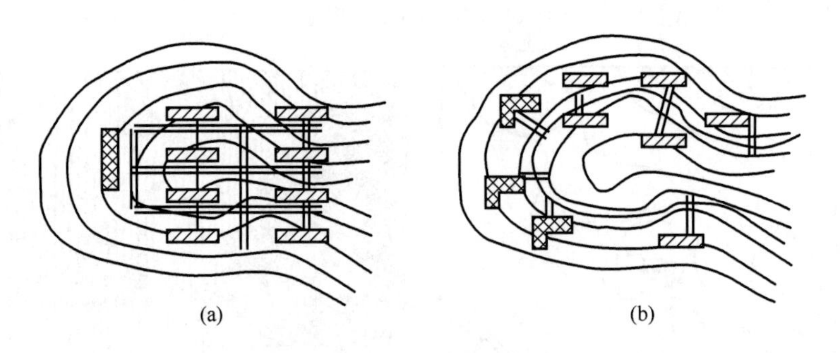

图 5-39 地貌与建筑群体布置

2. 地貌与服务性建筑的布置

服务性建筑的布置，要使居民地能在一定的范围内满足居民日常生活的需要。为此，在应用地形图进行居住区规划设计时，要结合地形考虑服务半径的大小，确保为该区居民提供便利。如图 5-40 所示，一般顺等高线方向交通便利，其服务半径可以大些；而垂直等高线方向，坡坎或梯道较多，且需要上下坡，交通较为不便，其服务半径则宜小些。服务性建筑的布置，不仅要考虑服务半径，还要考虑服务高差，宜将其设在高差中心处，以减少上下坡的距离。

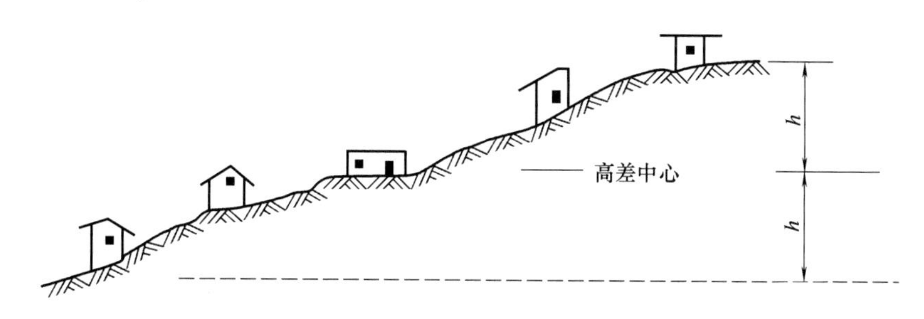

图 5-40　地貌与服务性建筑的布置

3. 地貌与建筑通风

山地或丘陵地区的建筑通风，除了受季风的影响外，还受建筑用地的地貌及温差而产生的局部地方风的影响，有时这种地方性气候对建筑通风起着重要作用。

如图 5-41 所示，当风吹向山丘时，由于地形影响，在山丘周围会产生不同的风象变化，一般可将山丘分为迎风坡区、顺风坡区、背风坡区、涡风区、高压风区和越山风区。其中，在迎风坡区，风向垂直于等高线，建筑物平行于等高线或斜交于等高线布置，通风最好；在顺风坡区，风向平行于等高线，为了争取良好的通风，建筑物宜垂直或斜交于等高线布置；在背风坡区或涡风区，可以布置一些通风要求不高的或不需要通风的建筑物；在高压风区，不宜布置高层建筑，以免背面涡风区产生更大的涡流；在越山风区，夏季凉风较多，宜建亭阁，但冬季要注意防风。由此可见，在山地或丘陵地区利用地形图进行规划设计时，结合风向与地形的关系考虑建筑分区和布置，也是不容忽视的问题。

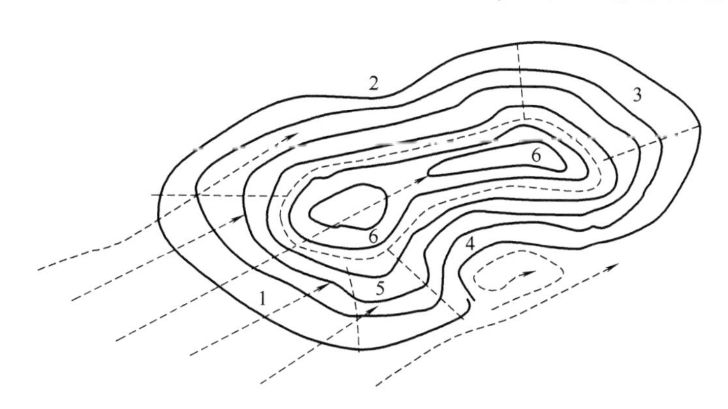

1—迎风坡区；2—顺风坡区；3—背风坡区；4—涡风区；5—高压风区；6—越山风区（虚线框内）。

图 5-41　地貌与建筑通风

4. 地貌与建筑日照间距

利用地形图布置建筑物时，要根据地貌的坡度和坡向，结合建筑布置的形式和朝向，确定合理的建筑日照间距。

山地或丘陵地区的建筑日照间距受其坡向的影响比较明显，如图 5-42（a）所示，在南向坡（阳坡），当建筑物平行于等高线布置时，其地面坡度越大，所需日照间距 D 就越小，因此可以利用向阳坡日照间距小的特点，增加建筑密度或布置高层建筑，以充分利用建筑用地。如图 5-42（b）所示，在北向坡（阴坡）布置建筑物时，其地面坡度越大，所需日照间距 D 也越大，因此用地很不经济。

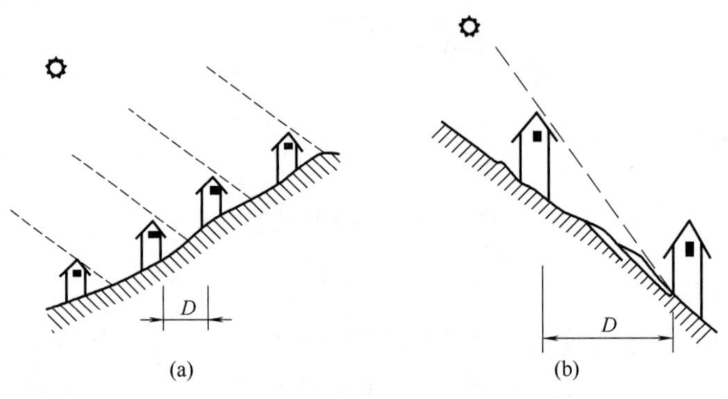

图 5-42　地貌与建筑日照间距

为了合理地利用地形，争取良好的日照，建筑物的布置常采取与等高线斜交或垂直的方式，如图 5-43（a）、（b）所示；有时也采取斜列、交错、点式等方式，如图 5-43（c）、（d）、（e）所示。此外，还可以在用地分配上合理利用阴坡地，将其规划为绿地、运动场、停车场等公共设施用地。

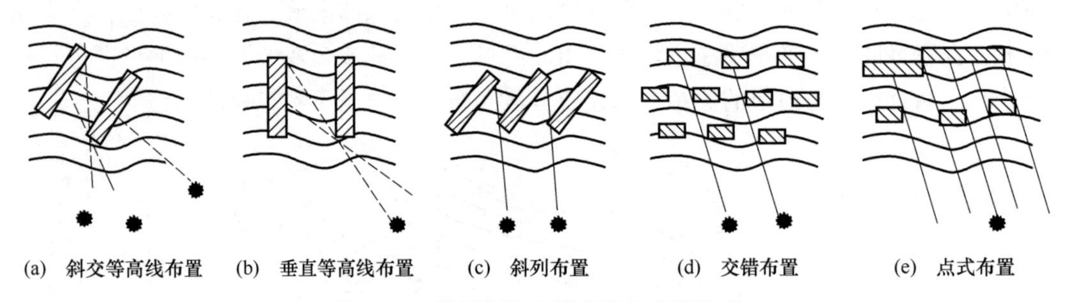

图 5-43　建筑物结合等高线的布置形式

项目六　地面点位测设

任务概述

点位测设的任务是把图纸上设计的建（构）筑物，按设计和施工的要求，以一定的精度标定到地面上，作为施工的依据。在整个施工过程中，它既是施工的先导，又贯穿施工的始终。从平整场地、建筑物平面位置和高程测设、基础施工到建筑物构件安装及机器设备安装等，都要进行一系列的测设工作，以确保建筑物符合设计要求。

点位测设必须遵循“从整体到局部”的测量工作组织原则。在建筑场地逐级建立平面和高程控制网，再根据控制网测设建筑物的轴线，由所定出的轴线测设建筑物的基础、墙、柱、梁、屋面等细部。

点位测设具有以下特点：

① 点位测设与测绘地形图的目的不同。测绘地形图是将地面上的地物、地貌以及其他信息测绘到图纸上的过程，而点位测设（也称放样）则是将设计图纸上的建（构）筑物标定到地面上的过程。二者的程序是相反的，也是可逆的。

② 点位测设是直接为工程施工服务的，它必须与施工组织计划相协调。测量人员应与设计、施工部门密切联系，了解设计内容、性质及对测量的精度要求，随时掌握工程进度及现场的变动，使测设精度与速度满足施工的需要。

③ 点位测设的精度主要体现在相邻点位的相对位置上。对于不同的建筑物或同一建筑物中的各个不同的部分，这些精度的要求并不相同，所以测设的精度主要取决于建筑大小、性质、用途、建材、施工方法等因素。例如，高层建筑测设精度高于低层建筑；连续性自动设备厂房测设精度高于独立厂房；钢结构建筑测设精度高于钢筋混凝土结构、砖石结构建筑；装配式建筑测设精度高于非装配式建筑。如果点位测设精度不够，将会造成质量事故；如果精度要求过高，则会增加点位测设工作的困难，降低工作效率。因此，应该选择合理的点位测设精度。

④ 由于施工现场各工序交叉作业、运输频繁、地面情况变动大、受各种施工机械震动影响，因此测量标志从形式、选点到埋设均应考虑便于使用、保管和检查，若标志在施工中被破坏，应及时进行恢复。

⑤ 由于现代建筑工程规模大、施工进度快、精度要求高，因此点位测设前应做好一系列准备工作。认真核算图纸上的尺寸、数据；检校好仪器、工具；编制详尽的施工测量计划和测设数据表。在点位测设过程中，应采用不同方法加强外业、内业的校核工作，以确保施工测量的质量。

一、点位测设的基本工作

点位测设按设计要求将建（构）筑物各轴线的交点、中线等点位标定在相应的地面上。这些点位是根据控制点或已有建筑物的特征点与放样点之间的角度、距离和高差等几何关系，应用仪器和工具标定出来的。因此，测设已知水平距离、测设已知水平角、测设已知高程是施工测量中点位测设的基本工作。

(一) 测设已知水平距离

测设已知水平距离是从地面一已知点开始，沿已知方向测设出给定的水平距离以定出第二个端点。根据测设的精度要求不同，可分为钢尺测设法和测距仪测设法。

1. 钢尺测设法

（1）一般方法测设

如图 6-1 所示，在地面上由已知 A 点开始，沿给定的 AC 方向，用钢尺量出已知水平距离 S 定出 B'点。为了校核与提高放样精度，在起点处改变读数（10cm~20cm），按同样的方法量出已知水平距离定出 B''点。由于量距存在误差，定出的两点一般不重合，其误差 ΔS 的相对误差在允许范围内时，则取 $B'B''$的中点 B，AB 即为所测设的水平距离 S。

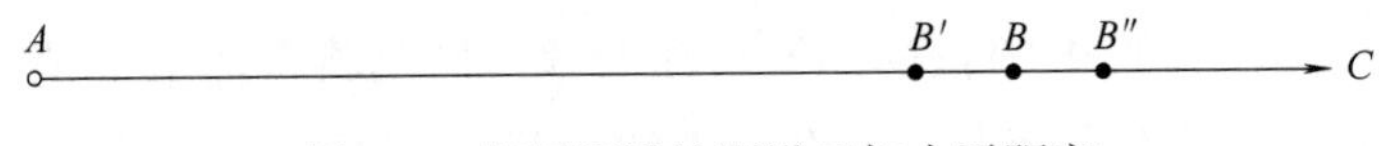

图 6-1　钢尺测设法测设已知水平距离

（2）精确方法测设

当测设精度要求较高时，在地面测设出的距离 $D_{测设}$应是给定的水平距离 $D_{给定}$加上尺长改正 ΔD、温度改正 ΔD_T、高差改正 ΔD_h，但改正数的符号与精确量距时的符号相反。即：

$$D_{测设}=D_{给定}-(\Delta D+\Delta D_T+\Delta D_h)$$

测设时，如前所述自线段的起点沿给定的方向量出 $D_{给定}$，定出终点，即得测设的距离 $D_{测设}$。为了检核，需要再测设一次，若两次测设之差在允许范围内，则取平均位置作为终点的最终位置。

2. 测距仪测设法

用测距仪测设已知水平距离与用钢尺测设方法大致相同。如图 6-2 所示，光电测距仪安置于 A 点，沿已知方向 AB 前后移动反光棱镜，使仪器显示的距离略大于要测设的水平距离 D，定出 B'点。再在 B'点安置反光棱镜，测量出 B'点上反光棱镜的竖直角 α 及斜距 S，根据 α 和 S 计算水平距离 $D'=S\cos\alpha$，从而求得改正值 $\Delta D=D'-D$。根据 ΔD 的符号，在实地沿已知方向用钢尺由 B'点量起，量取 ΔD 定出 B 点。为了检核，将反光棱镜安置在 B 点，测量 AB 的水平距离，若测量结果不符合要求，则再次改正，直至满足要求。

现在的测距仪（或全站仪）本身就具有距离测设功能，根据说明调用距离测设模式即可方便进行点距离测设。

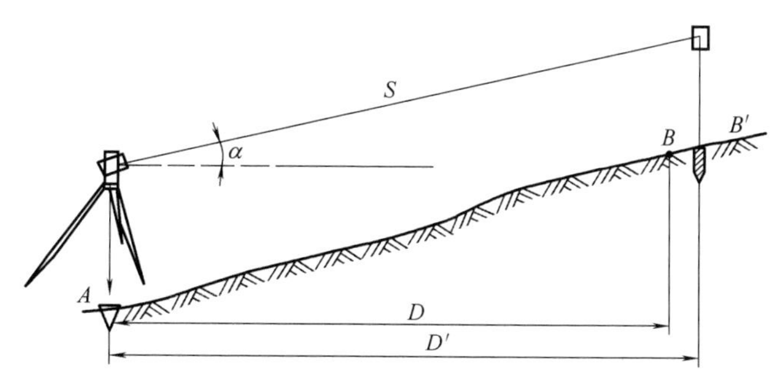

图 6-2 测距仪测设法

(二) 测设已知水平角

测设已知水平角就是根据一已知方向测设出另一方向，使它与已知方向的夹角等于给定的设计角，根据测设的精度要求不同，可分为一般方法测设和精确方法测设。

1. 一般方法测设

当测设水平角精度要求不高时，可采用一般方法测设，即用盘左、盘右取平均值的方法。如图 6-3 所示，设 AB 为地面上已知方向，欲测设水平角 β，在 A 点安置经纬仪，以盘左位置瞄准 B 点，配置水平度盘读数为 $00°00'00''$。转动照准部使水平度盘读数恰好为 β 值，在视线方向定出 C'点。然后用盘右位置，重复上述步骤定出 C''点，取 C'和 C''中点 C，则$\angle BAC$ 即为欲测设的水平角 β。

2. 精确方法测设

当测设精度要求较高时，可用精确方法测设。如图 6-4 所示，在 A 点安置经纬仪，先按一般方法测设已知水平角 β，定出 C_1 点，然后较精确地测量$\angle BAC_1$ 的角值 β'，一般采用多个测回取平均值的方法，设平均角值为 $\beta_{平}$，测量出 AC_1 的距离，则有：

$$\delta = CC_1 = AC_1 \tan(\beta - \beta_{平}) = AC_1 \frac{\Delta\beta}{\rho''}$$

从 C_1 点沿 AC_1 的垂直方向往外或往内调整 δ。若 $\beta > \beta_{平}$ 时往外调整 δ 至 C 点；$\beta < \beta_{平}$ 时，则反向调整。调整后的$\angle BAC$ 即为欲测设的水平角 β。

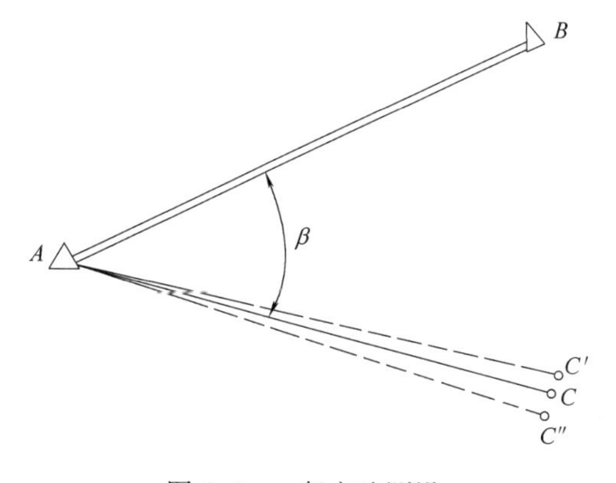

图 6-3 一般方法测设

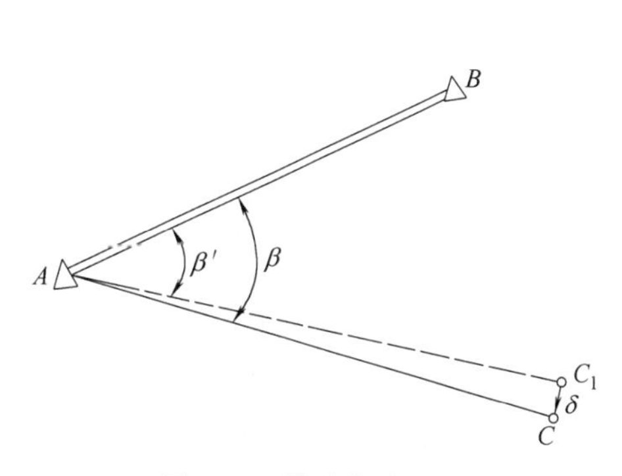

图 6-4 精确方法测设

（三）测设已知高程

1. 视线高程法测设

测设已知高程就是根据已知点的高程，通过引测，把设计高程标定在固定的位置上。如图 6-5 所示，在已知高程点 A（高程为 H_A）与需要标定已知高程的待定点 B 之间安置水准仪，精平后读取 A 点标尺的后视读数为 a，则仪器的视线高程为 $H_{视}=H_A+a$。由图可知，测设已知高程为 $H_{设}$ 的 B 点前视读数应为：

$$b=H_{视}-H_{设}$$

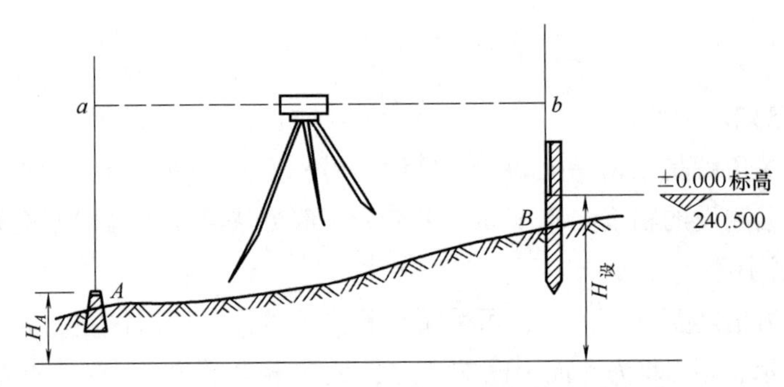

图 6-5　视线高程法测设

将水准尺紧靠 B 点木桩的侧面上下移动，直到尺上读数为 b 时，沿尺底画一横线，此线即为测设设计高程 $H_{设}$ 的位置。测设时应始终保持水准管气泡居中。

2. 高程传递法测设

当开挖较深的基槽，将高程引测到建筑物的上部或安装吊车轨道时，由于测设点与水准点的高差很大，只用水准尺无法测定点位的高程，应采用高程传递法测设。用钢尺和水准仪将地面水准点的高程传递到低处或高处上所设置的临时水准点，然后再根据临时水准点测设所需的各点高程。

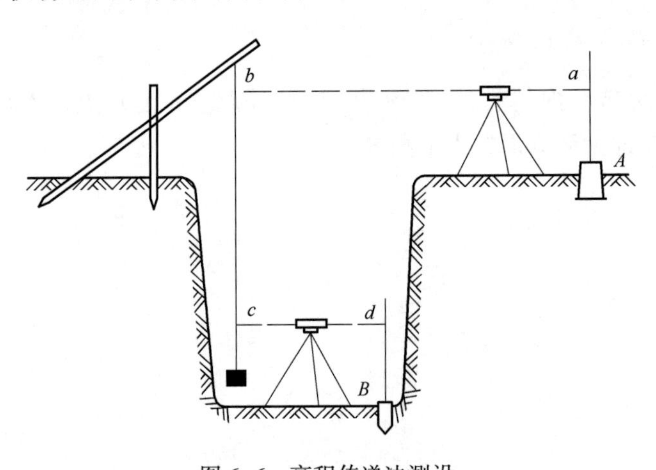

图 6-6　高程传递法测设

深基坑的高程传递如图 6-6 所示，将钢尺悬挂在坑边的木杆上，下端挂 10kg 重锤，在地面和坑内各安置一台水准仪，分别读取地面水准点 A 和坑内水准点 B 的水准尺读数 a 和 d，并读取钢尺读数 b 和 c。根据已知地面水准点 A 的高程 H_A，按式（6-1）计算临时水准点 B 的高程 H_B。

$$H_B=H_A+a-(b-c)-d \tag{6-1}$$

为了进行检核，可将钢尺位置变动 10cm～20cm，按相同的方法再次读取上述四个读数。注意，两次求得的高程相差不得大于 3mm。

当需要将高程由低处传递至高处时，可采用相同的方法进行，按式（6-2）计算。

$$H_A=H_B+d+(b-c)-a \tag{6-2}$$

（四）测设已知坡度的直线

测设已知坡度的直线就是在地面上定出直线，其坡度等于给定的坡度。

如图 6-7 所示，设地面上 A 点的高程为 H_A，A、B 两点间的水平距离为 D，从 A 点沿 AB 方向测设一条坡度为 i 的直线。首先根据 H_A、已知坡度 i 和距离 D 计算 B 点的高程：

$$H_B=H_A+i\cdot D$$

计算 B 点高程时，应注意坡度 i 的正负（图 6-7 中 i 为正）。按测设已知高程的方法，把 B 点的高程测设到木桩上，则 AB 连线即为已知坡度为 i 的直线。若在 AB 间加密 1、2 等点，使其坡度为 i，当坡度不大时，可在 A 点安置水准仪，使一个脚螺旋在 AB 方向线上，另外两个脚螺旋的连线大致与 AB 线垂直。量取仪器高 $i_{仪}$，用望远镜照准 B 点的水准尺，旋转在 AB 方向上的脚螺旋，使 B 点木桩上水准尺的读数等于 $i_{仪}$，此时仪器的视线即为已知坡度线。在 AB 中间各点打上木桩，并在桩上立尺使读数皆为 $i_{仪}$，这样的各桩桩顶的连线就是测设的坡度线。当坡度较大时，可用经纬仪定出各点。

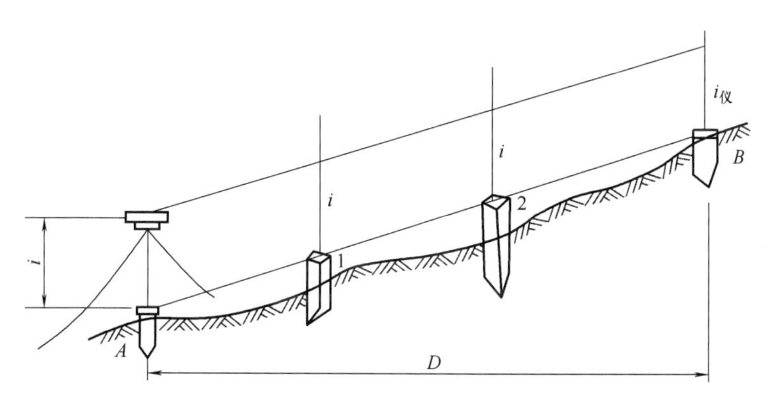

图 6-7　测设已知坡度的直线

二、点的平面位置测设

点的平面位置测设是根据已布设好的控制点与测设点间的角度（方向）、距离或相应的坐标关系而定出点的位置。测设方法包括直角坐标法、极坐标法、角度交会法、距离交会法、全站仪坐标测设法，可根据所用的仪器设备、控制点的分布情况、测设场地地形条件及测设点精度要求等选用。

（一）直角坐标法

直角坐标法是建立在直角坐标原理基础上确定点位的一种方法。当建筑场地已建立有相互垂直的主轴线或矩形方格网时，一般采用此法。

如图 6-8 所示，OA、OB 为互相垂直的方格网主轴线或建筑基线，a、b、c、d 为测设建筑物轴线的交点，ab、ad 轴线分别平行于 OA、OB。根据 a、c 的设计坐标（x_a，y_a）、（x_c，y_c），即可以 OA、OB 轴线测设出 a、b、c、d 各点。下面以测设 a、b 点为例进行介绍。

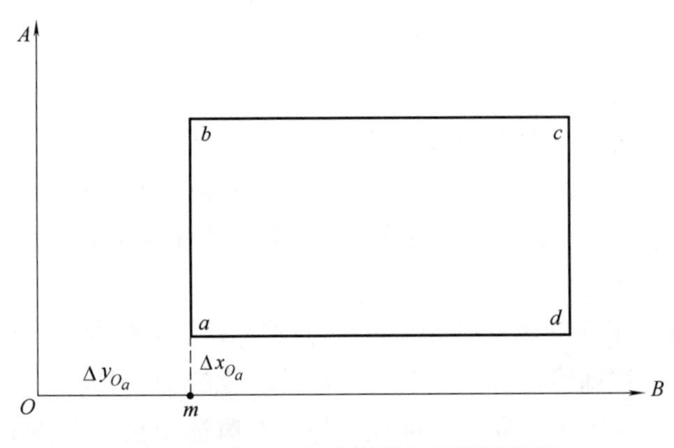

图 6-8　直角坐标法测设点的平面位置

设 O 点已知坐标为（x_O，y_O），则 $\Delta x_{O_a}=x_a-x_O$，$\Delta y_{O_a}=y_a-y_O$。将经纬仪安置在 O 点，照准 B 点，沿此视线方向从 O 沿 OB 方向测设 Δy_{O_a} 定出 m 点。将经纬仪安置在 m 点，盘左照准 O 点，按顺时针方向测设 90°，沿此视线方向测设 Δx_{O_a} 定出 a' 点。按相同的方法以盘右位置定出 a'' 点，取 a'、a'' 中点即为所求 a 点。经纬仪照准 a 点，沿此视线方向测设 ab 距离定出 b 点，则 b 点即为所求。按相同的方法测设 d、c 点。

（二）极坐标法

极坐标法是根据水平角和距离测设点位的平面位置的一种方法。在控制点与测设点间便于量距的情况下，采用此法较为适宜。若采用测距仪或全站仪测设距离，则没有此项限制。

如图 6-9 所示，A、B 为已知控制点，设其坐标为（x_A，y_A）、（x_B，y_B）。P 为测设点，其坐标为（x_P，y_P）。根据已知点坐标和测设点坐标，按坐标反算的方法求出测设角和测设边长，即：

$$\alpha_{AB}=\arctan\frac{y_B-y_A}{x_B-x_A}$$

$$\alpha_{AP}=\arctan\frac{y_P-y_A}{x_P-x_A}$$

$$\beta=\alpha_{AP}-\alpha_{AB}$$

$$D_{AP}=\sqrt{(x_P-x_A)^2-(y_P-y_A)^2}$$

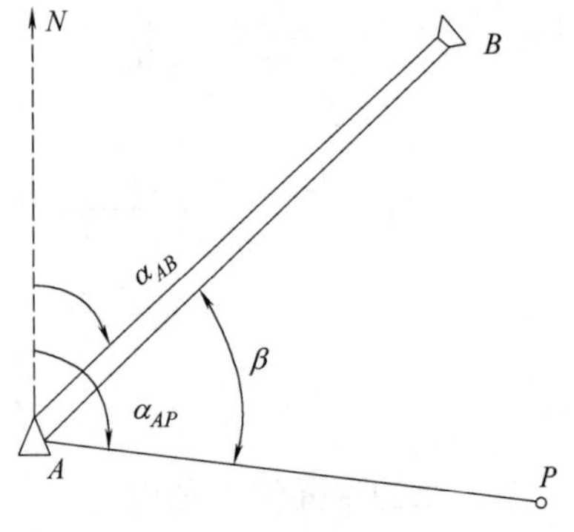

图 6-9　极坐标法测设点的平面位置

测设时，将经纬仪安置在 A 点，后视 B 点，置度盘为零，按盘左、盘右分中法测设 β 角，定出 AP 方向，沿此方向测设水平距离 D_{AP}，定出 P 点。

确定 AP 方向用方位角较为方便，即在后视 B 点时，使水平度盘读数恰好等于 AB 方位角 α_{AB}。转动照准部，当度盘读数为 AP 方位角 α_{AP} 时，此方向即为 AP 方向。

（三）角度交会法

角度交会法是在三个控制点上分别安置经纬仪，根据相应的已知方向测设出相应的角值，从三个方向交会定出点位的一种方法。此法适用于测设点离控制点较远或不便量距的情况。如图 6-10（a）所示，根据控制点 A、B、C 和测设点 P 的坐标计算测设数据 α_{AB}、α_{AP}、α_{BP}、α_{CP} 及 β_1、β_2、β_3、β_4 的角值。将经纬仪安置在 A 点，按方位角 α_{AP} 或 β_1 角值

定出 AP 方向线，在 AP 方向线上的 P 点附近打上两个木桩（俗称骑马桩），桩上钉小钉以表示此方向［图 6-10（b）中的 AP_1］，并用细线拉紧。然后，将经纬仪分别安置在 B 点、C 点，按相同的方法定出 BP_2、CP_3 方向线。若三条方向线交于一点，则此交点即为所求的 P 点。否则，由于放样存在误差，三条方向线可能交出三点，此三点构成一个“示误三角形”。如果示误三角形的边长不超过 4cm，则取示误三角形的重心作为所求 P 点位置。

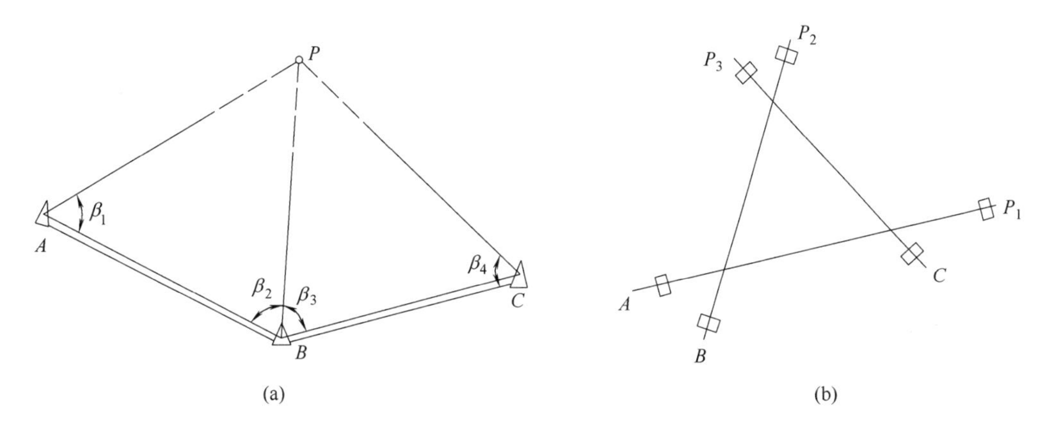

图 6-10 角度交会法测设点的平面位置

（四）距离交会法

距离交会法是从两个控制点起至测设点的两段距离相交定点的一种方法。当建筑场地平坦、便于量距且放样距离不超过钢尺一整尺长时，适用此法。

如图 6-11 所示，设 A、B 为控制点，P 为测设点。首先根据控制点和测设点坐标直接计算测设数据 D_1、D_2，然后用钢尺从 A、B 点分别测设距离 D_1、D_2，两距离交点即为所求 P 点的位置。

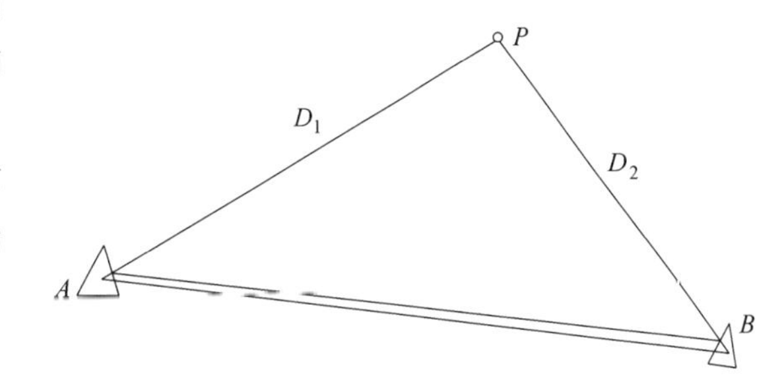

图 6-11 距离交会法测设点的平面位置

（五）全站仪坐标测设法

全站仪测设点位精度高，操作方便、快捷，在工程测设中受天气、地形条件的限制较小，在生产实践中得到了广泛应用。

全站仪坐标测设法就是根据测设点的坐标定出点位的一种方法。将仪器安置在测站点上，使仪器处于测设模式，然后输入测站点、后视点和测设点的坐标。一人持反光棱镜立在测设点附近，用望远镜照准反光棱镜，按坐标测设功能键，全站仪显示出反光棱镜位置与测设点的坐标差。根据坐标差移动反光棱镜位置，直到坐标差等于 0。此时，反光棱镜位置即为测设点的点位。

如图 6-12 所示，已知 A、B、C 三点坐标为（x_A，y_A）、（x_B，y_B）、（x_C，y_C），其中

A、B 两点在地面上的位置已确定，要求在实地确定 C 点的地面位置。

设 A 点为测站点，B 点为后视点，C 点为测设点。将全站仪安置在 A 点，后视 B 点。在全站仪里输入测设点 C 的坐标后，仪器自动计算并显示测设的角度 $\angle BAC$ 和测设的距离 D_{AC} 及高差 h_{AC}。全站仪坐标测设的基本步骤如下：

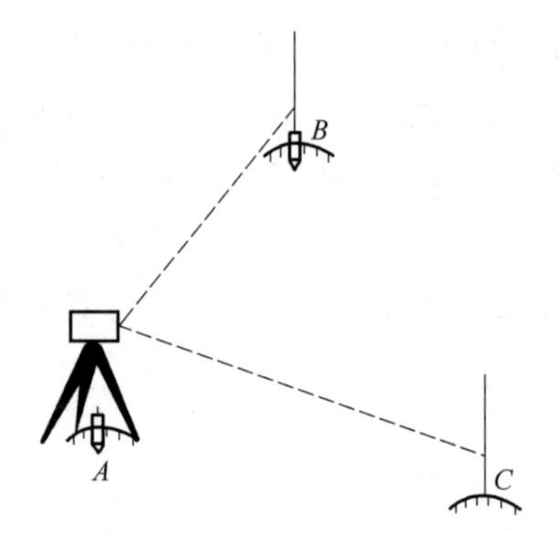

图 6-12　全站仪坐标测设法测设点的平面位置

① 开机前自检。

② 选择设置相应的棱镜常数、大气改正数。

③ 设置测量模式、单位、显示格式等。

④ 量取并输入仪器高和目标高。

⑤ 输入测站点的坐标和高程。

⑥ 输入定向点位的坐标。

⑦ 输入待测设点的坐标。

⑧ 一人持反光棱镜立在待测设点附近，用望远镜照准反光棱镜，按坐标测设功能键，全站仪显示出反光棱镜位置与测设点的坐标差。

⑨ 根据坐标差移动反光棱镜位置，直到坐标差等于 0。此时，反光棱镜位置即为测设点的点位。

为了检核错误，每个测设点位置确定后，可以再用坐标测量功能测定其坐标作为校核。

项目七　土木工程测量

任务一　建筑施工测量

用 CASS 进行极坐标法放样数据的计算

一、施工控制测量

（一）施工控制网的特点

施工控制网与测图控制网相比，具有控制点的密度大、精度要求较高、使用频繁、易受施工的干扰等特点。这就要求控制点的位置应分布恰当、稳定，确保使用方便，并能在施工期间保持桩点不被破坏。因此，控制点的选择、测定及桩点的保护等工作，应与施工方案、现场布置统一考虑确定。

在施工控制测量中，局部控制网的精度往往比整体控制网的精度高。某个单元工程的局部控制网的精度可能是整个系统工程中精度最高的部分，因此，也就没有必要将整体控制网都建成与局部控制网同样高的精度。由此可见，大范围的整体控制网只是给局部控制网传递一个起始点坐标和起始方位角，而局部控制网可以布置成自由网的形式。

（二）施工平面控制网的建立

1. 施工平面控制网的形式

施工平面控制网通常采用三角网、导线网、建筑基线或建筑方格网等形式。选用何种形式，需要根据建筑总平面图、建筑场地的大小、地形、施工方案等因素进行综合考虑。对于地势起伏较大的山区或丘陵地区，常用三角网；对于地势平坦而通视比较困难的地区，如扩建或改建的施工场地，或建筑物分布很不规则时，则可采用导线网；对于地势平坦而简单的小型建筑场地，常布置一条或几条建筑基线，组成简单的图形并作为施工测设的依据；对于地势平坦，建筑物众多且分布比较规则和密集的工业场地，一般采用建筑方格网。总之，施工控制网的形式应与设计总平面图的布局一致。

采用三角网作为施工控制网时，通常布设成两级。一级为基本网，以控制整个场地为主；另一级为测设三角网，它直接控制建筑物的轴线及细部位置，在基本网的基础上加密，构成二级小三角网。当场区面积较小时，可采用二级小三角网一次布设。

采用导线网作为施工控制网时，通常也布设成两级。一级为基本网，多布设成环形；另一级为测设导线网，用以测设局部建筑物。

在平坦地区或经过土地平整后的工业建筑场地，拟建主要厂房、运输路线以及各种工业管线都是沿着互相平行或垂直的方向布置。因此，可以根据场地大小及设计建筑物布置的复杂情况，采用建筑基线或建筑方格网作为施工控制网，然后按直角坐标法进行建筑物测设。建筑基线和建筑方格网都具有计算简单、使用方便、测设迅速等优点。

2. 施工平面控制测量

（1）施工坐标系与测量坐标系的坐标换算

施工坐标系也称建筑坐标系，其坐标轴与主要建筑物主轴线平行或垂直，以便用直角坐标法进行建筑物的测设。

施工平面控制测量的建筑基线和建筑方格网一般采用施工坐标系，而施工坐标系与测量坐标系往往不一致。因此，施工测量前通常需要进行施工坐标系与测量坐标系的坐标换算。

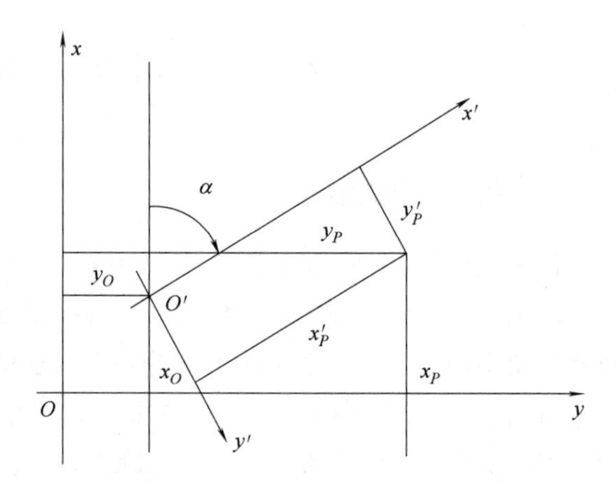

图 7-1　施工坐标系与测量坐标系的坐标换算

如图 7-1 所示，设 xOy 为测量坐标系，$x'O'y'$为施工坐标系，（x_O，y_O）为施工坐标系的原点 O'在测量坐标系中的坐标，α 为施工坐标系的纵轴 $O'x'$在测量坐标系中的坐标方位角。设已知 P 点的施工坐标为（x'_P，y'_P），则可按下式将其换算为测量坐标（x_P，y_P）：

$$\begin{cases} x_P = x_O + x'_P\cos\alpha - y'_P\sin\alpha \\ y_P = y_O + x'_P\sin\alpha + y'_P\cos\alpha \end{cases}$$

如果已知 P 点的测量坐标，则可按下式将其换算为施工坐标：

$$\begin{cases} x'_P = (x_P - x_O)\cos\alpha + (y_P - y_O)\sin\alpha \\ y'_P = -(x_P - x_O)\sin\alpha + (y_P - y_O)\cos\alpha \end{cases}$$

（2）建筑基线

施工场地范围不大时，可在场地上布置一条或几条基线作为施工场地的控制，这种基线称为建筑基线。

建筑基线的布置形式包括“一”字形建筑基线，“T”形建筑基线，“L”形建筑基线及“十”字形建筑基线，如图 7-2 所示。选用何种形式，应根据建筑物的分布、场地的地形和原有控制点的状况而定。建筑基线应靠近主要建筑物并与其轴线平行，以便采用直角坐标法进行测设。为了便于检查建筑基线点有无变动，基线点数不应少于三个。

（3）建筑方格网

由正方形或矩形组成的施工平面控制网，称为建筑方格网（或称矩形网），如图 7-3 所示。建筑方格网适用于按矩形布置的建筑群或大型建筑场地。

① 建筑方格网的布设。布设建筑方格网时，应根据总平面图上各建（构）筑物、道路及各种管线的布置，结合现场的地形条件进行确定。如图 7-3 所示，先确定方格网的主轴线 AOB 和 COD，然后再布设方格网。

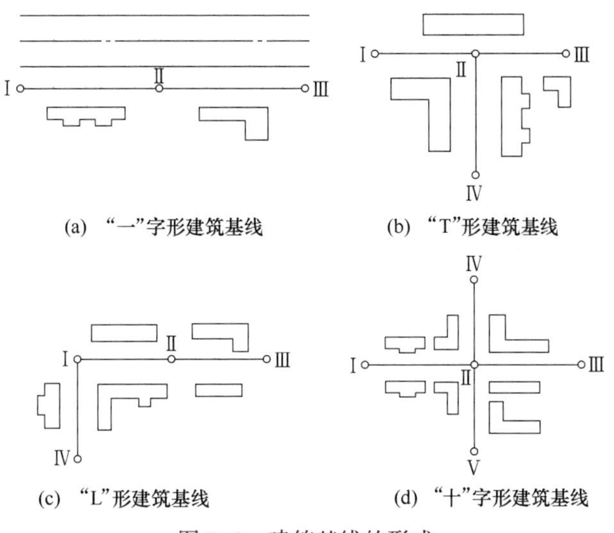

(a) "一"字形建筑基线　(b) "T"形建筑基线

(c) "L"形建筑基线　(d) "十"字形建筑基线

图 7-2　建筑基线的形式

② 建筑方格网的测设。测没方法如下：

a. 主轴线测设

主轴线测设与建筑基线测设方法相似。首先，准备测设数据；然后，测设两条互相垂直的主轴线 AOB 和 COD，如图 7-3 所示，主轴线实质上由 5 个主点 A、B、O、C 和 D 组成；最后，精确检测主轴线点的相对位置关系，并与设计值相比较，如果超限，则应进行调整。建筑方格网的主要技术要求如表 7-1 所示。

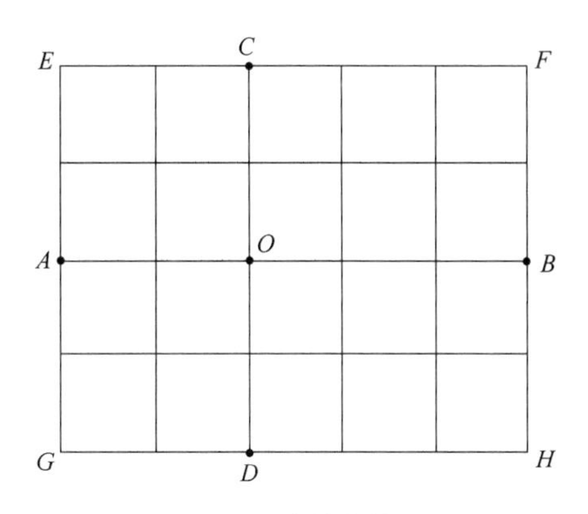

图 7-3　建筑方格网

b. 方格网点测设

如图 7-3 所示，主轴线测设后，分别在主点 A、B 和 C、D 安置经纬仪，后视主点 O，向左右测设 90°水平角，即可交会出"田"字形方格网点。然后再进行检核，测量相邻两点间的距离是否与设计值相等，测量其角度是否为 90°，其误差均应在允许范围内。检核无误后，埋设永久性标志。

表 7-1　建筑方格网的主要技术要求

等级	边长/m	测角中误差/(″)	边长相对中误差
一级	100~300	±5	1/40000
二级	100~300	±10	1/20000

建筑方格网轴线与建筑物轴线平行或垂直，可用直角坐标法进行建筑物的定位。这种方法的优点是计算简单，测设较为方便，而且精度较高；其缺点是必须按照总平面图布置，其点位易被破坏，而且测设工作量也较大。因此采用该法时，必须仔细地进行测量工作。

3. 施工高程控制测量

（1）施工场地高程控制网的建立

建筑施工场地的高程控制测量一般采用水准测量方法，应根据施工场地附近的国家或城市已知水准点，测定施工场地水准点的高程，以便纳入统一的高程系统。

在施工场地上，水准点的密度应尽可能满足安置一次仪器即可测设出所需的高程。在测图时布设的水准点数量往往是不够的，因此，还需要增设一些水准点位。在一般情况下，导线点、建筑基线点以及建筑方格网点也可兼做高程控制点。只要在平面控制点桩面上中心点旁边，设置一个突出的半球状标志即可。

为了便于检核并提高测量精度，施工场地高程控制网应布设成闭合或附合水准路线。高程控制网可分为首级控制网和加密控制网，相应的水准点称为基本水准点和施工水准点。

（2）基本水准点

基本水准点应布设在土质坚实、不受施工影响、无震动、便于实测的地点，并埋设永久性标志。一般情况下，按四等水准测量的方法测定其高程。而对于为连续性生产车间或地下管道测设所建立的基本水准点，则须按三等水准测量的方法测定其高程。

（3）施工水准点

施工水准点是用来直接测设建筑物高程的。为了测设方便并减少误差，施工水准点应靠近建筑物。

此外，由于设计建筑物常以底层室内地坪高±0.000标高为高程起算面，为了施工测设方便，常在建筑物内部或附近测设±0.000水准点。±0.000水准点的位置，一般选在稳定的建筑物墙、柱的侧面，用红漆绘成顶为水平线的“▼”形，其顶端表示±0.000位置。

二、民用建筑施工测量

民用建筑是指住宅、办公楼、食堂、俱乐部、医院和学校等建筑物。其施工测量的任务是按照设计的要求，把建筑物的位置测设到地面上，并配合施工以保证工程质量。

（一）测设前的准备工作

1. 熟悉图纸

设计图纸是施工测量的依据，在测设前，应熟悉建筑物的设计图纸，了解施工的建筑物与相邻地物的相互关系、建筑物的尺寸和施工的要求等。测设时必须具备总平面图、建筑平面图、基础平面图、基础详图等图纸资料。

（1）总平面图

总平面图是施工测设的总体依据，建筑物是根据总平面图上所给的尺寸关系进行定位的，如图7-4所示。

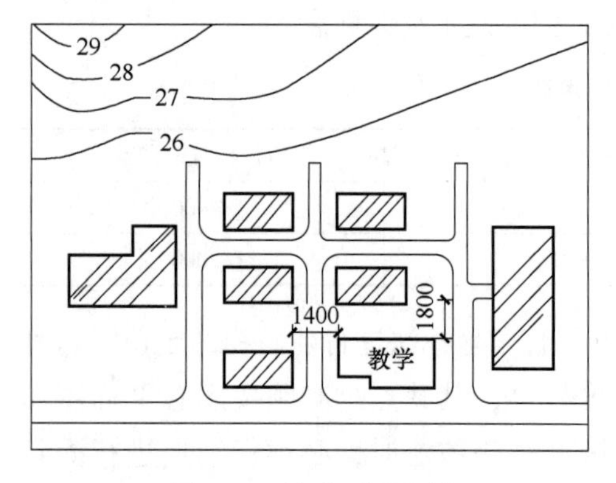

图7-4　总平面图示例

(2) 建筑平面图

建筑平面图给出建筑物各定位轴线间的尺寸关系等，如图 7-5 所示。

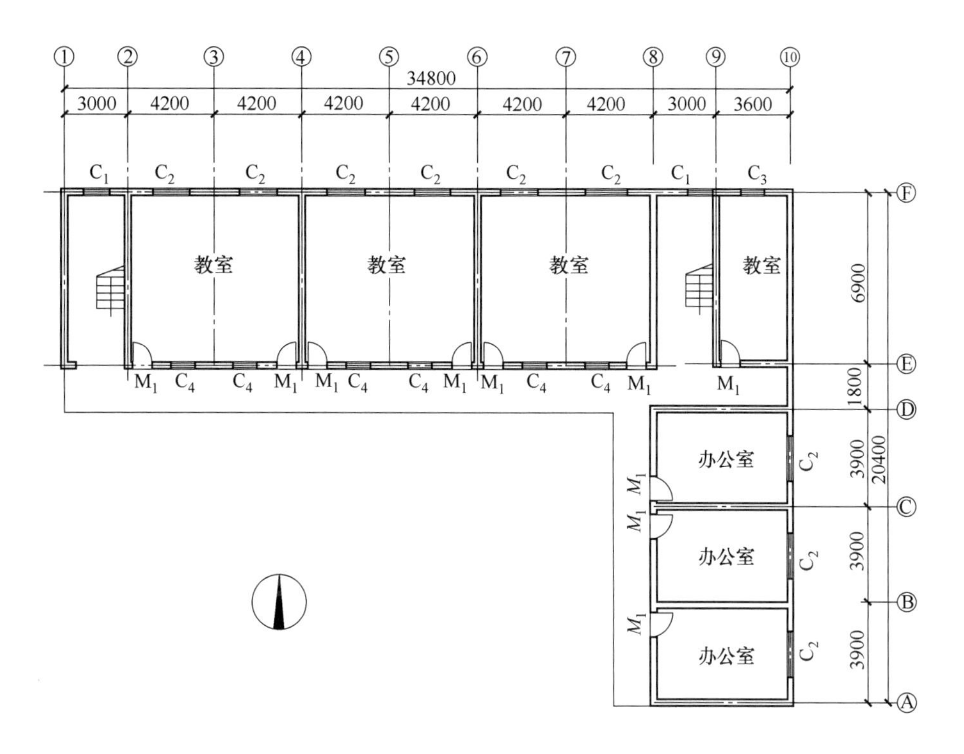

图 7-5　建筑平面图示例

(3) 基础平面图

基础平面图给出基础轴线间的尺寸关系和编号，如图 7-6 所示。

(4) 基础详图

基础详图（即基础大样图）给出基础设计宽度、形式及基础边线与轴线的尺寸关系，如图 7-7 所示。

此外，还有立面图和剖面图，它们给出基础、地坪、门、窗、楼板、屋架和屋面等设计高程，是高程测设的主要依据。

2. 现场踏勘

现场踏勘旨在深入了解现场的地物、地貌和原有测量控制点的分布情况，同时还要对与施工测量有关的问题进行调查。

3. 平整和清理施工现场

对施工现场进行平整和清理，以便进行测设工作。

4. 拟定测设计划并绘制测设草图

拟定测设计划并绘制测设草图，仔细核对各设计图纸的相关尺寸及测设数据，以免出现差错。

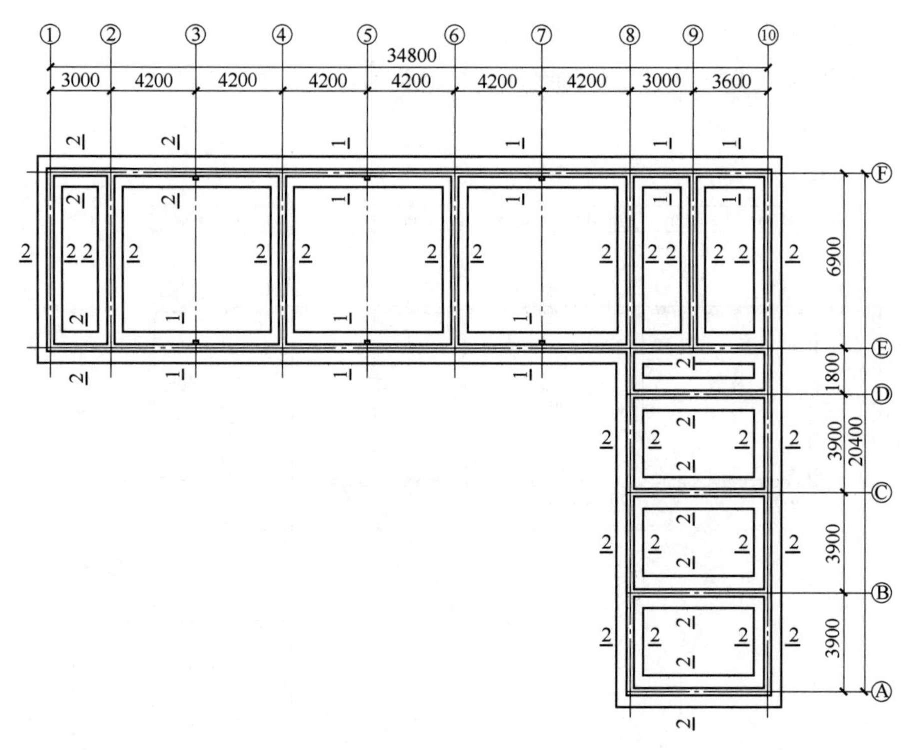

图 7-6 基础平面图示例

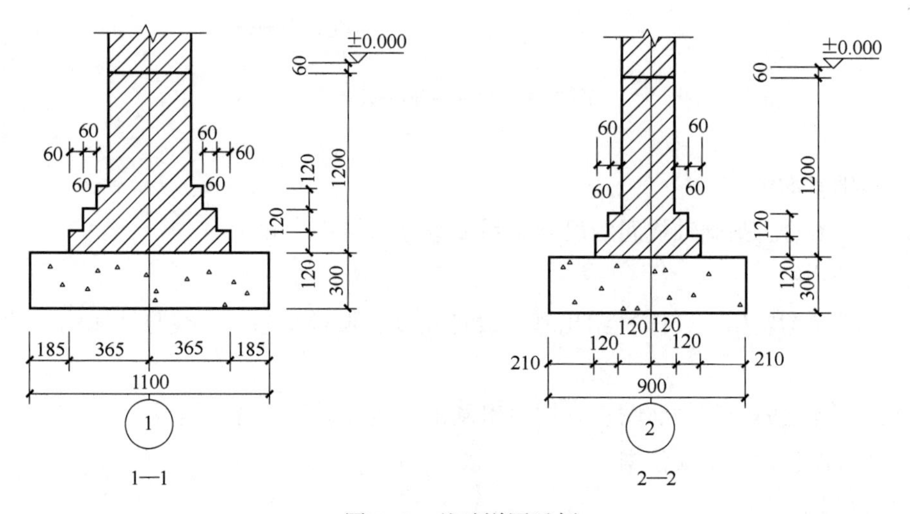

图 7-7 基础详图示例

（二）民用建筑物的定位

建筑物的定位，就是把建筑物外轮廓各轴线交点测设在地面上，然后根据这些点进行细部测设。根据定位条件的不同，常用的定位方法包括根据与原有建筑物的关系定位和根据建筑方格网定位。

1. 根据与原有建筑物的关系定位

建筑物外轮廓各轴线的交点，简称角桩，如图 7-8 中的 M、N、P 和 Q 点。将这四个点测设在地面上，可按以下步骤进行：

① 如图 7-8 所示，用钢尺沿宿舍楼的东、西墙，延长出一小段距离 l 得 a、b 两点，做出标志。

② 在 a 点安置经纬仪，瞄准 b 点，并从 b 点起沿 ab 方向量取 14240mm（因为教学楼的外墙厚 370mm，轴线偏里，离外墙皮 240mm），定出 c 点，做出标志；再继续沿 ab 方向从 c 点起量取 25800mm，定出 d 点，做出标志。则 cd 线就是测设教学楼平面位置的建筑基线。

③ 分别在 c、d 两点安置经纬仪，瞄准 a 点，顺时针方向测设 90°，沿此视线方向量取距离量 l+240mm，定出 M、Q 两点，做出标志；再继续量取 15000mm，定出 N、P 两点，做出标志。M、N、P、Q 四点即为教学楼外轮廓定位轴线的交点。

④ 检查 NP 的距离是否等于 25800mm，$\angle N$ 和 $\angle P$ 是否等于 90°，其误差应在允许范围内。

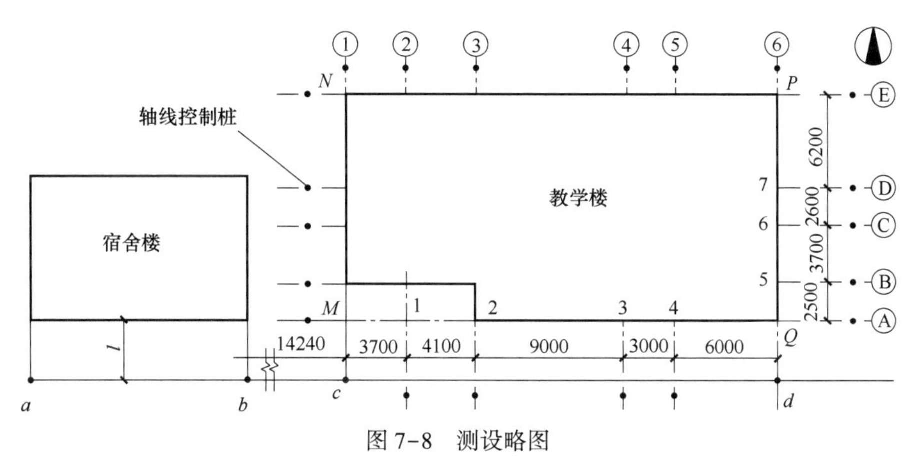

图 7-8　测设略图

2. 根据建筑方格网定位

在施工场地已设有建筑方格网时，可根据建筑物和附近方格网点的坐标，直接利用直角坐标法进行定位。如图 7-9 所示，$PQNM$ 是建筑方格网，A、B、C、D 是拟测设的建筑物四个角点，根据 MN 边测设建筑物角点的方法如下：

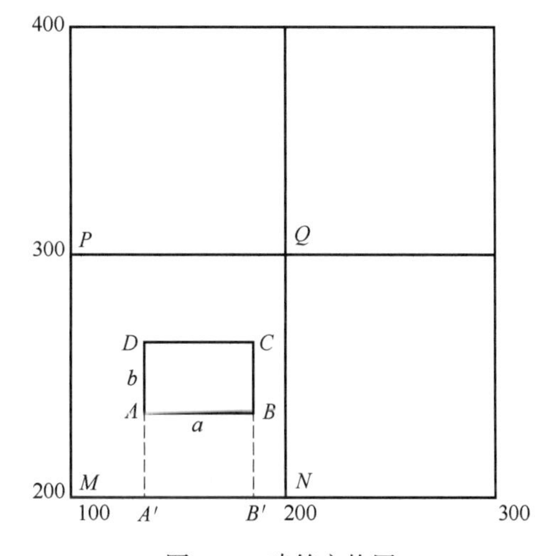

图 7-9　建筑方格网

① 根据表 7-2 中测设点的坐标，可以计算出建筑物的长度、宽度和测设所需的数据。在施工总平面布置图上查出 A、B、C、D 点的坐标，计算得：

$$a=168.24-126.00=42.24\text{m}$$

$$b=228.24-216.00=12.24\text{m}$$

$$MA'=26.00\text{m}$$

表 7-2　　　　测设点的坐标

点	x/m	y/m
A	216.00	126.00
B	216.00	168.24
C	228.24	168.24
D	228.24	126.00

② 按照直角坐标水平距离测设和角度测设的方法进行 A、B、C、D 点的测设。

③ 用经纬仪检查四角是否等于 90°，其误差应在±40″范围内；用钢尺检查边长，其误差不应超过 1/2000。

（三）建筑物放线

建筑物放线是指根据已定位的外墙轴线交点桩（角桩）详细测设出建筑物各轴线的交点桩（也称中心桩），然后根据交点桩用白灰撒出基槽开挖边界线。下面介绍建筑物放线的方法。

1. 在外墙轴线周边上测设中心桩位置

如图 7-8 所示，在 M 点安置经纬仪，瞄准 Q 点，用钢尺沿 MQ 方向量出相邻两轴线间的距离，定出 1、2、3、4 各点，同理可定出 5、6、7 各点。量距精度应达到设计精度要求。量取各轴线之间距离时，钢尺零点要始终对在同一点上。

2. 恢复轴线位置的方法

由于在开挖基槽时，角桩和中心桩要被挖掉，为了便于在施工中恢复各轴线位置，应把各轴线延长到基槽外安全地点，并做好标志。其方法有设置轴线控制桩和设置龙门板两种形式。

（1）设置轴线控制桩

轴线控制桩应设置在基槽外基础轴线的延长线上，作为开槽后各施工阶段恢复轴线的依据。轴线控制桩一般设置在基槽外 2m~4m 处，打下木桩，桩顶钉上小钉，准确标出轴线位置，并用混凝土包裹木桩，如图 7-10 所示。若附近有建筑物，也可把轴线投测到建筑物上，用红漆做出标志，以代替轴线控制桩。

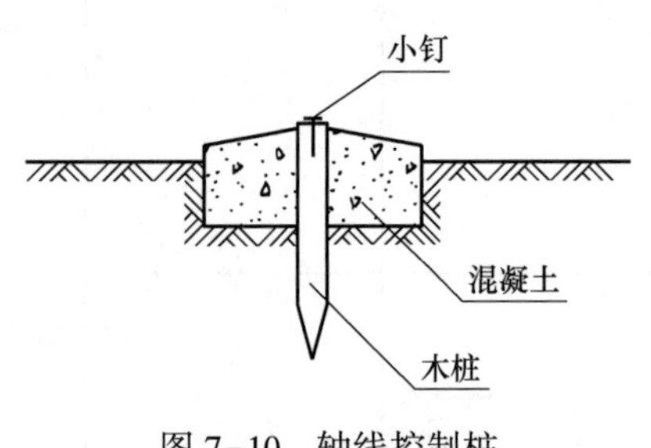

图 7-10　轴线控制桩

（2）设置龙门板

在小型民用建筑施工中，常将各轴线引测到基槽外的水平木板上。水平木板称为龙门板，固定龙门板的木桩称为龙门桩，如图 7-11 所示。设置龙门板的步骤如下：

① 在建筑物四角与隔墙两端，基槽开挖边界线以外 1.5m~2m 处，设置龙门桩。龙门桩要钉得竖直、牢固，龙门桩的外侧面应与基槽平行。

② 根据施工场地的水准点，用水准仪在每个龙门桩外侧测设出该建筑物室内地坪设计高程线（即±0.000 标高线），并做出标志。

③ 沿龙门桩上±0. 000 标高线钉设龙门板，这样龙门板顶面的高程就同在±0. 000 的水平面上。然后用水准仪校核龙门板的高程，如有差错应及时纠正，其允许误差为±5mm。

④ 在 N 点安置经纬仪，瞄准 P 点，沿视线方向在龙门板上定出一点，用小钉做标志，纵转望远镜在 N 点的龙门板上也钉一个小钉。用同样的方法，将各轴线引测到龙门板上。所钉的小钉称为轴线钉。轴线钉定位误差应小于±5mm。

⑤ 最后用钢尺沿龙门板的顶面，检查轴线钉的间距，其误差不超过 1/2000。检查合格后，以轴线钉为准，将墙边线、基础边线、基础开挖边线等标定在龙门板上。

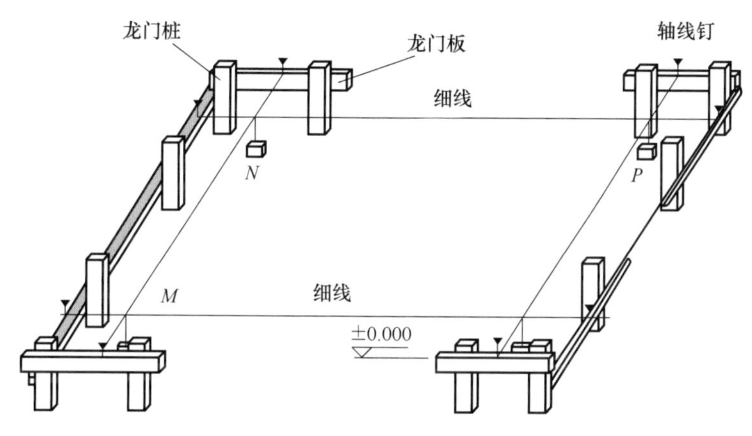

图 7-11　龙门桩

（四）基础施工测量

1. 基槽开挖边界线测设

在基槽开挖前，按照基础详图上的基槽宽度和上口放坡的尺寸，由中心桩向两边各量出开挖边线尺寸，并做好标记；然后在基槽两端的标记之间拉一细线，沿着细线在地面用白灰撒出基槽边线，施工时就按此灰线进行开挖。

2. 基槽抄平

建筑施工中的高程测设，又称抄平。

（1）设置水平桩

为了控制基槽的开挖深度，当快挖到槽底设计标高时，应用水准仪根据地面上±0. 000 点，在槽壁上测设一些水平小木桩（称为水平桩），如图 7-12 所示，使木桩的上表面离槽底的设计标高为一固定值（如 0. 500m）。

为了施工时使用方便，一般在槽壁各拐角处、深度变化处和基槽壁上每隔 3m ~ 4m 测设一水平桩。

水平桩可作为挖槽深度、修平槽底和打基础垫层的依据。

（2）水平桩的测设方法

如图 7-12 所示，槽底设计标高为-1. 700m，欲测设比槽底设计标高高 0. 500m 的水平桩，测设方法如下：

① 在地面适当地方安置水准仪，在±0. 000 标高线位置上立水准尺，读取后视读数为 1. 318m。

② 计算测设水平桩的应读前视读数 $b_{应}$：

$$b_{应}=a-h=1.318-(-1.700+0.500)=2.518\text{m}$$

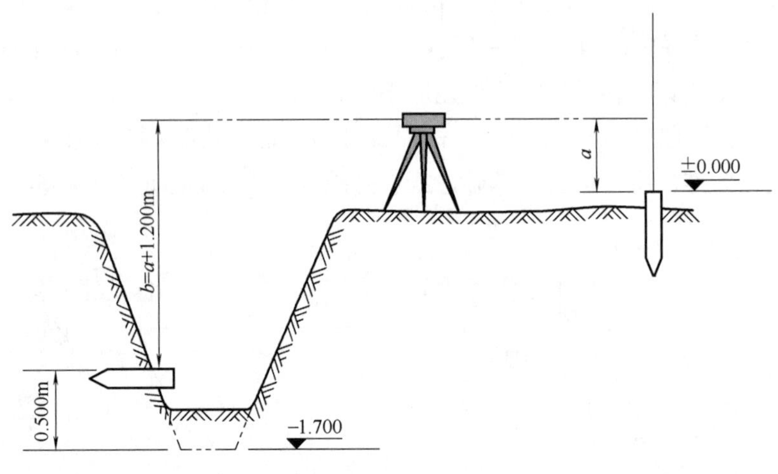

图 7-12　设置水平小木桩

（3）打入小木桩

在槽内一侧立水准尺并上下移动，直至水准仪视线读数为 2.518m 时，沿水准尺尺底在槽壁打入一小木桩。

3. 垫层中线的投测

基础垫层打好后，根据轴线控制桩或龙门板上的轴线钉，用经纬仪或拉绳挂垂球的方法，把轴线投测到垫层上，如图 7-13 所示，并用墨线弹出墙中线和基础边线，作为砌筑基础的依据。

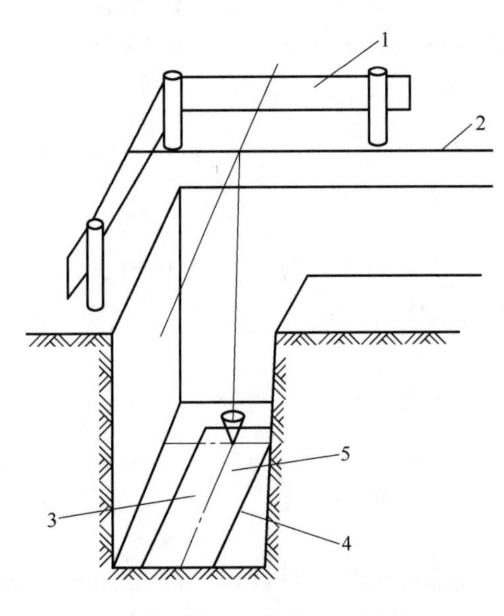

1—龙门板；2—轴线；3—垫层；4—基础边线；5—墙中线。

图 7-13　垫层中线的投测

由于整个墙身砌筑均以垫层中线为准，因此垫层中线的投测是确定建筑物位置的关键环节，所以要严格校核后才可以进行砌筑施工。

4. 垫层面标高的测设

垫层面标高的测设是以槽壁水平桩为依据在槽壁弹线，或在槽底打入小木桩进行控制。如果垫层需要支架模板，可以直接在模板上弹出标高控制线。

5. 基础墙标高的控制

房屋基础墙是指±0.000m 以下的砖墙，它的高度是用基础皮数杆来控制的，如图 7-14 所示。

基础皮数杆是一根木制的杆子，如图 7-15 所示。在杆上事先按照设计尺寸，将砖、灰缝厚度画出线条，并标明±0.000m 和防潮层的标高位置。

立皮数杆时，先在立杆处打一木桩，用水准仪在木桩侧面定出一条高于垫层某一数值（如100mm）的水平线，然后将皮数杆上标高相同的一条线与木桩上的水平线对齐，并用大铁钉把皮数杆与木桩钉在一起，作为基础墙的标高依据。

基础施工结束后，应检查基础面的标高是否符合设计要求（也可检查防潮层）。可用水准仪测出基础面上若干点的高程并和设计高程比较，允许误差为±10mm。

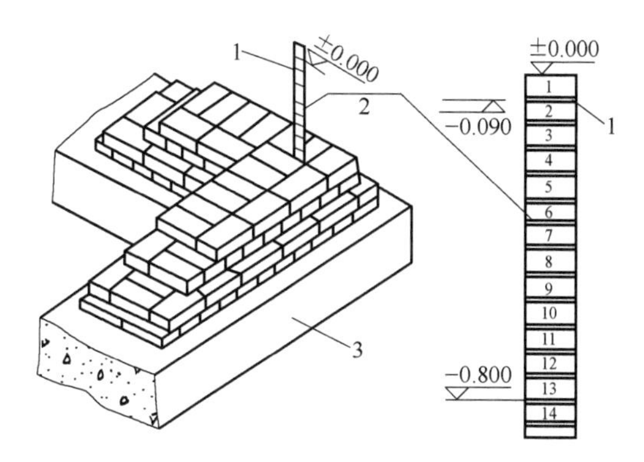

1—防潮层；2—皮数杆；3—垫层。

图 7-14　基础墙标高的控制

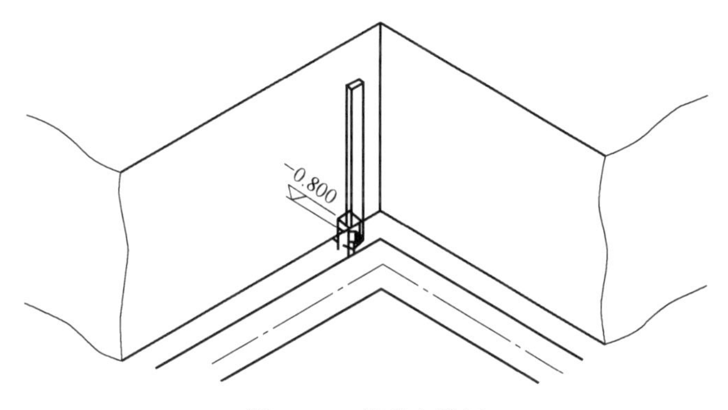

图 7-15　基础皮数杆

（五）墙体施工测量

1. 墙体定位

墙体定位过程如下：

① 利用轴线控制桩或龙门板上的轴线和墙边线标志，用经纬仪或拉绳挂垂球的方法将轴线投测到基础面上或防潮层上。

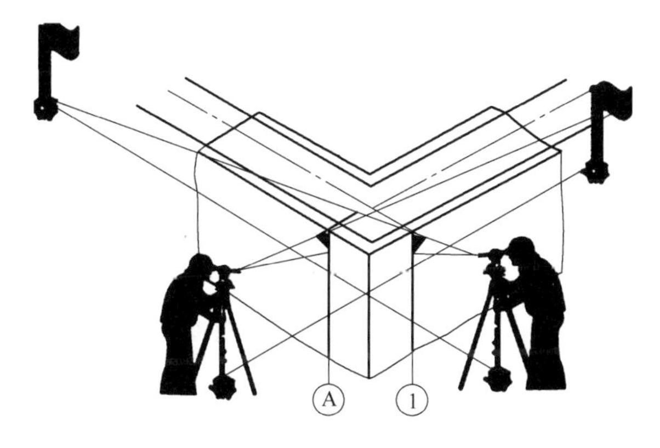

图 7-16　墙体定位

② 用墨线弹出墙中线和墙边线。

③ 检查外墙轴线交角是否等于90°。

④ 把墙轴线延长并画在外墙基础上，作为向上投测轴线的依据。

⑤ 把门、窗和其他洞口的边线在外墙基础上标定出来。

墙体定位如图 7-16 所示。

2. 墙身各部位标高控制

在墙体施工中，墙身各部位标高

通常也是用皮数杆控制。

① 在墙身皮数杆上，根据设计尺寸，按砖、灰缝的厚度画出线条，并标明±0.000m标高及门、窗、楼板等的标高位置。

② 墙身皮数杆的设立与基础皮数杆相同，使皮数杆上的±0.000m 标高与房屋的室内地坪标高相吻合。在墙的转角处，每隔 10m～15m 设置一根皮数杆。

③ 在墙身砌起 1m 以后，就在室内墙身上定出+0.500m 的标高线，供该层地面施工和室内装修用。

④ 第二层以上墙体施工时，为了使皮数杆在同一水平面上，要用水准仪测出楼板四角的标高，取平均值作为地坪标高，并以此作为立皮数杆的标志。

框架结构的民用建筑，墙体砌筑是在框架施工后进行的，故可在柱面上画线，代替皮数杆。

（六）建筑物的轴线投测

在多层建筑墙身的砌筑过程中，为了保证建筑物轴线位置正确，可用吊垂球或经纬仪将轴线投测到各层楼板边缘或柱顶上。

1. 吊垂球法

如图 7-17 所示，将较重的垂球悬吊在楼板或柱顶边缘，当垂球尖对准基础墙面上的轴线标志时，线在楼板或柱顶边缘的位置即为楼层轴线端点位置，画出标志线。各轴线的端点投测完成后，用钢尺检核各轴线的间距，符合要求后，把轴线逐层自下向上传递。吊垂球法简便易行，不受施工场地限制，一般能保证施工质量。但当有风或建筑物较高时，其投测误差较大，应采用经纬仪投测法。

2. 经纬仪投测法

如图 7-18 所示，在轴线控制桩上安置经纬仪，严格整平后，瞄准基础墙面上的轴线标志，用盘左、盘右分中投点法，将轴线投测到楼层边缘或柱顶上。将所有端点投测到楼板上之后，用钢尺检核其间距，相对误差不得大于 1/2000。检查合格后，才能在楼板分间弹线，继续施工。

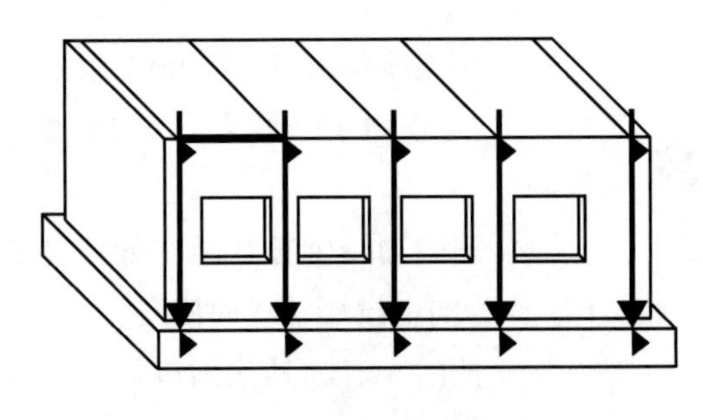

图 7-17　吊垂球法

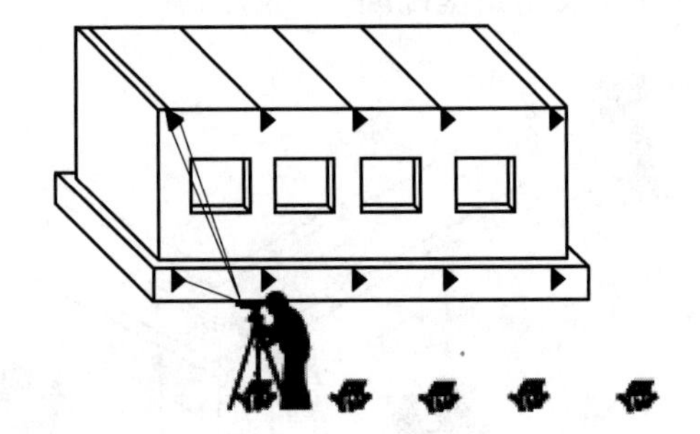

图 7-18　经纬仪投测法

（七）建筑物的高程传递

在多层建筑施工中，要自下层向上层传递高程，以便楼板、门、窗等的标高符合设计要求。下面介绍高程传递的方法。

1. 利用皮数杆传递高程

砌完一层楼房墙体并建好楼面后，将皮数杆移到二层继续使用。在二楼立杆处取平均地面标高并绘制出标高线，将皮数杆的±0.000线与该线对齐，然后以皮数杆为标高的依据进行墙体砌筑。

2. 利用钢尺传递高程

对于高程传递精度要求较高的建筑物，通常用钢尺直接丈量来传递高程。对于二层以上的各层，每砌高一层，就从楼梯间用钢尺从下层的“+0.500m”标高线向上量出层高，测出上一层的“+0.500m”标高线。

3. 吊钢尺法

用悬挂钢尺代替水准尺，用水准仪读数，自下向上传递高程。

三、高层建筑施工测量

高层建筑施工测量中的主要问题是控制垂直度，就是将建筑物的基础轴线准确地向高层引测，并保证各层相应轴线位于同一竖直面内，控制竖向偏差，使轴线向上投测的偏差不超限。

轴线向上投测时，要求竖向误差在本层内不超过5mm；全楼累计误差不超过$2H/10000$（H为建筑物总高度），且不应大于：$30\text{m}<H\leqslant 60\text{m}$时，10mm；$60\text{m}<H\leqslant 90\text{m}$时，15mm；$H>90\text{m}$时，20mm。

高层建筑轴线的竖向投测，主要有外控法和内控法两种，下面分别介绍这两种方法。

（一）外控法

外控法是在建筑物外部，利用经纬仪，根据建筑物轴线控制桩进行轴线的竖向投测，也称作“经纬仪引桩投测法”。下面介绍其具体操作方法。

1. 在建筑物底部投测中心轴线位置

高层建筑的基础工程完工后，将经纬仪安置在轴线控制桩A_1、A_1'、B_1和B_1'上，将建筑物主轴线精确地投测到建筑物的底部，并设立标志，如图7-19中的a_1、a_1'、b_1和b_1'，供下一步施工与向上投测使用。

2. 向上投测中心线

随着建筑物不断升高，要逐层将轴线向上传递，如图7-19所示，将经纬仪安置在中心轴线控制桩A_1、A_1'、B_1和B_1'上，严格整平仪器，用望远镜瞄准建筑物底部已标出的a_1、a_1'、

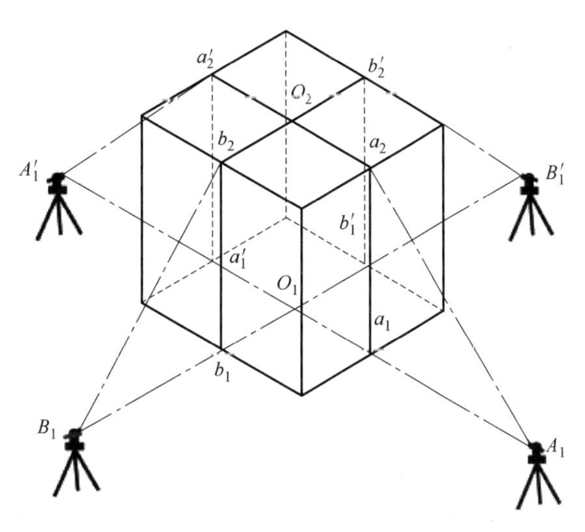

图7-19 经纬仪投测中心轴线

b_1 和 b_1'点，用盘左和盘右分别向上投测到每层楼板上，并取其中点作为该层中心轴线的投影点，如图 7-19 中的 a_2、a_2'、b_2 和 b_2'。

3. 增设轴线引桩

当楼房逐渐增高，而轴线控制桩距建筑物又较近时，望远镜的仰角较大，操作不便，投测精度也会降低。为此，要将原中心轴线控制桩引测到更远的安全地方或者附近大楼的屋面。下面介绍其具体做法。

将经纬仪安置在已经投测上去的较高层（如第十层）楼面轴线 a_{10}、a'_{10}上，如图 7-20 所示。瞄准地面上原有的轴线控制桩 A_1 和 A_1'点，用盘左、盘右分中投点法，将轴线延长到远处 A_2 和 A_2' 点，并用标志固定其位置，则 A_2、A_2' 点即为新投测的 A_1、A_1' 点的轴线控制桩。对于更高各层的中心轴线，可将经纬仪安置在新的引桩上，按上述方法继续进行投测。

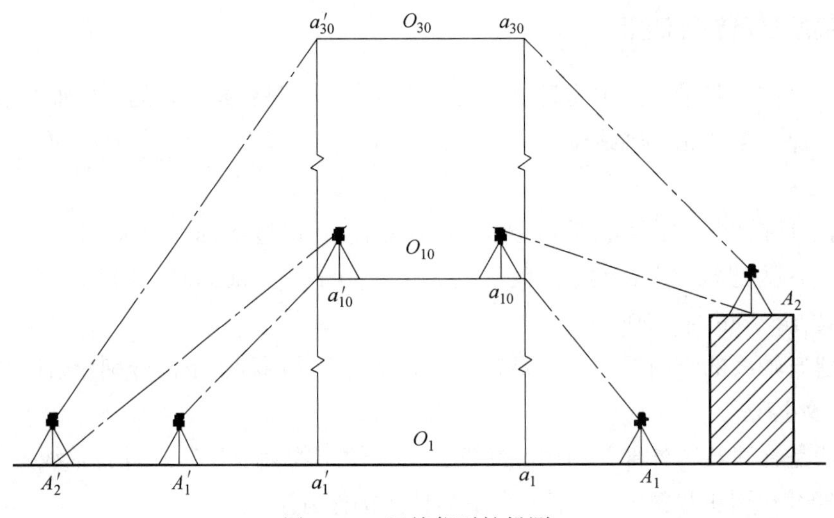

图 7-20 经纬仪引桩投测

（二）内控法

内控法是在建筑物内±0.000m 平面设置轴线控制点，并预埋标志，在各层楼板相应位置上预留 200mm×200mm 的传递孔，在轴线控制点上直接采用吊线坠法或激光铅垂仪法，通过预留孔将其点位垂直投测到任一楼层。

1. 轴线控制点的设置

基础施工完毕后，在±0.000m 首层平面上适当位置设置与轴线平行的辅助轴线。辅助轴线距轴线 500mm ~ 800mm 为宜，并在辅助轴线交点或端点处埋设标志，如图 7-21 所示。

2. 吊线坠法

吊线坠法是利用钢丝悬挂重垂球的方法，进行轴线竖向投测。这种方法一般用于高度在 50m ~ 100m 的高层建筑施工中，垂球的重量约为 10kg ~ 20kg，钢丝的直径约为 0.5mm ~ 0.8mm。投测方法如下：

如图 7-22 所示，在预留孔上安置十字架，挂上垂球，对准首层预埋标志。当垂球线静止时，固定十字架，并在预留孔四周做出标记，作为以后恢复轴线及测设的依据。此时，十字架中心即为轴线控制点在该楼面上的投测点。

采用吊线坠法时，可将垂球沉浸于机油中，以减少摆动，提高精度。

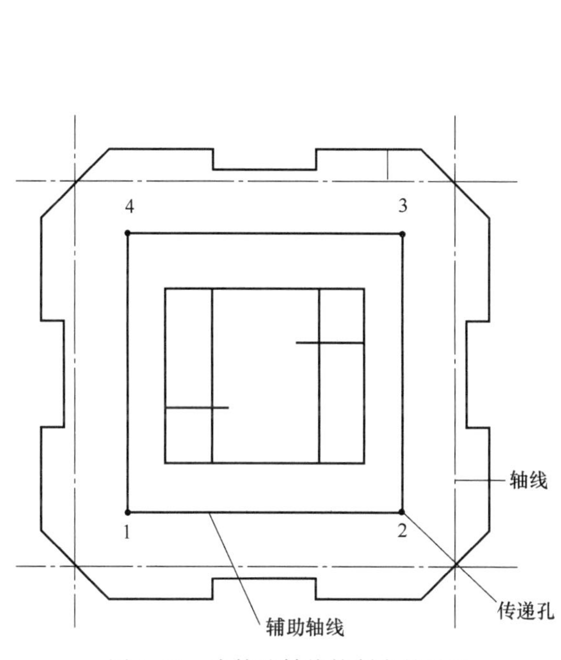

图 7-21 内控法轴线控制点的设置

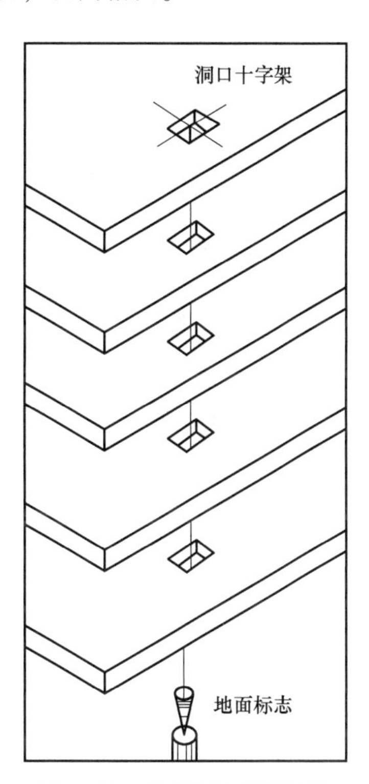

图 7-22 吊线坠法投测轴线

3. 激光铅垂仪法

激光铅垂仪是一种专用的铅直定位仪器，适用于高层建筑物、烟囱及高塔架的铅直定位测量，其定位精度较高。

激光铅垂仪的基本构造如图 7-23 所示，主要由氦氖激光管、精密竖轴、发射望远镜、水准器、基座、激光电源及接收靶等部分组成。

激光铅垂仪进行轴线投测的示意图如图 7-24 所示，其投测方法如下：

① 在首层轴线控制点上安置激光铅垂仪，利用激光器底端所发射的激光束进行对中，并使管水准器气泡严格居中。

② 在上层施工楼面预留孔处，放置接收靶。

③ 接通激光电源，激光器发射铅直激光束，通过调焦望远镜调焦，使激光束汇聚成微小的红色耀目光斑，投射到接收靶上。

④ 移动接收靶，使靶心与红色光斑重合，固定接收靶，并在预留孔四周做出标记。此时，靶心位置即为轴线控制点在该楼面上的投测点。

高层建筑物施工中，传递高程的方法与多层建筑物高程传递方法相同。

图 7-23　激光铅垂仪

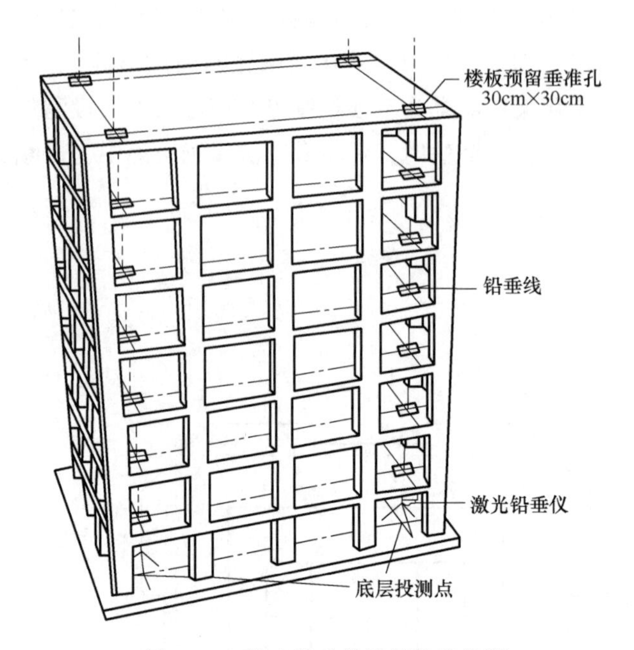

图 7-24　激光铅垂仪进行轴线投测

四、工业建筑施工测量

工业建筑中以厂房为主体，一般工业厂房多采用预制构件，在现场装配的方法施工。厂房的预制构件有柱子、吊车梁和屋架等。因此，工业建筑施工测量的工作主要是保证这些预制构件安装到位。

工业建筑施工测量的具体任务为：准备工作（同民用建筑）、厂房矩形控制网测设、厂房柱列轴线测设、柱基施工测量及厂房预制构件安装测量等。

（一）厂房矩形控制网测设

工业厂房一般都应建立厂房矩形控制网，作为厂房施工测设的依据。厂房矩形控制网的测设如图 7-25 所示。

1. 计算测设数据

根据厂房控制桩 S、P、Q、R 的坐标，计算利用直角坐标法进行测设时所需测设数据。

2. 厂房控制点的测设

① 从 F 点起沿 FE 方向量取 36.000m，定出 a 点；沿 FG 方向量取 29.000m，定出 b 点。

② 在 a 点与 b 点安置经纬仪，分别瞄准 E 点与 F 点，顺时针方向测设 90°，得两条视线方向，沿视线方向量取 23.000m，定出 R、Q 点。再向前量取 21.000m，定出 S、P 点。

③ 为了便于细部的测设，在测设厂房矩形控制网的同时，还应沿控制网测设距离指标桩，距离指标桩的间距一般等于柱子间距的整倍数。

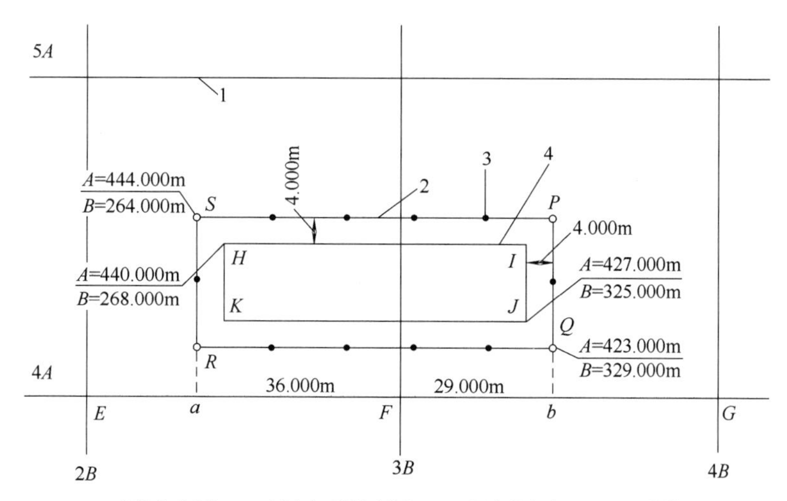

1—建筑方格网；2—厂房矩形控制网；3—距离指标桩；4—厂房轴线。

图 7-25 厂房矩形控制网的测设

3. 检查

① 检查∠*S*、∠*P* 是否等于 90°，其误差不得超过±10″。

② 检查 *SP* 是否等于设计长度，其误差不得超过 1/10000。

（二）厂房柱列轴线测设与柱基施工测量

1. 厂房柱列轴线测设

如图 7-26 所示，根据厂房平面图上所注的柱间距和跨距尺寸，用钢尺沿矩形控制网各边量出各柱列轴线控制桩的位置，并打入大木桩，桩顶用小钉标出点位，作为柱基测设和施工安装的依据。丈量时应以相邻的两个距离指标桩为起点分别进行，以便检核。

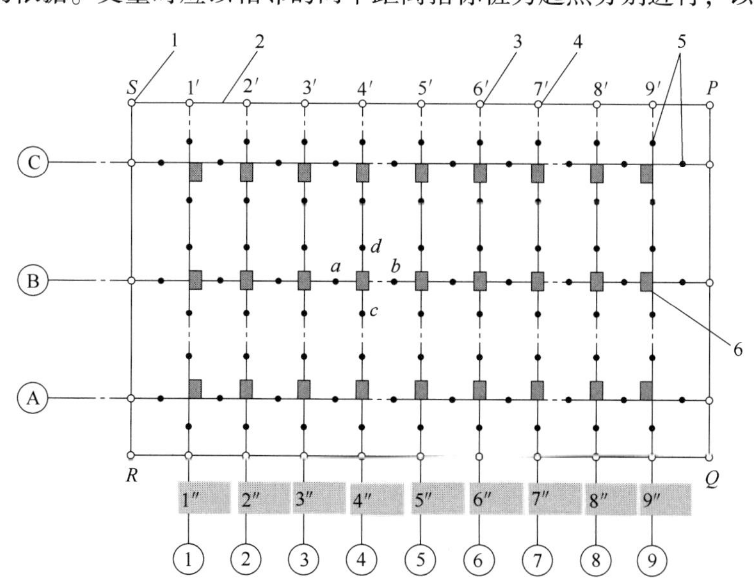

1—厂房控制桩；2—厂房矩形控制网；3—柱列轴线控制桩；4—距离指标桩；5—定位小木桩；6—柱基础。

图 7-26 厂房柱列轴线测设

2. 柱基定位和放线

① 安置两台经纬仪，在两条互相垂直的柱列轴线控制桩上，沿轴线方向交会出各柱基的位置（即柱列轴线的交点），此项工作称为柱基定位。

② 在柱基的四周轴线上，打入四个定位小木桩 a、b、c、d，其桩位应在基础开挖边线以外，比基础深度大 1.5 倍的地方，作为修坑和立模的依据。

③ 按照基础详图所注尺寸和基坑放坡宽度，用特制角尺放出基坑开挖边界线，并撒出白灰线以便开挖，此项工作称为基础放线，如图 7-27 所示。

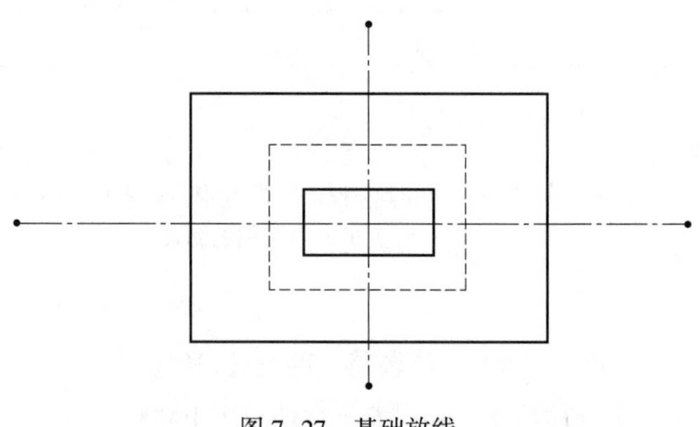

图 7-27　基础放线

④ 在进行柱基测设时，应注意柱列轴线不一定都是柱基的中心线，而一般立模、吊装等习惯用中心线，此时，应视情况将柱列轴线平移，定出柱基中心线。

3. 柱基施工测量

（1）基坑开挖深度的控制

当基坑挖到一定深度时，应在基坑四壁，离基坑底设计标高 0.5m 处，测设水平桩，作为检查基坑底标高和控制垫层的依据，如图 7-28 所示。

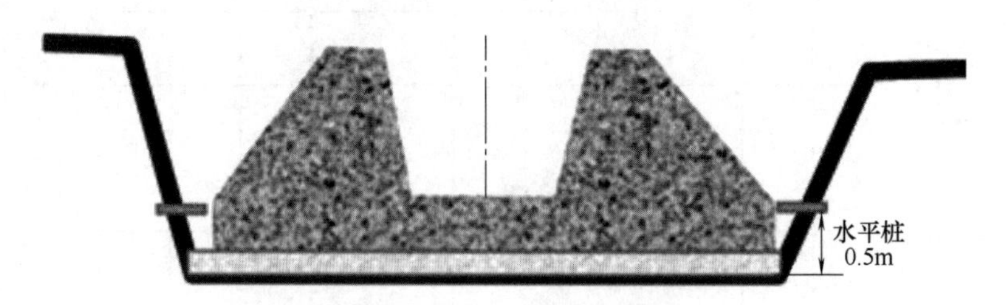

图 7-28　柱基施工测量

（2）杯形基础测量

① 基础垫层完成后，根据基坑周边点的定位小木桩，用拉绳挂垂球的方法，把柱基定位线投测到垫层上，弹出墨线，用红漆画出标记，作为柱基立模板和布置基础钢筋的依据，如图 7-29 所示。

② 立模时，将模板底线对准垫层上的定位线，用垂球检查模板是否垂直。

③ 将柱基顶面设计标高测设在模板内壁上，作为浇灌混凝土的高度依据。

（三）厂房预制构件安装测量

1. 柱子安装测量

（1）柱子安装基本要求

柱子中心线应与相应的柱列轴线一致，其允许误差为±5mm；牛腿顶面和柱顶面的实际标高应与设计标高一致，其允许误差为±（5mm~8mm），柱高大于5m时允许误差为±8mm；柱身垂直允许误差：当柱高≤5m时，为±5mm；当柱高为5m~10m时，为±10mm；当柱高超过10m时，则为柱高的1/1000，但不得大于20mm。

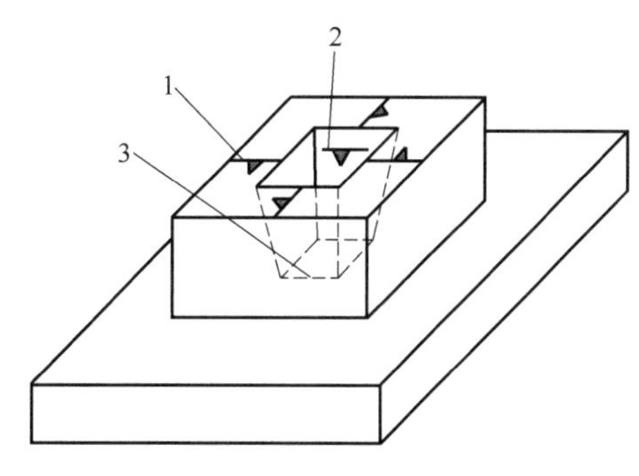

1—柱中心线；2—-0.600m标高线；3—杯底。

图7-29 杯形基础测量

（2）柱子安装前的准备工作

① 在柱基顶面投测柱列轴线。柱基拆模后，用经纬仪根据柱列轴线控制桩，将柱列轴线投测到杯口顶面上，并弹出墨线，用红漆画出“侧三角”标志，作为安装柱子时确定轴线的依据。如果柱列轴线不通过柱子的中心线，应在杯形基础顶面上加弹柱中心线。

用水准仪在杯口内壁测设一条-0.600m的标高线（一般杯口顶面的标高为-0.500m），并画出“▼”标志，作为杯底找平的依据。

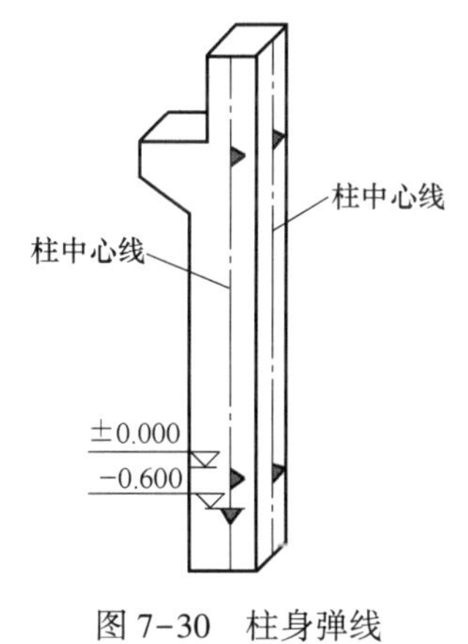

图7-30 柱身弹线

② 柱身弹线。柱子安装前，应将每根柱子按轴线位置进行编号。在每根柱子的三个侧面弹出柱中心线，并在每条线的上端和下端近杯口处画出“侧三角”标志。根据牛腿面的设计标高，从牛腿面向下用钢尺量出-0.600m的标高线，并画出“▼”标志，如图7-30所示。

③ 杯底找平。先量出柱子的-0.600m标高线至柱底面的高度，再在相应的柱基杯口内，量出-0.600m标高线至杯底的高度，并进行比较，以确定杯底找平厚度。最后用水泥砂浆根据找平厚度，在杯底进行找平，使牛腿面符合设计高程。

（3）柱子安装测量

柱子安装测量的目的是保证柱子平面和高程符合设计要求，使柱身铅直。

① 预制的钢筋混凝土柱子插入杯口后，应使柱子三面的中心线与杯口中心线对齐，用木楔或钢楔临时固定。

② 柱子立稳后，立即用水准仪检测柱身上的±0.000m标高线，其容许误差为±3mm。

③ 用两台经纬仪，分别安置在柱基纵、横轴线上，离柱子的距离不小于柱高的1.5倍。先用望远镜瞄准柱底的中心线标志，固定照准部后，再缓慢抬高望远镜，观察柱子偏离十字丝竖丝的方向，用钢丝绳拉直柱子，直至从两台经纬仪中观测到的柱子中心线都与十字丝竖丝重合，如图7-31所示。

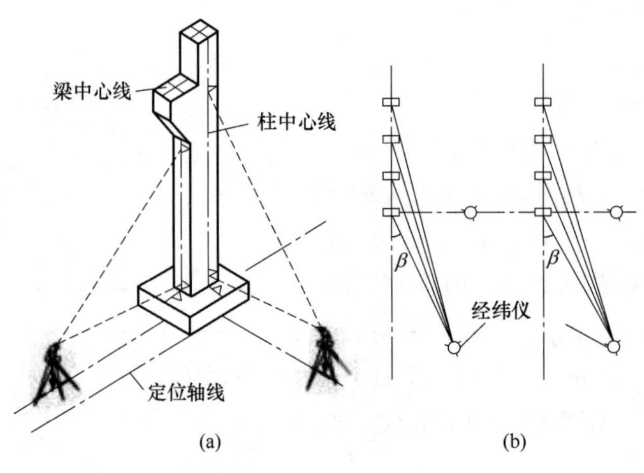

图 7-31　柱子垂直度校正

④ 在杯口与柱子的缝隙中浇入混凝土，以固定柱子的位置。

⑤ 在实际安装时，一般是一次把许多柱子都竖起来，然后进行垂直校正。这时，可把两台经纬仪分别安置在纵、横轴线的一侧，一次可校正几根柱子，但仪器偏离轴线的角度应在 15°以内。

（4）柱子安装测量的注意事项

① 所使用的经纬仪必须严格校正，操作时，应使照准部水准管气泡严格居中。

② 校正时，除注意柱子垂直外，还应随时检查柱子中心线是否对准杯口柱列轴线标志，以防柱子安装就位后产生水平位移。

③ 在校正变截面的柱子时，经纬仪必须安置在柱列轴线上，以免产生差错。

④ 在日照下校正柱子的垂直度时，应考虑日照使柱顶向阴面弯曲的影响。为避免此种影响，宜在早晨或阴天时校正。

2. 吊车梁安装测量

吊车梁安装测量主要是保证吊车梁中线位置和吊车梁的标高满足设计要求。

（1）吊车梁安装前的准备工作

图 7-32　在吊车梁上弹出梁的中心线

① 在柱面上量出吊车梁顶面标高。根据柱子上的 ±0. 000m 标高线，用钢尺沿柱面向上量出吊车梁顶面设计标高线，作为调整吊车梁面标高的依据。

② 在吊车梁上弹出梁的中心线。在吊车梁的顶面和两端面上，用墨线弹出梁的中心线，作为安装定位的依据，如图 7-32 所示。

③ 在牛腿面上弹出梁的中心线。根据厂房中心线，在牛腿面上投测出吊车梁的中心线。如图 7-33 所示，利用厂房中心线 A_1A_1，根据设计轨道间距，在地面上测设出吊车梁中心线（也是吊车轨道中心线）$A'A'$和 $B'B'$。

④ 在吊车梁中心线的一个端点 A'（或 B'）上安置经纬仪，瞄准另一个端点 A'（或 B'），固定照准部，抬高望远镜，即可将吊车梁中心线投测到每根柱子的牛腿面上，用墨线弹出梁的中心线。

（2）吊车梁的安装测量

安装时，使吊车梁两端的梁中心线与牛腿面梁中心线重合，这是吊车梁的初步定位。如图 7-33 所示，采用平行线法对吊车梁的中心线进行检测，校正方法如下：

① 在地面上，从吊车梁中心线向厂房中心线方向量出长度 a（1m），得到平行线 $A''A''$ 和 $B''B''$。

② 在平行线一端点 A''（或 B''）上安置经纬仪，瞄准另一端点 A''（或 B''），固定照准部，抬高望远镜进行测量。

③ 此时，另外一人在梁上移动横放的木尺，当视线正对准尺上 1m 刻划线时，尺的零点应与梁面上的中心线重合。如不重合，可用撬杠移动吊车梁，使吊车梁中心线到 $A''A''$（或 $B''B''$）的间距等于 1m 为止。

④ 吊车梁安装就位后，先按柱面上定出的吊车梁设计标高线对吊车梁面进行调整，然后将水准仪安置在吊车梁上，每隔 3m 测一点高程。将测得的高程与设计高程进行比较，其误差应在 3mm 以内。

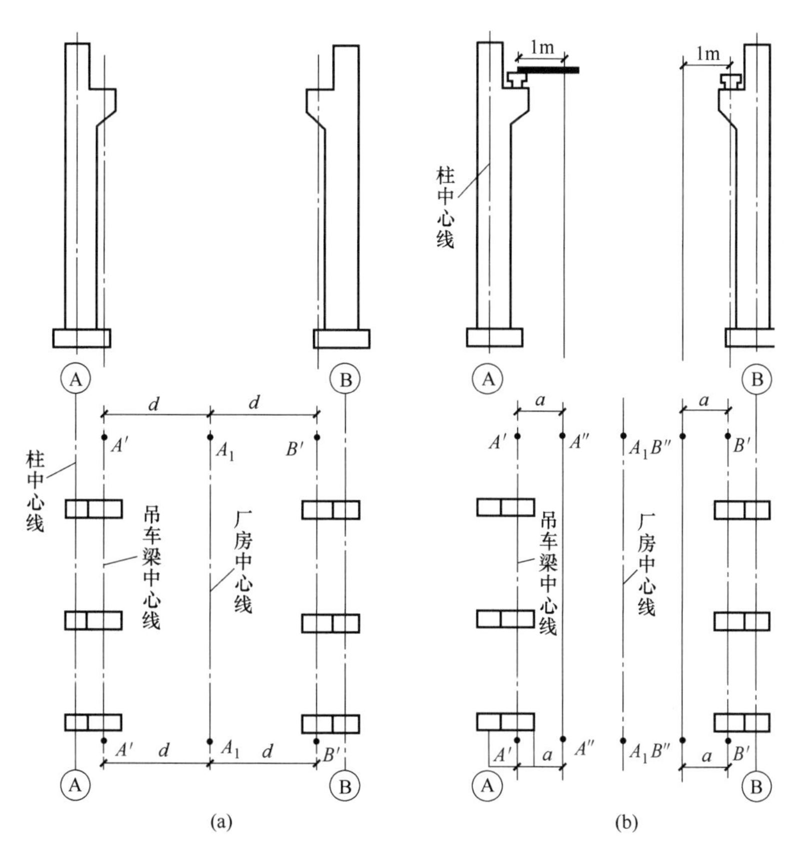

图 7-33　在牛腿面上弹出梁的中心线及吊车梁的安装测量

3. 屋架安装测量

（1）屋架安装前的准备工作

屋架吊装前，用经纬仪或其他方法在柱顶面上测设出屋架定位轴线，在屋架两端弹出屋架中心线，以便进行定位。

（2）屋架的安装测量

屋架吊装就位时，应使屋架的中心线与柱顶面上的定位轴线对准，其允许误差为±5mm。屋架的垂直度可用垂球或经纬仪进行检查。屋架的安装测量如图 7-34 所示。用经纬仪检校方法如下：

① 在屋架上安装三把卡尺，一把卡尺安装在屋架上弦中点附近，另外两把分别安装在屋架的两端。自屋架几何中心沿卡尺向外量出一定距离（一般为500mm），做出标志。

② 在地面上，在距屋架中心线相同距离处安置经纬仪，观测三把卡尺的标志是否在同一竖直面内。如果屋架竖向偏差较大，则用机具校正，最后将屋架固定。

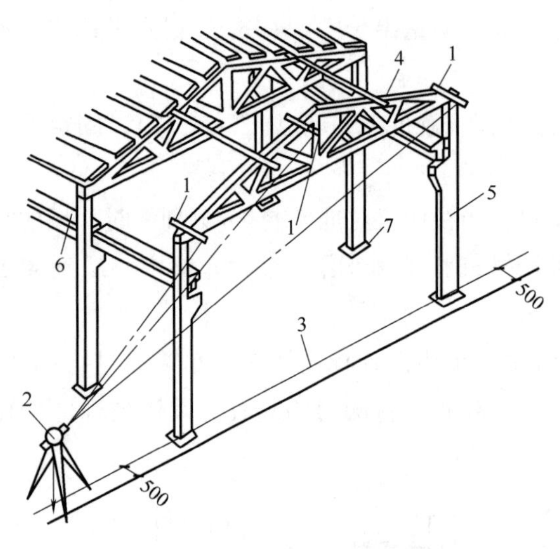

1—卡尺；2—经纬仪；3—定位轴线；
4—屋架；5—柱；6—吊车梁；7—柱基。

图 7-34　屋架的安装测量

五、建筑物的变形观测

受客观因素（地质条件、土壤性质、地下水位、大气温度等）影响，建筑物随时间发生的垂直升降、水平位移、挠曲、倾斜、裂缝等统称为变形。为保证建设过程及使用过程中建筑物的安全，应对建筑物及其周边环境的稳定性进行观测，即建筑物的变形观测。

（一）概述

变形观测工作对象主要是工程建筑物（包括高层建筑、工业与民用建筑、桥梁、隧道、水工建筑物、古建筑等）的变形。地壳变形等研究的主要课题包括变形观测方案的优化设计、对观测值的评价和筛选、变形测量结果的几何分析和变形原因的解释等。下面简单介绍一下我国变形观测的发展情况。

目前国内变形观测的主要方法仍是常规的大地测量方法，即用经纬仪测角、用测距仪或铟钢尺测距、用精密水准仪测高。20 世纪 80 年代以来，出现了许多新的观测方法：

① 地面摄影测量法。

② 三维变形监测网。

③ 非大地测量方法和一些专用仪器。

④ GPS 技术。

（二）变形观测的基本情况

1. 工程建筑物变形观测的内容

变形观测的内容，应根据建筑物的性质与地基情况确定，要求有明确的针对性，既要有重点，又要进行全面考虑，以便能够正确反映建筑物的变化情况，达到监视建筑物的安全运营、了解其变形规律的目的。

变形观测的主要内容：

① 沉降观测。

② 倾斜观测。

③ 位移观测。

④ 特殊变形观测（裂缝观测、日照变形观测、风振观测等）。

工业与民用建筑物，对于基础而言，主要观测内容是不均匀沉陷。对于建筑物本身而言，则主要是倾斜与裂缝观测。对于工业企业、科学试验设施与军事设施中的各种工艺设备、导轨等，其主要观测内容是水平位移和垂直位移。对于高大的塔式建筑物和高层房屋，还应观测其瞬时变形、可逆变形和扭转（即实时动态变形）。

2. 建筑物变形观测的精度

建筑物变形观测的级别、精度指标及其适用范围如表 7-3 所示。

表 7-3　　建筑物变形观测的级别、精度指标及其适用范围

变形观测等级	沉降观测	位移观测	主要适用范围
	观测点测站高差中误差/mm	观测点坐标中误差/mm	
特级	±0.05	±0.3	特高精度要求的特种精密工程的变形观测
一级	±0.15	±1.0	地基基础设计为甲级的变形观测；重要的古建筑和特大型市政桥梁等变形观测等
二级	±0.5	±3.0	地基基础设计为甲、乙级的建筑的变形观测；场地滑坡观测；重要管线、大型市政、桥梁的变形观测；地下工程施工及运营中的变形观测等
三级	±1.5	±10.0	地基基础设计为乙、丙级的建筑的变形观测；地表、道路及一般管线的变形观测；中小型市政桥梁的变形观测等

建筑物的地基变形允许值如表 7-4 所示。

表 7-4　　建筑物的地基变形允许值

变形特征	地基变形允许值	
	地基土类别	
	中、低压缩性土	高压缩性土
砌体承重结构基础的局部倾斜	0.002	0.003
工业与民用建筑相邻柱基的沉降差/mm 框架结构 砌体墙填充的边排柱 当基础不均匀沉降时不产生附加应力的结构	 0.002l 0.0007l 0.005l	 0.003l 0.001l 0.005l

续表

变形特征	地基变形允许值	
	地基土类别	
	中、低压缩性土	高压缩性土
单层排架结构(柱距为6m)柱基的沉降量/mm	(120)	200
桥式吊车轨面的倾斜(按不调整轨道考虑) 纵向 横向	 0.004 0.003	
多层和高层建筑的整体倾斜 $H_g \leqslant 24$m 24m$<H_g \leqslant 60$m 60m$<H_g \leqslant 100$m $H_g>100$m	 0.004 0.003 0.0025 0.002	
体型简单的高层建筑基础的平均沉降量/mm	200	
高耸结构基础的倾斜 $H_g \leqslant 20$m 20m$<H_g \leqslant 50$m 50m$<H_g \leqslant 100$m 100m$<H_g \leqslant 150$m 150m$<H_g \leqslant 200$m 200m$<H_g \leqslant 250$m	 0.008 0.006 0.005 0.004 0.003 0.002	
高耸结构基础的沉降量/mm $H_g \leqslant 100$m 100m$<H_g \leqslant 200$m 200m$<H_g \leqslant 250$m	 400 300 200	

注：1. 本表数值为建筑物地基实际最终变形允许值。

2. 括号内的值适用于中压缩性土。

3. l 为相邻柱基的中心距离（mm）；H_g 为自室外地面起算的建筑物高度（m）。

4. 倾斜指基础倾斜方向两端点的沉降差与其距离的比值。

5. 局部倾斜指砌体承重结构沿纵向 6m~10m 内基础两点的沉降差与其距离的比值。

（三）建筑物的沉降观测

建筑物的沉降是地基、基础和上层结构共同作用的结果。沉降观测就是测量建筑物上所设观测点与水准点之间的高差变化量。研究解决地基沉降问题和分析相对沉降是否有差异，以监视建筑物的安全。下面介绍建筑物的沉降观测的主要工作。

1. 基准点设置

建筑物的沉降观测应设置基准点，当基准点离所测建筑距离较远时还可加设工作基点。对特级沉降观测的基准点数不应少于 4 个，其他级别沉降观测的基准点数不应少于 3 个。工作基点可根据需要设置，基准点和工作基点应形成闭合环或形成由附合路线构成的节点网。

基准点应设置在位置稳定、易于长期保存的地方，并应定期复测。基准点在建筑施工过程中 1~2 个月复测一次，稳定后每季度或每半年复测一次。当观测点测量成果出现异常，或测区受到地震、洪水、爆破等外界因素影响时，需要及时进行复测，并对其稳定性进行分析。

基准点的标石应埋设在基岩层或原状土层中。在建筑区内，点位与邻近建筑的距离应大于建筑基础最大宽度的2倍，标石埋深应大于邻近建筑基础的深度。在建筑物内部的点位，标石埋深应大于地基土压缩层的深度。

基准点和工作基点应避开交通干道、地下管线、仓库堆栈、水源地、河岸、松软填土、滑坡地段、机器震动区以及其他可能使标石、标志易遭腐蚀和破坏的地方。

2. 观测点设置

如图7-35所示，沉降观测点的位置应能全面反映建筑物地基变形特征，并应结合地质情况及建筑结构特点确定。

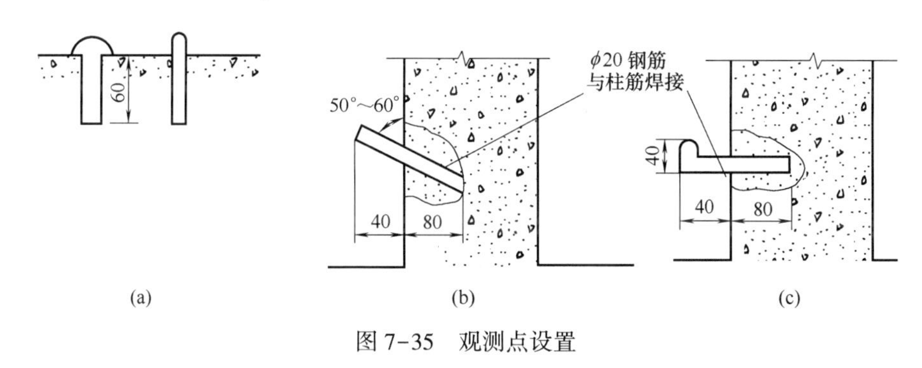

图7-35　观测点设置

点位宜选设在以下位置：

① 建筑物的四角、核心筒四角、大转角处及沿外墙每10m~15m处或每隔2~3根柱基上。

② 高低层建筑物，新旧建筑物，纵、横墙等交接处的两侧。

③ 建筑物裂缝、后浇带和沉降缝两侧，基础埋深相差悬殊处、人工地基与天然地基接壤处、不同结构的分界处及填、挖方分界处。

④ 宽度≥15m或<15m但地质复杂以及膨胀土地区的建筑物，在承重内隔墙中部设内墙点，在室内地面中心及四周设地面点。

⑤ 邻近堆置重物处、受震动影响显著的部位及基础下的暗浜（沟）处。

⑥ 框架结构建筑物的每个或部分柱基上或沿纵、横轴线设点。

⑦ 片筏基础、箱形基础底板或接近基础的结构部分四角处及其中部位置。

⑧ 重型设备基础和动力设备基础的四角、基础形式或埋深改变处以及地质条件变化处两侧。

⑨ 电视塔、烟囱、水塔、油罐、炼油塔、高炉等高耸建筑物，沿周边在与基础轴线相交的对称位置上布点，点数不少于4个。

3. 沉降观测方法与观测要求

（1）沉降观测的周期和观测时间

建筑物施工阶段的观测，应随施工进度及时进行。一般建筑，可在基础完工后或地下室砌完后开始观测；大型、高层建筑，可在基础垫层或基础底部完成后开始观测。观测次数与间隔时间应视地基与加荷情况而定。民用高层建筑可每加高 1~5 层观测一次；工业建筑可按不同施工阶段（如回填基坑、安装柱子和屋架、砌筑墙体、设备安装等）分别进行观测。若建筑物均匀增高，应至少在增加荷载的 25%、50%、75%和 100%时各测一次。施工过程中如果暂时停工，在停工时及重新开工时应各观测一次。停工期间，可每隔 2~3 个月观测一次。

建筑物使用阶段的观测次数，应视地基土类型和沉降速度大小而定。除有特殊要求外，一般情况下，可在第一年观测 3~4 次，第二年观测 2~3 次，第三年后每年观测 1 次，直至稳定。

在观测过程中，如有基础附近地面荷载突然增减、基础四周大量积水、长时间连续降雨等情况，均应及时增加观测次数。当建筑物突然发生大量沉降、不均匀沉降或严重裂缝时，应立即进行逐日或 2~3 天一次的连续观测。

（2）沉降观测点的观测方法和技术要求

作业时，观测应在成像清晰、稳定时进行；仪器离前后视水准尺的距离，应力求相等，并不大于 50m；前后视观测，应使用同一把水准尺；经常对水准仪及水准标尺的水准器和 i 角进行检查；当发现观测成果出现异常情况并认为与仪器有关时，应及时进行检验与校正。

为保证沉降观测成果的正确性，在沉降观测时应做到五固定，即定水准点、定水准路线、定观测方法、定仪器、定观测人员。

首次观测值是计算沉降的起始值，操作时应认真、仔细，并应连续观测两次取其平均值，以保证观测成果的准确度和可靠性。

每测段往测与返测的测站数均应为偶数，否则应加入标尺零点差改正。由往测转向返测时，两标尺应互换位置，并应重新整置仪器。在同一测站上观测时，不得两次调焦。转动仪器的倾斜螺旋和测微器时，其最后旋转方向，均应为旋进状态。

每次观测均须采用环形闭合方法或往返闭合方法，当场进行检查，其闭合差应在允许闭合差范围内。

在限差允许范围内的观测成果，其闭合差按测站数进行分配，计算高程。

（3）沉降观测的工作方式

沉降观测采用“分级观测”方式，即将沉降观测的布点分为三级：水准基点、工作基点和沉降观测点。沉降观测分两级进行：水准基点—工作基点；工作基点—沉降观测点。

如果建筑物施工场地不大，则可不必分级观测，但水准点应至少布设 3 个，并选择其中最稳定的一个点作为水准基点。

4. 观测结果与结果判定

观测工作结束后，应提交以下成果：

① 沉降观测成果表。

② 沉降观测点位分布图。

③ 工程平面位置图及基准点分布图。

④ P-t-S（荷载-时间-沉降量）曲线图（视需要提交）。

⑤ 建筑物等沉降曲线图（如观测点数量较少可不提交）。

⑥ 沉降观测分析报告。

根据沉降量与时间关系曲线判定沉降是否进入稳定阶段。对重点观测和科研观测工程，若最后三个周期观测中每周期沉降量不大于$2\sqrt{2}$倍测量中误差，可认为沉降已进入稳定阶段。一般观测工程，若最后100天的沉降速率小于0.04mm/天，可认为已进入稳定阶段。具体取值宜根据各地区地基土的压缩性确定。

5. 沉降观测实例

（1）概况

某住宅楼为三层结构，施工期间须对该楼进行六次沉降观测，布设沉降观测点共6个，具体点位布置如图7-36所示。

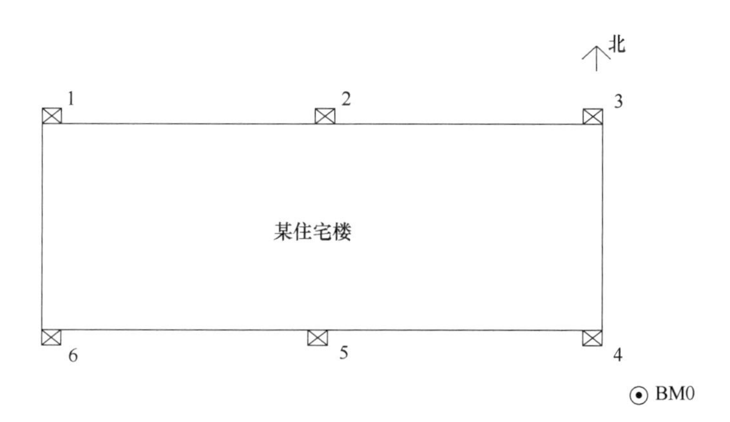

图7-36 某住宅楼沉降观测点位布置示意图

（2）检测仪器

水准仪DS型；2m精密铟钢水准标尺（两根）。

（3）现场观测

此次沉降观测采用仪器两次测高法进行观测。现场观测时，整个观测过程为一闭合回路。受现场条件限制时，可使用适当的转点进行观测。

（4）原始数据记录整理

每次观测结束后，应及时计算出每次观测后各个测点的相对高程，同时计算出各个测点的本次沉降量和累计沉降量。计算过程如下：

① 本次沉降=本次高程-上次高程。

② 累计沉降=本次高程-首次高程。

6次沉降观测汇总结果如表7-5所示。

表 7-5　　沉降观测成果表

测点	沉降量/mm											
	第 1 次		第 2 次		第 3 次		第 4 次		第 5 次		第 6 次	
	本次	累计	本次	累计	本次	累计	本次	累计	本次	累计	本次	累计
1	0.00	0.00	2.08	2.08	2.03	4.11	1.65	5.76	0.83	6.59	0.35	6.94
2	0.00	0.00	1.57	1.57	2.51	4.08	1.47	5.55	0.69	6.24	0.22	6.46
3	0.00	0.00	1.83	1.83	2.55	4.38	1.61	5.99	0.63	6.62	0.20	6.82
4	0.00	0.00	1.36	1.36	2.76	4.12	2.12	6.24	0.75	6.99	0.31	7.30
5	0.00	0.00	1.51	1.51	2.15	3.66	1.90	5.56	0.58	6.14	0.27	6.41
6	0.00	0.00	1.70	1.70	1.91	3.61	1.82	5.43	0.60	6.03	0.16	6.19

（5）观测成果总结

a. 沉降量-时间曲线图（S-t 图）

以 1#测点、2#测点、4#测点、6#测点为例，沉降量-时间曲线图如图 7-37 所示。

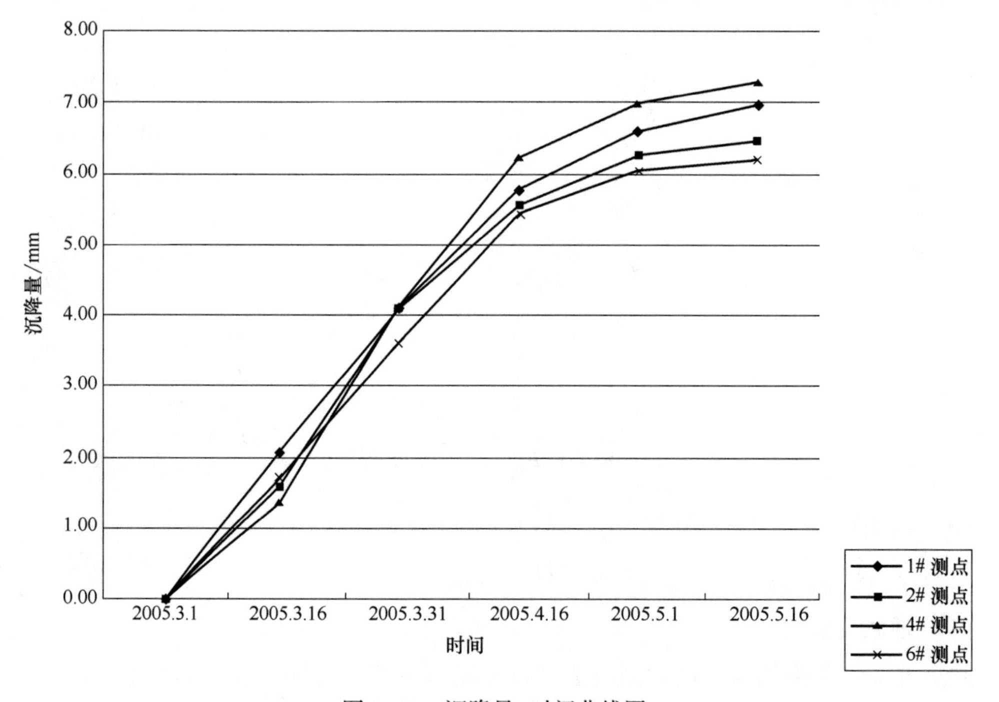

图 7-37　沉降量-时间曲线图

b. 沉降速率-时间曲线图（V-t 图）

以 1#测点、2#测点、4#测点、6#测点为例，沉降速率-时间曲线图如图 7-38 所示。

从沉降观测成果中可得，自 2005 年 03 月 01 日至 2005 年 05 月 16 日，该楼的平均沉降量为 6.69mm，最大沉降量为 4#测点 7.30mm，最小沉降量为 6#测点 6.19mm。最近一次平均沉降速率为 0.0168mm/天，其中最近一次最大沉降速率为 1#测点，最大值 0.0233mm/天。

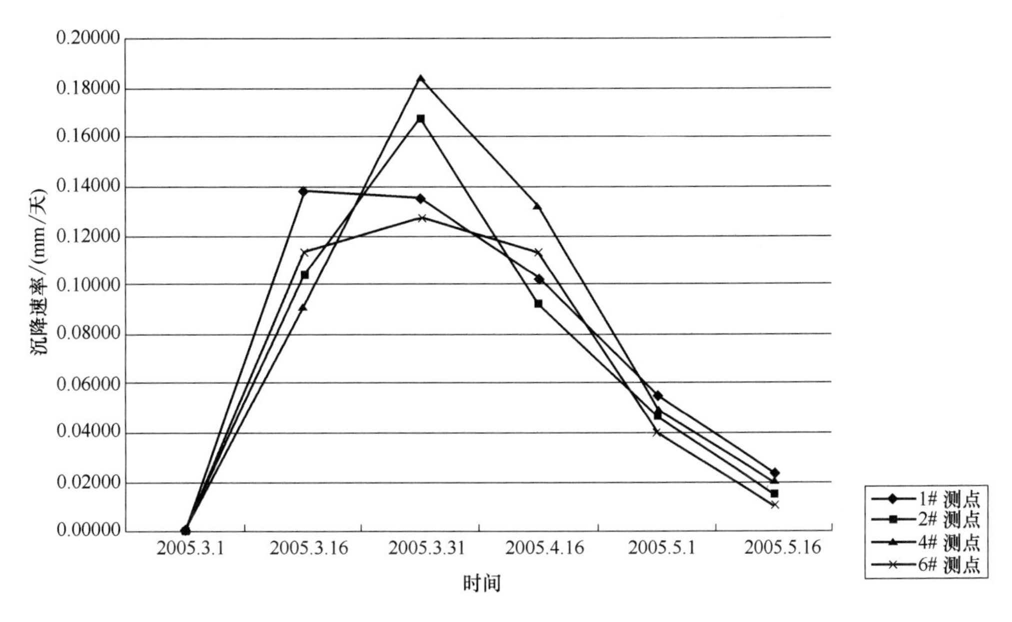

图 7-38　沉降速率-时间曲线图

（四）建筑物的倾斜观测

用测量仪器测定建筑物的基础和主体结构倾斜变化的工作，称为倾斜观测。

1. 一般建筑物主体的倾斜观测

如图 7-39 所示，建筑物主体的倾斜观测，应测定建筑物顶部观测点相对于底部观测点的偏移值，再根据建筑物的高度，按式（7-1）计算建筑物主体的倾斜度。

$$i=\tan\alpha=\frac{\Delta D}{H} \tag{7-1}$$

式中　i——建筑物主体的倾斜度；

ΔD——建筑物顶部观测点相对于底部观测点的偏移值，m；

H——建筑物的高度，m；

α——倾斜角，度（°）。

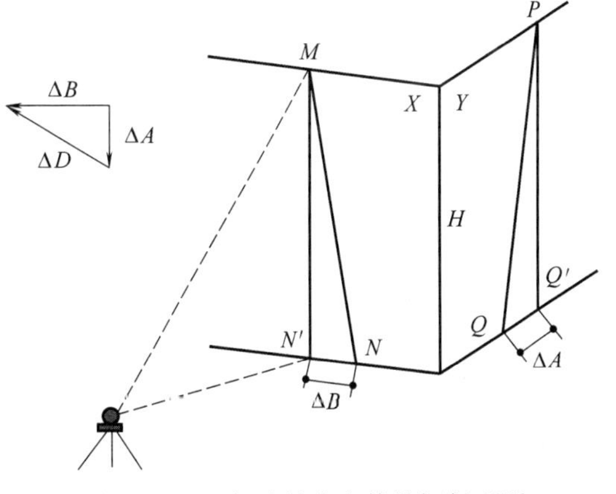

图 7-39　一般建筑物主体的倾斜观测

倾斜观测主要是测定建筑物主体的偏移值 ΔD。偏移值 ΔD 的测定一般采用经纬仪投影法。经纬仪投影法的观测方法如下：

将经纬仪安置在固定测站上，该测站到建筑物的距离为建筑物高度的 1.5 倍以上。瞄准建筑物 X 墙面上部的观测点 M，用盘左、盘右分中投点法，定出下部的观测点 N。用同样的方法，在与 X 墙面垂直的 Y 墙面上定出上观测点 P 和下观测点 Q。M、N 和 P、Q 即为所设观测标志。

隔一段时间后，在原固定测站上安置经纬仪，分别瞄准上观测点 M 和 P，用盘左、盘右分中投点法，得到 N' 和 Q'。如果 N 与 N'、Q 与 Q' 不重合，说明建筑物发生了倾斜。

用尺子量出在 X、Y 墙面的偏移值 ΔB、ΔA，然后用矢量相加的方法，计算出该建筑物的总偏移值 ΔD。根据总偏移值 ΔD 和建筑物的高度 H 即可计算出其倾斜度 i。

2. 圆形建（构）筑物主体的倾斜观测

如图 7-40 所示，对圆形建（构）筑物的倾斜观测，是在互相垂直的两个方向上，测定其顶部中心对底部中心的偏移值。

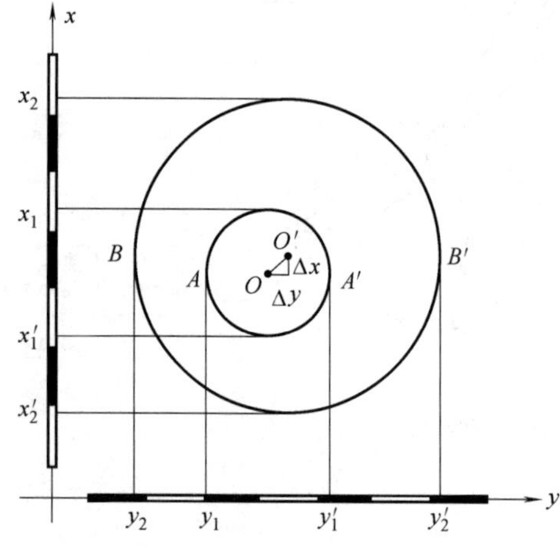

图 7-40　圆形建（构）筑物的倾斜观测

在烟囱底部横放一根标尺，在标尺中垂线方向上安置经纬仪，经纬仪到烟囱的距离为烟囱高度的 1.5 倍。用望远镜将烟囱顶部边缘两点 A、A' 及底部边缘两点 B、B' 分别投到标尺上，得读数为 y_1、y_1' 及 y_2、y_2'。烟囱顶部中心 O 对底部中心 O' 在 y 方向上的偏移值 Δy 为：

$$\Delta y=\frac{y_1+y_1'}{2}-\frac{y_2+y_2'}{2}$$

用相同的方法，可测得在 x 方向上，顶部中心 O 的偏移值 Δx 为：

$$\Delta x=\frac{x_1+x_1'}{2}-\frac{x_2+x_2'}{2}$$

用矢量相加的方法，计算出顶部中心 O 对底部中心 O' 的总偏移值 ΔD，即：

$$\Delta D=\sqrt{\Delta x^2+\Delta y^2}$$

根据总偏移值 ΔD 和圆形建（构）筑物的高度 H 即可计算出其倾斜度 i。另外，也可以采用激光铅垂仪或悬吊垂球的方法，直接测定建（构）筑物的倾斜量。

3. 建筑物的基础倾斜观测

建筑物的基础倾斜观测一般采用精密水准测量的方法，定期测出基础两端点的沉降量差值 Δh，再根据两点间的距离 L，即可计算出基础的倾斜度，如图 7-41 所示，基础的倾斜度可按式（7-2）计算。

$$i=\frac{\Delta h}{L} \tag{7-2}$$

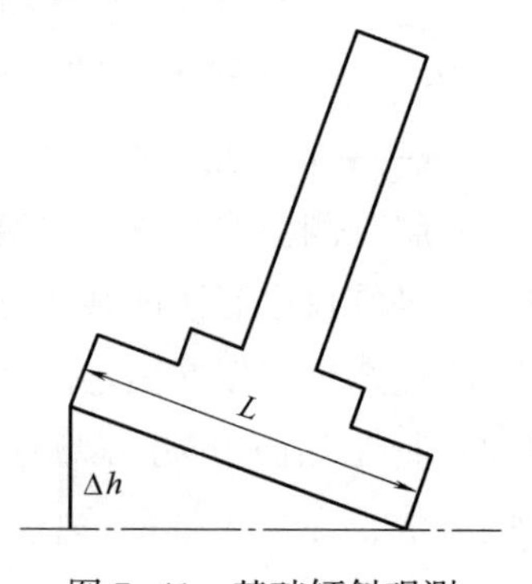

图 7-41　基础倾斜观测

对整体刚度较好的建筑物的倾斜观测，也可以用基础沉降量差值推算主体偏移值。

如图 7-42 所示，用精密水准测量的方法测定建筑物基础两端点的沉降量差值 Δh，再根据建筑物的宽度 L 和高度 H，按式（7-3）推算出该建筑物主体的偏移值 ΔD。

$$\Delta D=\frac{\Delta h}{L}H \tag{7-3}$$

4. 建筑物的裂缝观测

（1）石膏板标志

如图 7-43 所示，用厚 10mm、宽约 50mm～80mm 的石膏板（长度视裂缝大小而定）固定在裂缝的两侧。当裂缝继续发展时，石膏板也随之开裂，从而观察裂缝继续发展的情况。

（2）白铁皮标志

如图 7-44 所示，用两块白铁皮，一片取 150mm×150mm 的正方形，固定在裂缝的一侧。另一片取 50mm×200mm 的矩形，固定在裂缝的另一侧。两块白铁皮的边缘相互平行，并使其中的一部分重叠。在两块白铁皮的表面，涂上红色油漆。如果裂缝继续发展，两块白铁皮将逐渐拉开，露出正方形上原被覆盖没有油漆的部分，其宽度即为裂缝加大的宽度，可用尺子量出。

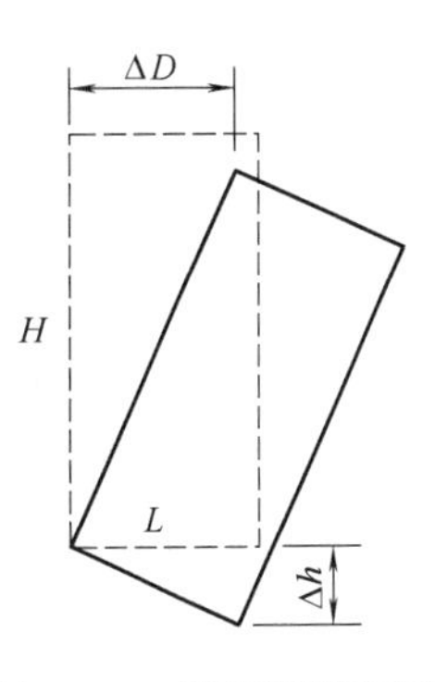

图 7-42　基础倾斜观测测定建筑物的偏移值

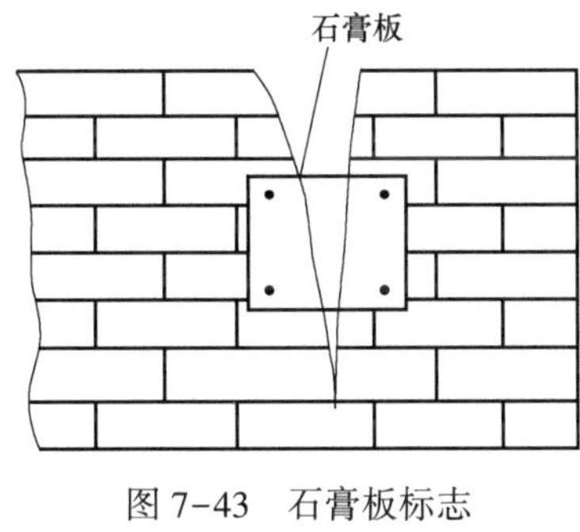

图 7-43　石膏板标志

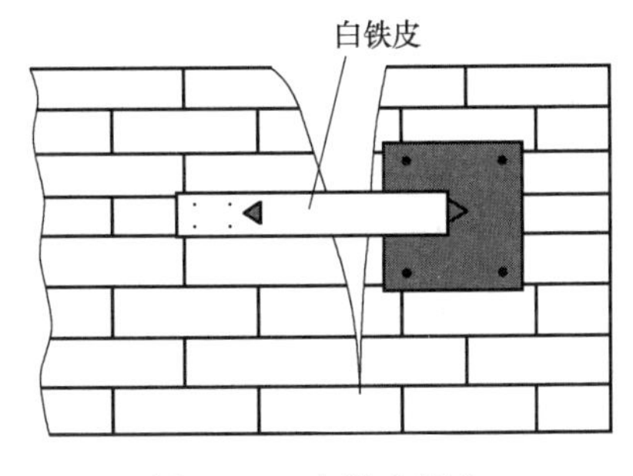

图 7-44　白铁皮标志

5. 建筑物的位移观测

根据平面控制点测定建筑物的平面位置随时间而移动的大小及方向，称为位移观测。位移观测首先要在建筑物附近埋设测量控制点，再在建筑物上设置位移观测点。位移观测通常使用角度前方交会法和基准线法进行。

六、竣工总平面图的编绘

由于竣工总平面图是设计总平面图在施工后实际情况的全面反映，因此设计总平面图不能完全代替竣工总平面图。

编绘竣工总平面图的目的：

① 在施工过程中可能由于设计时没有考虑到的问题而使设计有所变更，这种临时变更设计的情况必须通过测量反映到竣工总平面图上。

② 竣工总平面图将便于日后进行各种设施的维修工作，特别是地下管道等隐蔽工程的检查和维修工作。

③ 竣工总平面图为企业的扩建提供了原有各项建（构）筑物、地上和地下各种管线及交通线路的坐标、高程等资料。

新建工程竣工总平面图的编绘，最好随着工程的陆续竣工相继进行。一边竣工，一边利用竣工测量成果编绘竣工总平面图。若发现地下管线的位置有问题，可及时到现场核对，使竣工总平面图能够真实反映实际情况。采用边竣工边编绘的方式，当工程全部竣工时，竣工总平面图也大部分编制完成，其既可以作为交工验收的资料，又可以大大减少实测工作量，从而节约了人力和物力。

竣工总平面图的编绘，包括竣工测量和竣工总平面图的编绘。

（一）竣工测量

在每一个单项工程完成后，必须由施工单位进行竣工测量并给出工程的竣工测量成果。

1. 工业厂房及一般建筑物

工业厂房及一般建筑物的竣工测量成果包括房角坐标，各种管线进、出口的位置和高程，并附注房屋编号、结构层数、面积和竣工时间等资料。

2. 铁路和公路

铁路和公路的竣工测量成果包括起止点、转折点、交叉点的坐标，曲线元素，桥涵等构筑物的位置和高程。

3. 地下管网

地下管网的竣工测量成果包括管井、转折点、起点和终点的坐标，井盖、井底、沟槽和管顶等的高程，并附注管道及管外的编号、名称、管径、管材、间距、坡度和流向。

4. 架空管网

架空管网的竣工测量成果包括转折点、节点、交叉点的坐标，支架间距和基础面高程。

5. 其他

竣工测量完成后，应提交完整的资料，包括工程的名称、施工依据、施工成果，作为编绘竣工总平面图的依据。

（二）竣工总平面图的编绘

竣工总平面图上应包括建筑方格网点、水准点、厂房、辅助设施、生活福利设施、架空及地下管线、铁路等建（构）筑物的坐标和高程，以及厂区内空地和未建区的地形。有关建（构）筑物的符号应与设计图例相同，有关地形图的图例应使用国家地形图图式符号。

厂区地上和地下所有建（构）筑物绘在一张竣工总平面图上时，如果线条过于密集而不醒目，则可采用分类编图的方式，如综合竣工总平面图、交通运输竣工总平面图和管线竣工总平面图等。比例尺一般采用 1∶1000。如不能清楚地表示某些特别密集的地区，也可局部采用 1∶500 的比例尺。

如果施工的单位较多，多次转手造成竣工测量资料不全、图面不完整或与现场情况不符时，只能进行实地施测，这样绘出的平面图，称为实测竣工总平面图。

任务二　线路施工测量

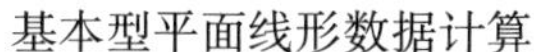
基本型平面线形数据计算

竖曲线计算

一、线路测量概述

线路工程主要包括铁路、公路、架空送电线路、各种用途的管道等。线路工程测量为这些线路工程的设计和施工服务，其主要内容包括两个方面：一是为线路工程的规划、设计提供地形信息（主要是地形图和断面图）；二是按设计要求将线路位置测设于实地，作为施工的依据。

下面介绍线路工程测量的工作内容。

1. 收集资料

收集线路规划设计区域内的各种比例尺地形图及断面图，收集沿线水文、地质资料等。

2. 选择线路

在原有地形图上结合实地勘察进行图上定线，确定线路走向。

3. 线路初测

将图上所定线路在实地标出其基本走向，沿着基本走向进行导线测量和水准测量，并测绘线路大比例尺带状地形图，为初步设计提供资料。

4. 线路定测

将初步设计的线路位置测设到实地上，定测工作的内容包括中线测量，纵、横断面测量和局部的地形测绘。

5. 线路施工测量

根据设计要求，将线路敷设于实地。

6. 线路竣工测量

将竣工后的线路位置测绘成图，以反映施工质量，并作为使用期间维修、管理以及以后改建及扩建的依据。

二、线路中线测量

线路的起点、终点和转向点统称为线路主点，主点的位置及线路的方向是通过设计确定的。线路中线测量就是就将已确定的线路位置测设于实地，包括交点测设、转角测定、中线里程桩的测设、圆曲线测设。

（一） 交点测设

如图 7-45 所示，线路的方向总在发生变化，方向发生变化的点称为转向点，转向点也是两直线的交点，用符号 *JD* 表示。

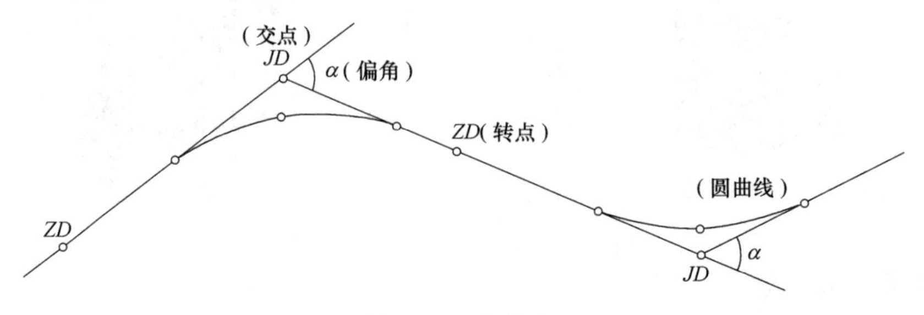

图 7-45　穿线法

交点测设的方法有很多，常用的有穿线法、拨角放线法等。

1. 穿线法

如图 7-45 所示，穿线法适用于地形不太复杂，且线路中线离初测导线不远的地区，其放线步骤包括图上选点、实地测设、穿线、交点。

（1）图上选点

在初测地形图上，根据线路与初测导线的相互关系，选择定测中线转点位置，每条直线段须选择三个点以上。如图 7-46 所示，C_1，C_2，…，C_5 为初测导线点，从初测导线作垂线与线路相交，得 ZD_3、ZD_4。有时也可以通过量取极坐标得到转点，如图 7-46 所示，$\beta_1=52.5°$，极距为 4.25m，得 ZD_2。

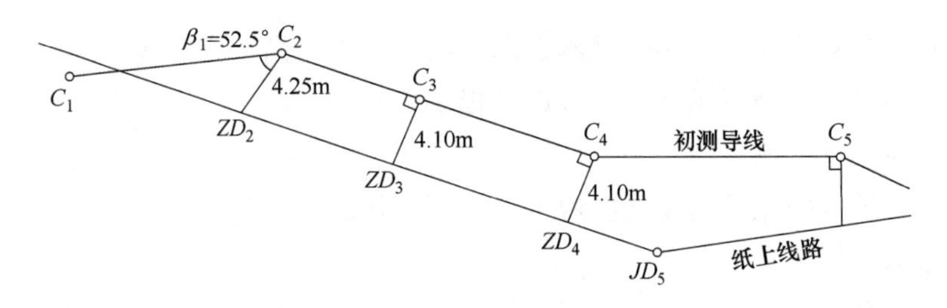

图 7-46　图上选点

（2）实地测设

在导线点上用经纬仪或方向架给出方向，沿所给方向量取相应距离即可得到 ZD_2、ZD_3 和 ZD_4。

（3）穿线

根据实地已放出的点位，用经纬仪检查其是否在一条直线上。偏差不大时，适当调整，使其位于一条直线上。

（4）交点

如图 7-47 所示，将经纬仪置于 ZD_4，瞄准 ZD_3，倒镜在视线上 JD_5 前后各打一骑马

桩 A、B，按相同的方法，定出 C、D 点，则 AB 与 CD 的交点即为 JD_5。

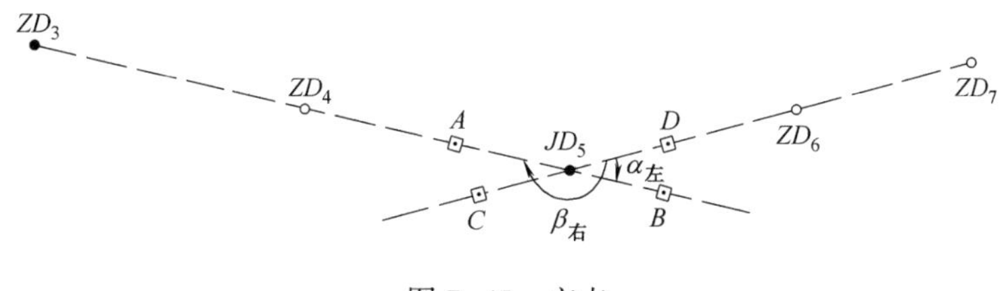

图 7-47　交点

2. 拨角放线法

如图 7-48 所示，A 为线路起点；B，C，…为转向点；N_1，N_2，N_3，…为初测导线点。

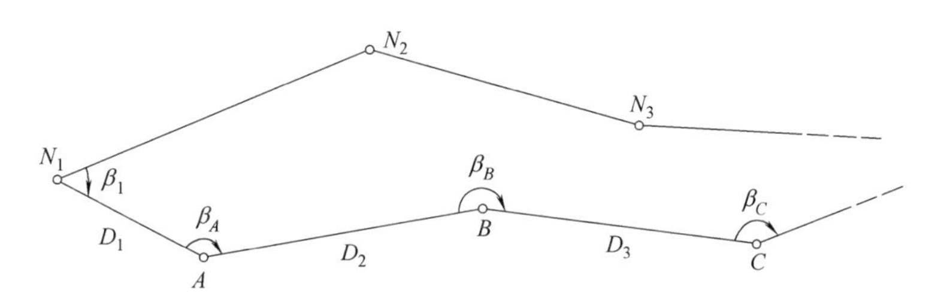

图 7-48　拨角放线法

根据 A，B，C，…的设计坐标和导线点的坐标分别计算出转向点间的距离 D_1，D_2，D_3，…和相邻线段的夹角 β_1，β_A，β_B，…。

测设时，先置仪器于 N_1 点，后视 N_2 点，拨角 β_1，沿视线方向量距 D_1 定出 A 点；再将仪器置于 A 点，后视 N_1 点，拨角 β_A，沿视线方向量取 D_2 得 B 点，依次定出其他转向点。

拨角放线法操作简单、效率较高，但测设误差容易积累。因此，一般测设若干个转向点后，应与初测导线联测，以检查偏差是否超限。若闭合差超限，应检查原因，并予以改正；若不超限，一般不进行调整。

（二）转角测定

线路改变方向时，偏转后的方向与原方向间的夹角称为转角（偏角），用 α 表示。在线路方向发生变化时一般要设置曲线，而曲线的设计要用到转角，所以测设出交点后，必须测量转角。

观测时，一般以一个测回观测 β，如图 7-49 所示，注明其左偏或右偏。

偏角的计算公式为：

左偏角　$\alpha_{左}=\beta_{右}-180°$

右偏角　$\alpha_{右}=180°-\beta_{右}$

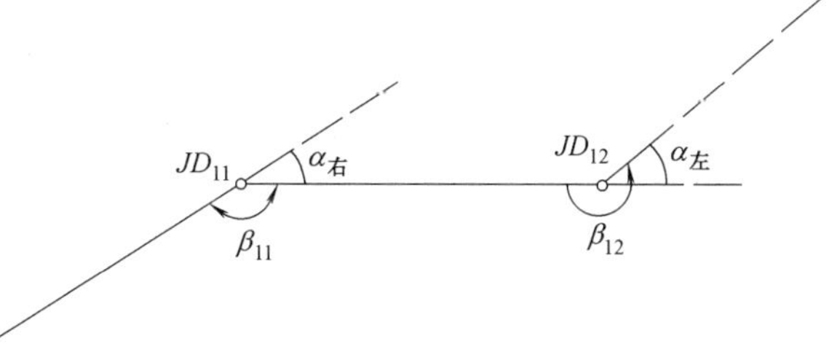

图 7-49　转角测定

(三) 中线里程桩的测设

为了测定线路长度和测绘纵、横断面图，从线路的起点开始，沿线路方向在地面上设置整桩和加桩，这项工作称为中线里程桩的测设（简称中桩测设）。从起点开始，根据不同的线路（如管道、公路、铁路等）可取 20m、30m、50m 和 100m 打一木桩，此桩称为整桩。在相邻整桩之间若遇有重要地物处（如铁路、桥梁等）及地面坡度变化处要增设加桩。

为了便于计算，线路中桩都按线路的起点到该桩的里程进行编号，如某桩至起点的里程为 1.234m，则该桩桩号为 $K1+234$。

按工程不同精度的要求，中线量距应用钢尺丈量两次，其较差主要线路不应大于 1/2000，次要线路不应大于 1/1000。

(四) 圆曲线测设

在线路工程中，由于地形和其他原因的限制，线路在平面上其方向总是在不断地发生变化，而在竖直方向上其坡度也在变化。为了保证车辆平稳、安全地运行，必须用曲线连接。这种在平面内连接不同方向的曲线，称为平面曲线，简称平曲线。在竖直面上连接不同坡度的曲线称为竖曲线。

1. 平面曲线的测设

平面曲线的测设通常分两步进行。首先测设平面曲线上起控制作用的点，即曲线的起点（ZY）、终点（YZ）和曲线中点（QZ），称为主点测设；然后测设曲线上的加密点，称为详细测设。

（1）主点测设

① 平面曲线要素及其计算。如图 7-50 所示，平面曲线要素包括曲线半径 R、偏角 α、切线长 T、曲线长 L、外矢距 E、切曲差 q。其中，半径 R 是设计给定的，α 是在中线测设后实际测定的。

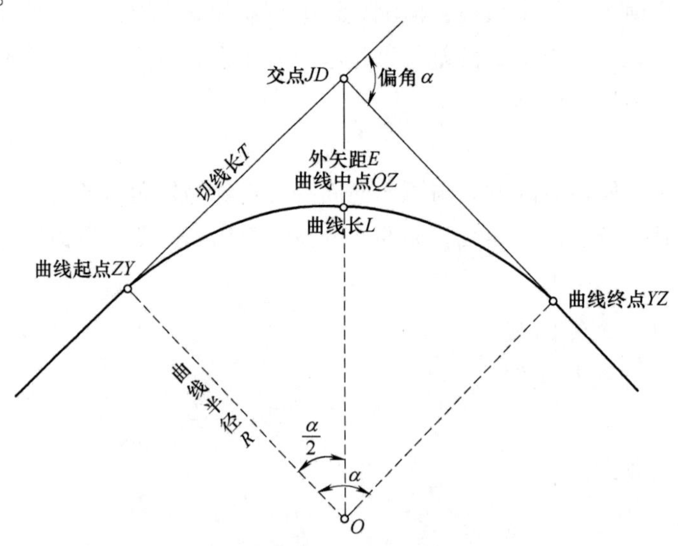

图 7-50　平面曲线要素

在图 7-50 中，

$$T=R\cdot\tan\frac{\alpha}{2}$$

$$L=R\cdot\alpha\frac{\pi}{180^\circ}$$

$$E=R\cdot\sec\frac{\alpha}{2}-R=R\left(\sec\frac{\alpha}{2}-1\right)$$

$$q=2T-L$$

② 主点里程的计算。交点 JD 的里程是实地测量得出的，平面曲线主点的里程由图 7-50 可知：

$$ZY\text{ 里程}=JD\text{ 里程}-T$$

$$YZ\text{ 里程}=ZY\text{ 里程}+L$$

$$QZ\text{ 里程}=YZ\text{ 里程}-L/2$$

$$JD\text{ 里程}=QZ\text{ 里程}+q/2\text{（检核）}$$

③ 主点测设。将经纬仪安置在交点 JD 上，望远镜瞄准 ZY 方向（相邻交点或中线桩），沿此方向量取切线长 T，得曲线起点 ZY；再瞄准 YZ 方向，沿此方向量取切线长 T，得曲线终点 YZ；然后以 YZ 为零方向，拨角$\frac{180^\circ-\alpha}{2}$，即得两切线的分角线方向，沿此方向量外矢距 E，即得曲线中点 QZ。

（2）详细测设

为了把平面曲线的形状详细地标定在地面上，除主点外，还要沿曲线按一定距离加密曲线桩。平面曲线详细测设的方法有很多种，应视具体情况和精度要求，选择适当的方法，下面介绍两种常用的方法。

① 偏角法。偏角法是以曲线起点（或终点）至任一曲线点的弦长和偏角作距离和方向交会，放样曲线细部点的方法，如图 7-51 所示。

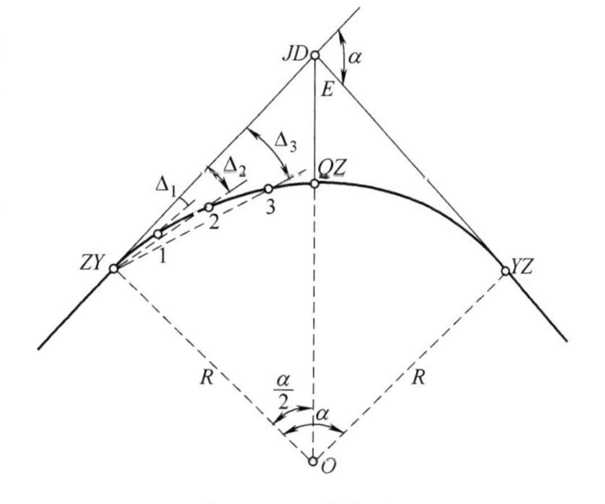

图 7-51　偏角法

偏角在几何学上称为弦切角。根据弦切角与弧长所对圆心角的关系，可按式（7-4）和式（7-5）计算偏角及弦长。

$$\Delta_1=\frac{1}{2}\cdot\frac{l}{R}\cdot\frac{180^\circ}{\pi} \quad (7-4)$$

$$C=2R\sin\Delta_1 \quad (7-5)$$

式中　Δ_1——偏角；

C——弦长；

l——相邻细部点间弧长。

当曲线上各相邻点间的弧长均等于 l 时，则有：

$$\Delta_2=2\Delta_1$$

$$\Delta_3 = 3\Delta_1$$

$$\cdots$$

$$\Delta_n = n\Delta_1$$

详细测设时，安置仪器于 *ZY* 点，瞄准 *JD*，置水平度盘于 00°00′00″。转动照准部，使度盘读数为 Δ_1，沿此方向量取 *C*，即得 1 点。继续转动照准部至度盘读数为 Δ_2，从 1 点量弦长 *C* 与望远镜视线相交，即得 2 点。按照相同的方法逐点测设曲线上所有的细部点。当测设至 *QZ* 点和 *YZ* 点时，应与主点测设时的位置重合，若不重合，其闭合差不得超过如下规定：

横向(半径方向)：±0.1m

纵向(切线方向)：±*L*/1000

偏角法操作简单，能自行闭合检核。其缺点是量距误差容易累积，所以应由起点 *ZY* 和终点 *YZ* 分别向中点 *QZ* 测设。

② 切线支距法

切线支距法又称直角坐标法。它是以曲线起点 *ZY* 或终点 *YZ* 为坐标原点，以切线方向为 *X* 轴，过原点的半径方向为 *Y* 轴，利用曲线上各点在该坐标系中的坐标 *x*、*y* 测设各点，如图 7-52 所示。

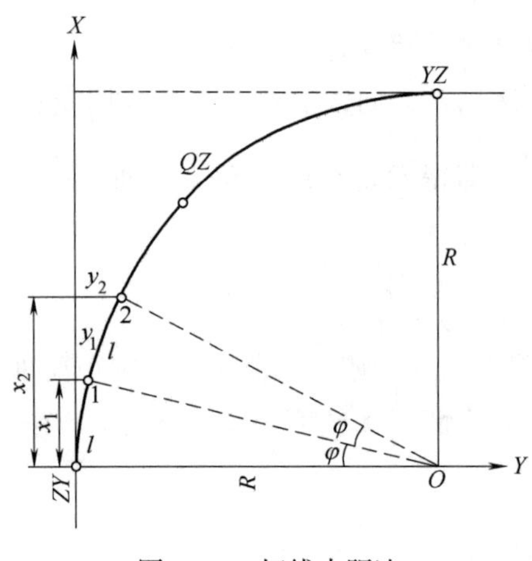

图 7-52 切线支距法

设 *l* 为细部点间弧长，φ 为 *l* 所对的圆心角，则细部点坐标计算如下：

$$x_1 = R\sin\varphi \quad y_1 = R(1-\cos\varphi)$$

$$x_2 = R\cdot\sin2\varphi \quad y_2 = R(1-\cos2\varphi)$$

$$\cdots$$

$$x_i = R\cdot\sin(i\varphi) \quad y_i = R[1-\cos(i\varphi)]$$

$$\varphi = \frac{l}{R}\cdot\frac{180°}{\pi}$$

详细测设时，先用钢尺沿切线分别量取 x_1，x_2，x_3，…，定出各点垂足。然后在垂足处用经纬仪或方向架定出切线的垂线，沿各垂线方向上分别量取 y_1，y_2，y_3，…，即得各细部点。按相同的方法自 *YZ* 点测设曲线另一半。

切线支距法适用于平坦开阔地区，具有误差不累积的优点。其缺点是量距不方便时误差较大。

2. 竖曲线的测设

线路纵断面是由不同坡度的坡段连接而成的，坡度变化的点称为变坡点。在变坡点处相邻两坡度的代数差称为变坡点的坡度代数差。在高速公路、铁路等线路工程中，坡度代数差对车辆的运行有很大的影响。为了缓和坡度在变坡点处的急剧变化，使车辆能平稳运行，坡段间应以曲线连接，这种连接不同坡段的曲线称为竖曲线。

竖曲线有凸形和凹形两种，顶点在曲线之上的称为凸形竖曲线，反之称为凹形竖曲线。

如图 7-53 所示，竖曲线与平面曲线一样，首先要计算曲线要素。

设曲线的半径为 R，其竖向转向角 $\alpha=i_1-i_2$，则在图 7-53 中：

$$T=R\cdot\tan\frac{\alpha}{2}$$

由于 α 很小，故：

$$\tan\frac{\alpha}{2}=\frac{\alpha}{2}=\frac{1}{2}(i_1-i_2)$$

所以：

$$T=\frac{1}{2}R(i_1-i_2)$$

计算竖曲线的长度 L 时，由于 α 很小，所以 $L\approx 2T$。

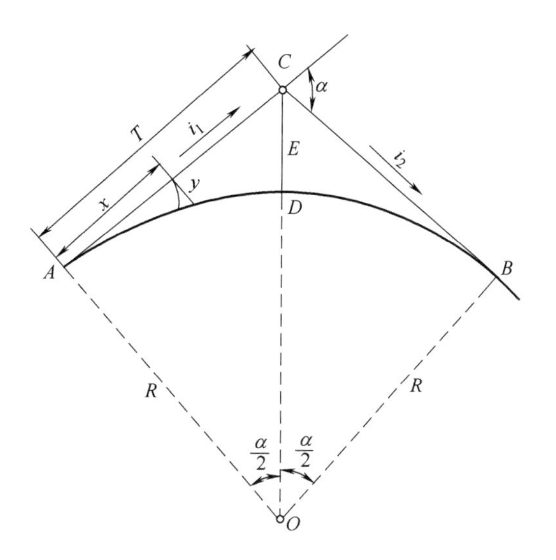

图 7-53　竖曲线

计算竖曲线上各点高程及外矢距 E 时，由于 α 很小，可以认为曲线上各点的 y 坐标方向与半径方向一致，也认为它是切线上点与曲线上点的高程之差。因此：

$$(R+y)^2=R^2+x^2$$

$$2Ry=x^2-y^2$$

因 y^2 与 x^2 相比较，其值非常小，可略去不计，故有：

$$2Ry=x^2$$

$$y=\frac{x^2}{2R}$$

由坡度线上各点的高程加（减）相应曲线点的 y 值，即可得到曲线上各点的高程。计算时，若为凹形曲线取加号，反之取减号。

由图 7-53 可知，曲中点 D 的 y 值即为外矢距，即：

$$E=\frac{T^2}{2R}$$

综上所述，竖曲线的测设，就是在竖曲线范围内各里程桩处，测设该点高程。

三、线路纵、横断面测量

（一）纵断面测量

线路的平面位置在实地测设之后，应测量各里程桩的高程，从而绘制沿线路中线方向上的纵断面图。线路纵断面测量是设计线路纵向坡度、桥涵位置、隧道洞口位置及计算土方量的重要依据，其主要内容包括高程控制测量、线路纵断面测量和纵断面图的绘制。

1. 高程控制测量

高程控制测量是沿线路方向设置若干个水准点，建立线路高程控制，也称为基平测量。水准点的设置应根据需要，设置永久性或临时性的水准点，水准点密度应根据地形和工程需要而定。一般来说，在丘陵和山区每隔 0.5km~1km 设置一个永久性水准点；在平原地区每隔 1km~2km 设置一个永久性水准点；在桥涵、停车场等构筑物附近每隔 300m~500m 设置一个临时性水准点。

水准测量的施测按四等水准的要求进行，并与国家水准点联测。

2. 线路纵断面测量

线路纵断面测量也称为中平测量，是以相邻两水准点为一测段，从一个水准点开始，逐点测量中桩的高程，并附合到下一个水准点上。

中平测量时一般采用中桩作为转点，也可另设转点。两转点间的中桩称为中间点，其高程用视线高程法求出。转点和重要高程点（如桥面、轨顶等点）读至 mm，中间点可读至 cm。

如图 7-54 所示，水准仪置于①站，后视水准点 BM.1，前视转点 TP.1，将观测结果分别记入表 7-6 中“后视”和“前视”栏内；然后依次观测 0+000，0+050，…，0+120 各中线桩，将读数记入表 7-6 中“中间视”栏内。将仪器搬到②站，后视转点 TP.1，前视转点 TP.2，然后观测各中桩，用相同的方法继续观测，直到下一个水准点 BM.2，至此一测段的工作即算完成。

每测站用高差法计算各转点高程，用视线高程法计算各中间点高程。

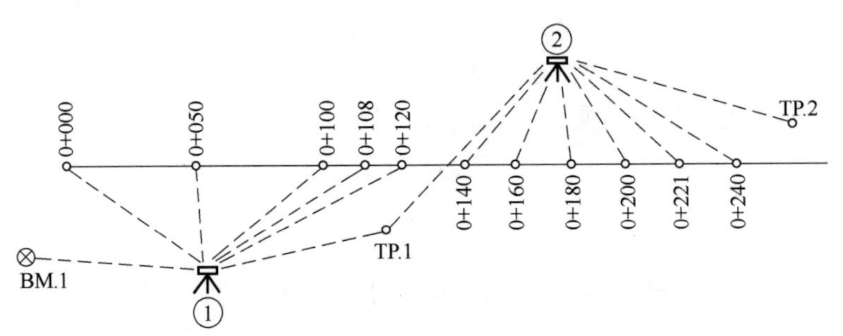

图 7-54 纵断面测量

表 7-6 **线路纵断面测量计算表**

测站	测点	水准尺读数			仪器视线高程	高程
		后视	中间视	前视		
①	BM.1	2.191	—	—	14.505	12.314
	0+000	—	1.620	—	—	12.890
	0+050	—	1.900	—	—	12.610
	0+100	—	0.620	—	—	13.890
	0+108	—	1.030	—	—	13.480
	0+120	—	0.910	—	—	13.600
	TP.1	—	—	1.006	—	13.499
②	TP.1	2.162	—	—	15.661	13.499
	0+140	—	0.500	—	—	15.160

续表

测站	测点	水准尺读数			仪器视线高程	高程
		后视	中间视	前视		
②	0+160	—	0. 520	—	—	15. 140
	0+180	—	0. 820	—	—	14. 840
	0+200	—	1. 200	—	—	14. 460
	0+221	—	1. 010	—	—	14. 650
	0+240	—	1. 060	—	—	14. 600
	TP. 2	—	—	1. 521	—	14. 140

3. 纵断面图的绘制

绘制纵断面图时，以线路的里程为横坐标，高程为纵坐标。为了明显地表示地面的起伏，一般高程比例尺是水平比例尺的 10 倍或 20 倍，如水平比例尺为 1∶1000，高程比例尺取 1∶100。

道路工程的纵断面图如图 7-55 所示。在图的上部从左至右有两条线，细折线表示线路中线方向的实际地面线，是以中线桩高程绘制的；粗折线表示设计的道路坡度线。在图的下部表格中，注记有关测量和纵坡设计资料。

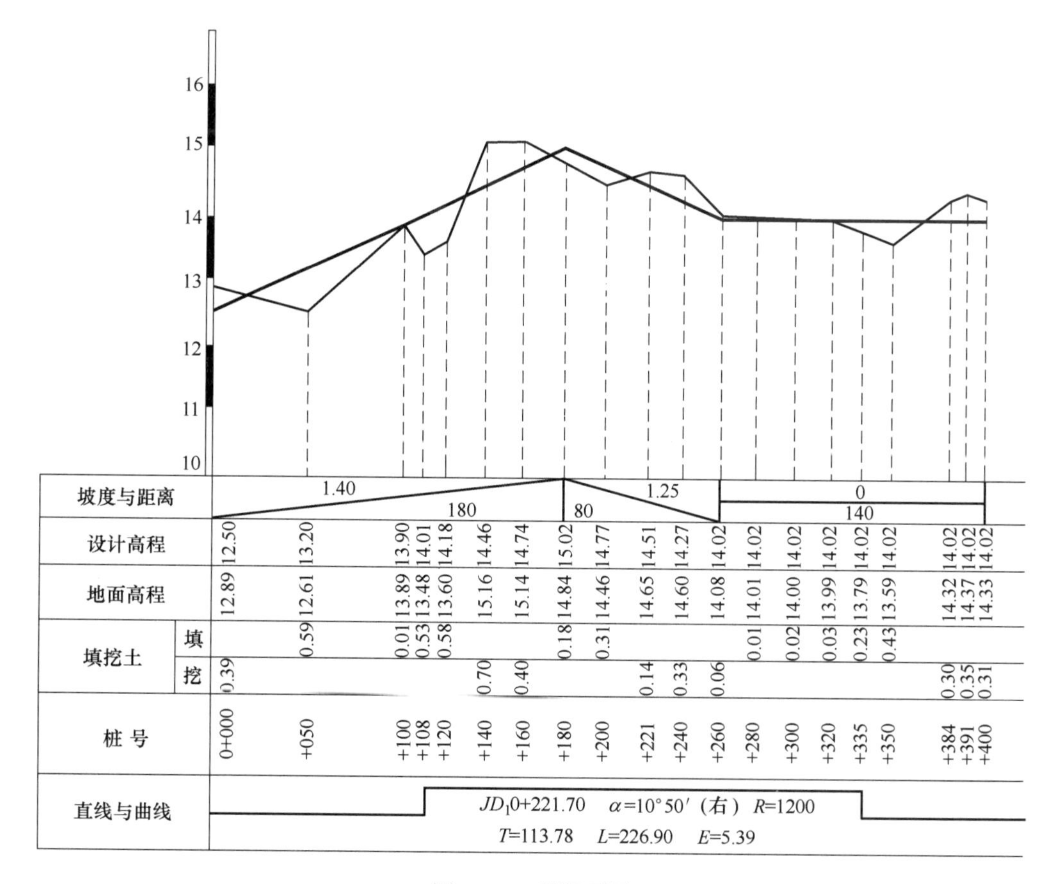

图 7-55　纵断面图

① 直线与曲线。按里程桩号标明路线的直线部分和曲线部分。曲线部分用直角折线表示，上凸表示路线右偏，下凸表示路线左偏。

② 桩号。各中线桩按里程的桩号，如 0+000，0+050，…，0+400。

③ 填、挖土。各中线桩处的填、挖高度，按式（7-6）计算。

$$H=H_{地面}-H_{设计} \tag{7-6}$$

式中　H——各中线桩处的填、挖高度，其值为正表示挖深，为负表示填高。

④ 地面高程。按中平测量成果填写各桩地面高程。

⑤ 设计高程。填写相应中线桩处的路基设计高程。设 AB 坡段起点 A 高程为 H_A，设计坡度为 i，水平距离为 D_{AB}，则 B 点设计高程为：

$$H_B=H_A+i\cdot D_{AB}$$

⑥ 坡度与距离。用斜线或水平线表示设计坡度的方向，线上方的数字为以百分数表示的坡度，线下方的数字为该坡段的距离。

（二）横断面测量

横断面测量是对垂直于中线方向的地面起伏进行测量并绘制横断面图，供路基设计、土方量计算和施工时开挖边界使用。

横断面的施测宽度，应视工程的实际要求和地形情况而定，一般为中线两侧 15m～50m，距离和高程分别精确至 0.1m 和 0.05m 即可。

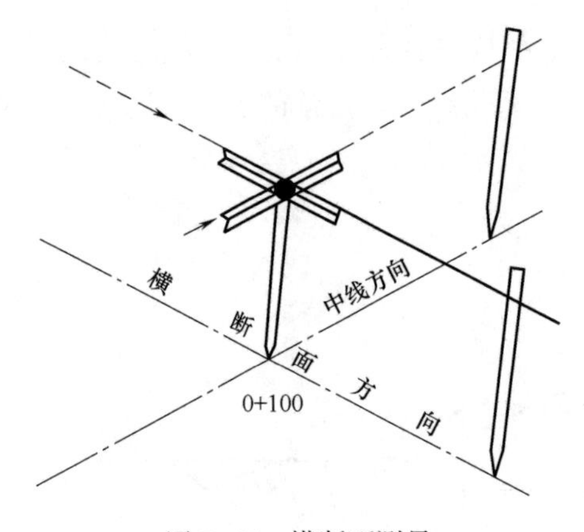

图 7-56　横断面测量

测量时，横断面方向可用方向架标定，如图 7-56 所示，在横断面方向上地形特征点处用测钎或木桩做标志，用皮尺丈量特征点至中线的距离。特征点的高程与纵断面水准测量同时施测，作为中间点看待，分开记录。表 7-7 所示为 0+100 桩处横断面测量的记录。

表 7-7　　横断面测量记录表

测站	桩号	水准尺读数			仪器视线高程	高程	高差
		后视	前视	中间视			
③	0+100	1.970			159.367	157.397	0
	左 11			1.400		157.970	+0.570
	左 20			0.400		158.970	+1.570
	右 7			2.680		156.690	-0.710
	右 20			2.970		156.400	-1.000
	0+200		1.848			157.519	

横断面图绘制时，以中桩作为原点，水平距离为横坐标，高程为纵坐标，距离和高程取同一比例尺，一般为 1：100 或 1：200。

绘图时，先在图纸上定好中桩位置，然后由中桩开始，分别向左右两侧逐一按各特征点的距离和高程将其绘于图上，并用直线连接相邻点。0+100 桩处的横断面图如图 7-57

所示。

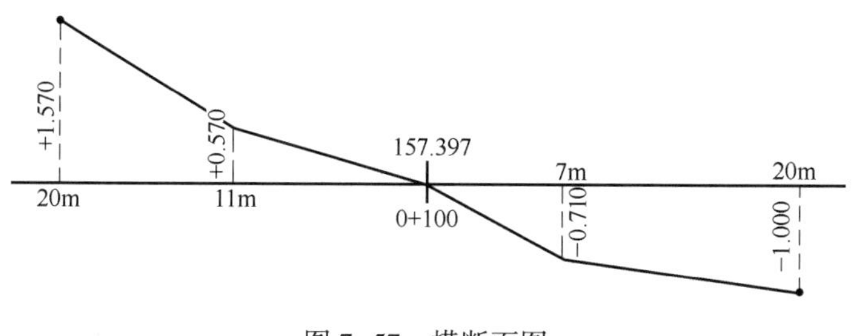

图 7-57 横断面图

四、道路施工测量

根据线路纵、横断面图及其他有关资料完成道路、工程的技术设计之后，在开工之前和整个施工过程中，常进行道路工程的施工测量，以指导施工。道路施工测量的主要任务包括恢复中线测量、施工控制桩测设、路基边桩测设等。

（一）恢复中线测量

线路勘测阶段所测设的中桩（包括交点桩、中线里程桩），从线路勘测到施工的这段时间里，往往有一部分桩点被碰动或丢失。为了保证施工顺利进行，施工前应根据原定测资料进行复核，并将已丢失的交点桩、里程桩恢复和校正好，其方法与前述的中线测量相同。

（二）施工控制桩测设

开始施工以后，中线桩要被挖掉或填埋。为了施工过程中及时、方便、准确地控制道路的中线位置，就需要施工前在不受施工破坏、方便使用、易于保存的地方测设施工控制桩，常用的测设方法包括平行线法和延长线法。

1. 平行线法

平行线法是在路基以外两侧各测设一排平行于中线的施工控制桩，如图 7-58 所示。

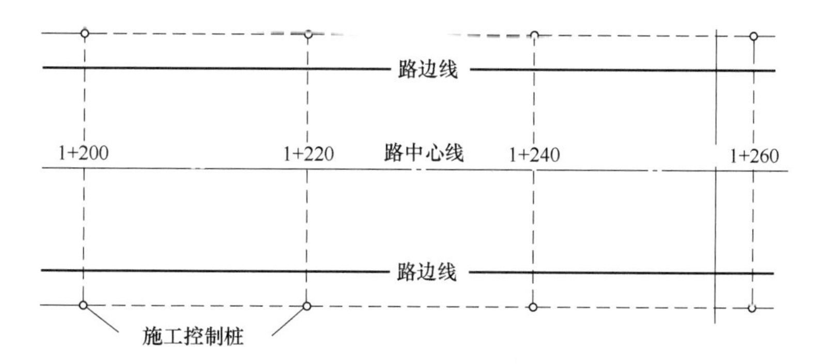

图 7-58 平行线法

2. 延长线法

延长线法是在道路的转弯处延长两切线及曲线中点（QZ）与曲线交点（JD）的连

线，然后在延长线上测设施工控制桩，如图 7-59 所示。延长线法应准确测量控制桩至交点的距离并进行记录。

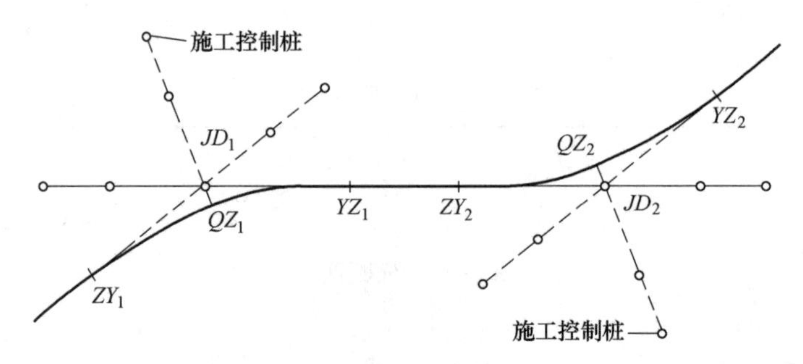

图 7-59　延长线法

（三）路基边桩测设

路基边桩测设根据路基设计断面在实地将每个横断面的路基边坡线与地面的交点（边桩）标定出来。边桩的位置是由边桩至中桩的距离确定的。边桩至中桩的距离可以在横断面图上直接量取，也可以通过计算求得。

1. 平坦地区路基边桩测设

填方路基称为路堤，如图 7-60（a）所示，其中桩至边桩的距离 D 可按式（7-7）计算。

$$D=\frac{B}{2}+mH \tag{7-7}$$

挖方路基称为路堑，如图 7-60（b）所示，其中桩至边桩距离 D 可按式（7-8）计算。

$$D=\frac{B}{2}+S+mH \tag{7-8}$$

以上为直线段计算 D 值的方法。若横断面位于曲线上时，按上述方法求出 D 值后，还应在加宽一侧的 D 值中加上设计的加宽值。

放样时，用方向架定出横断面方向，沿所给方向量出距离 D，即得边桩的位置，并用木桩标定。

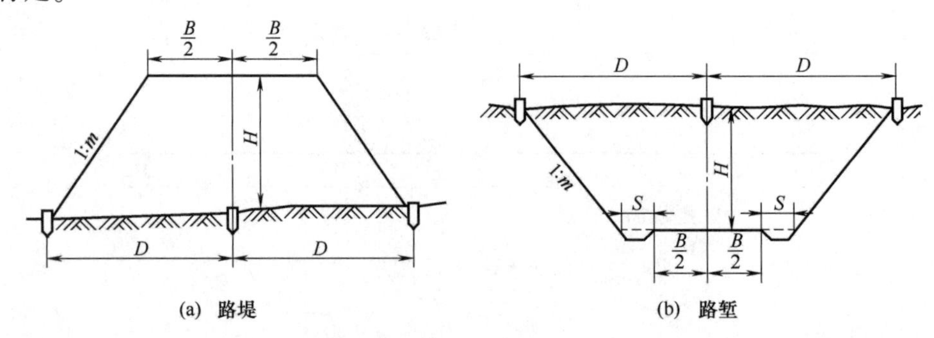

图 7-60　平坦地区路基边桩

2. 倾斜地面路基边桩测设

在倾斜地段，中桩至边桩的距离随地面坡度的变化而变化。

如图 7-61（a）所示，路堤中桩至左右边桩的距离 $D_上$ 和 $D_下$，分别按式（7-9）和式（7-10）计算。

$$D_上=\frac{B}{2}+mH_上 \tag{7-9}$$

$$D_下=\frac{B}{2}+mH_下 \tag{7-10}$$

如图 7-61（b）所示，路堑中桩至左右边桩的距离 $D_上$ 和 $D_下$，分别按式（7-11）和式（7-12）计算。

$$D_上=\frac{B}{2}+S+mH_上 \tag{7-11}$$

$$D_下=\frac{B}{2}+S+mH_下 \tag{7-12}$$

上述各式中，B、S、m 为设计给定，所以 $D_上$ 和 $D_下$ 随 $H_上$ 和 $H_下$ 而变化。由于 $H_上$ 和 $H_下$ 是边桩处地面与中桩的高差，故 $H_上$ 和 $H_下$ 为未知数。因此，在实际工作中，采用“逐渐趋近法”测设。

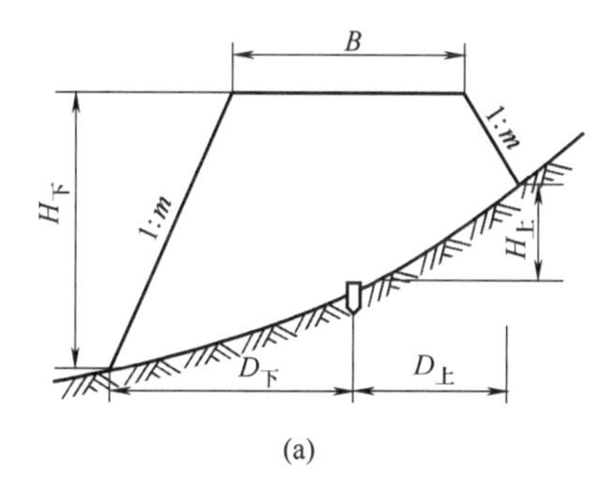

(a)

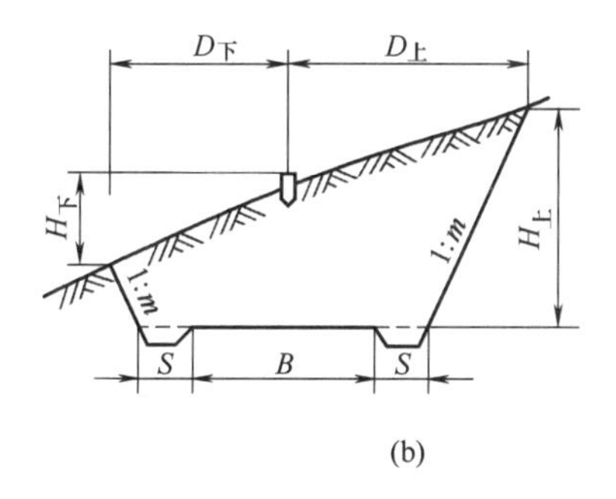

(b)

图 7-61　倾斜地面路基边桩

如图 7-62 所示路堑，设左侧路基与边沟之和为 4.7m，右侧为 5.2m（曲线处加宽），中桩挖深为 5.0m，边坡坡度为 1∶1。现以左侧为例说明路基边桩测设。

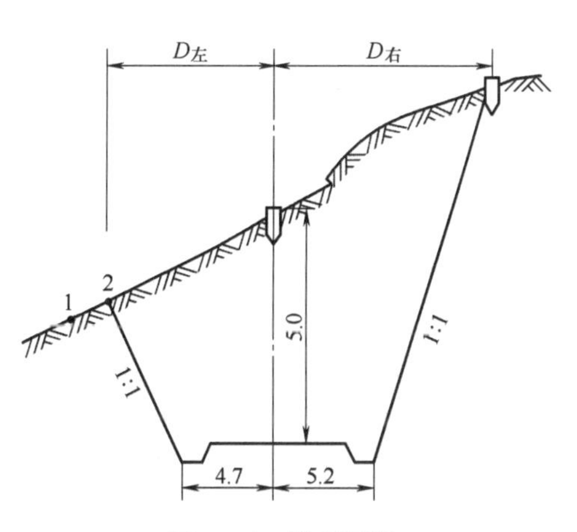

图 7-62　路堑测设

① 估算边桩位置。先设地面平坦，则 $D_左$ = 4.7m+(5.0×1) m = 9.7m，实际地形左侧地面较中桩处低（估计低 1.0m），即 $H_左$ = (5.0−1.0) m = 4.0m，则有 $D_左$ = 4.7m+(4.0×1) m = 8.7m。在地面上自中桩向左量取水平距离 8.7m，定出临时点 1。

② 实测 1 点与中桩间的高差。假设为

1.4m，则 1 点距中桩的距离 $D_{左}=4.7m+(5.0-1.4)\ m=8.3m$，此值比原估算值 8.7m 要小，故正确的边桩位置在 1 点处内侧。

③ 重估边桩位置。应在 8.3m~8.7m 之间，假设在 8.5m 处地面定出 2 点。

④ 实测 2 点与中桩间差为 1.2m，则 2 点的边桩距 $D_{左}=4.7m+(5.0-1.2)\ m=8.5m$，此值与估计值相等，故 2 点即为左侧边桩位置。

五、管道施工测量

管道工程包括给排水、供气、输油、电缆等管线工程，这些工程一般属于地下构筑物。在较大的城镇及工矿企业，各种管道通常相互穿插，纵横交错。因此在施工过程中，要严格按照设计要求进行测量工作，确保施工质量。管道工程测量的主要任务包括两个方面，一是为管道工程的设计提供地形图和断面图；二是按设计要求将管道位置测设于实地。

（一）管道中线测量

管道的起点、终点和转向点统称为管道主点，主点位置及管道方向是设计确定的。管道中线测量的任务就是将已确定的管道中线测设于实地，其内容包括主点测设、中桩测设、转向角测量等，方法与道路中线测量基本相同，不再赘述。管道的转向处是用不同规格的弯头连接的，所以不需要用曲线连接。

（二）管道纵、横断面测量

管道纵断面测量就测量中线测量所定各中线桩处地面高程，根据各桩点高程和桩号绘制纵断面图，作为设计管道坡度、埋深和计算土方量的依据。

管道横断面测量就是测定管道中桩两侧地面起伏情况并绘制横断面图，作为开挖沟槽宽度与深度及计算土方量的依据。

纵、横断面测量方法及纵、横断面图绘制方法与前述部分相同。

（三）管道施工测量

管道在施工前，应对中桩进行检测，检测结果与原成果较差符合规定时，应采用原成果。若有碰动或丢失应按中线测量的方法进行恢复。在施工过程中，管道测量工作的主要任务就是控制管道中线和管底高程。

1. 测设施工控制桩

在施工时，管道中线上的中线桩将被挖掉，为了便于及时恢复管道中线位置以指导施工，应设立中线控制桩。其方法是在管道主点处的中线延长线上设置中线控制桩，如图 7-63 所示。中线控制桩应设在不受施工破坏、便于引测与保存的地方。

2. 槽口放线

根据管径大小，埋设深度，决定开槽宽度，并在地面上定出沟槽边线的位置。若断面比较平缓，如图 7-64 所示，开挖宽度可按式（7-13）计算。

$$B=b+2mH \tag{7-13}$$

式中 b——槽底宽度；

m——边坡比分母。

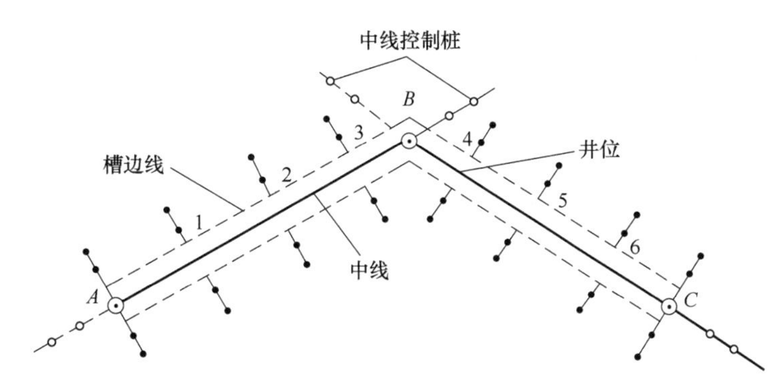

图 7-63　测设施工控制桩

3. 测设控制中线和高程的标志

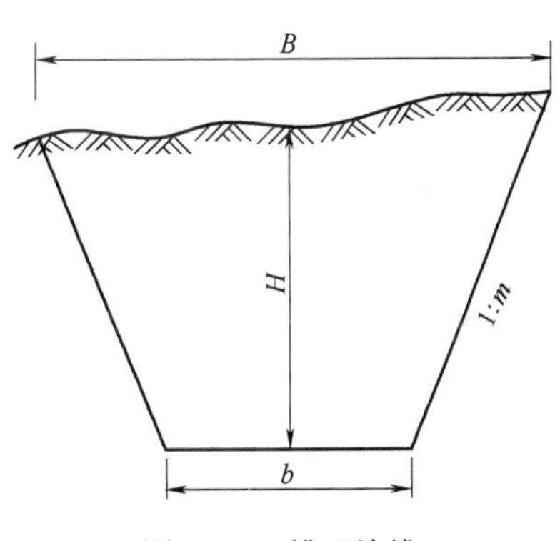

图 7-64　槽口放线

当管道开挖到一定的深度，为了便于控制管道中线和管底高程，常采用龙门板法。

龙门板跨槽设置，间隔一般为 10m～20m，编以板号，如图 7-65 所示。龙门板由坡度板和坡度立板组成，根据中线控制桩，用经纬仪将管道中线投测到各坡度板上，并钉一小钉作为标志，这个小钉称为中线钉。坡度板上中线钉的连线即为管道中线方向。

为了控制管槽开挖深度和管道设计高程，应在坡度立坡上测设设计坡度。根据附近水准点，用水准仪测出各坡度板板顶高程，根据管道坡度，计算出该处管底设计高程，则坡顶高程与管底设计高程之差，即为该处自坡顶的下挖深度，称为下返数。如图 7-66 所示，由于地面起伏，各坡度板的下返数不一致，为了方便使用，在实际工作中通常使下返数为一整数 C。具体做法是在立板上横向钉一小钉，这个小钉称为坡度钉，按式（7-14）计算坡度钉距板顶的调整距离 δ。

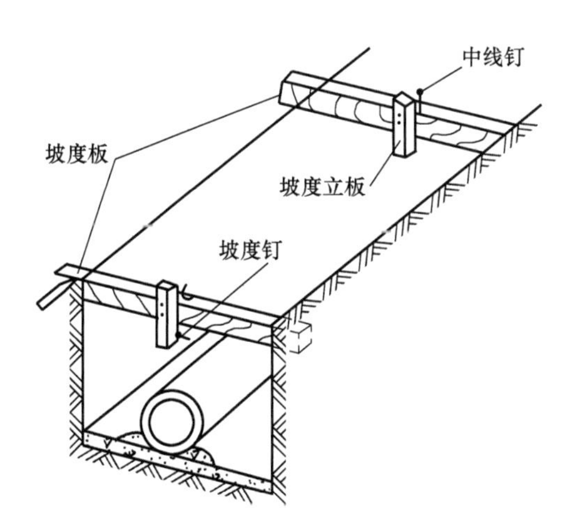

图 7-65　龙门板设置

$$\delta = C - (H_{板顶} - H_{管底}) \tag{7-14}$$

式中　$H_{板顶}$——坡度板顶高程；

$H_{管底}$——管底设计高程。

根据计算出的 δ 在坡度立板上用小钉标定其位置（若 δ 为正，则自坡度板顶上量 δ，反之下量 δ）。

例：如图 7-66 所示，某管道工程选定下返数 $C=1.500$m，0+100 桩处板顶实测高程 $H_{板顶}=24.584$m，该处管底设计高程为 $H_{管底}=23.000$m，则有：

$$\delta = 1.500\text{m} - (24.584 - 23.000)\text{m} = -0.084\text{m}$$

以该板顶处向下量取0.084m，在坡度立板上钉一小钉，作为坡度钉。

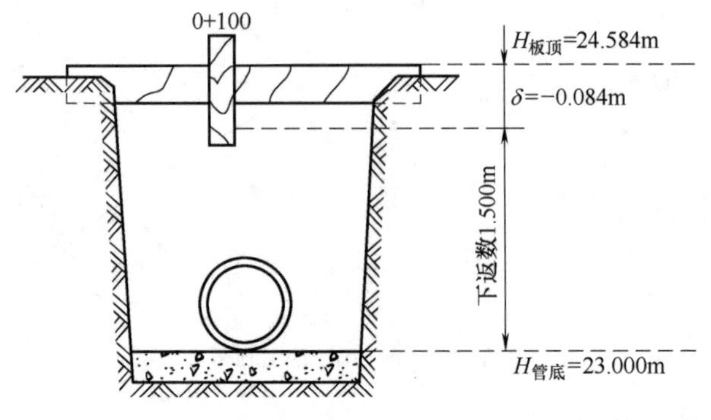

图7-66　坡度钉

(四) 顶管施工测量

当管道穿越公路、铁路或其他建筑物时，不能用开槽方法施工，应采用顶管施工的方法。

采用顶管施工时，应先挖好工作坑，在工作坑内安放导轨，并将管材放在导轨上，沿着中线方向顶进土中，然后将管内土方挖出来，再顶进，再挖，循序渐进。顶管施工测量工作包括中线测设和高程测设。

1. 中线测设

如图7-67所示，根据地面上标定的中线控制桩，用经纬仪将中线引测到坑底，在坑内标出中线方向。将经纬仪安置于靠近后壁的中线点上，后视前壁上的中线点，则经纬仪视线即为顶管设计中心线方向。在顶管内前端水平放置一把直尺，尺上标明中心点，该中心点与顶管中心一致。每顶进一段距离，用经纬仪在直尺上读出管中心偏离设计中心线方向的数值，据此校正顶进方向。

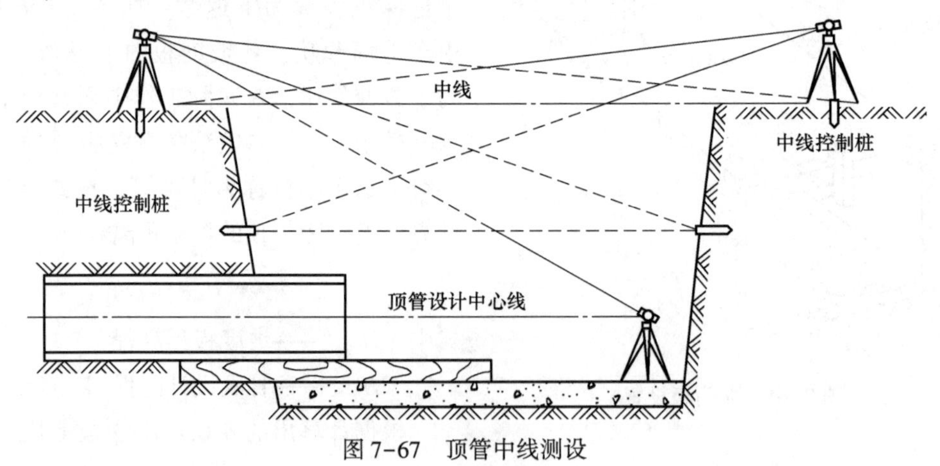

图7-67　顶管中线测设

2. 高程测设

在工作坑内测设临时水准点，用水准仪测量管底前后端高程，可以得到管底高程和坡度，将其与设计值进行比较，求得校正值，在顶进中进行校正。

（五）管道竣工测量

在管道工程中，竣工图反映了管道施工的成果及其质量，它也是后期进行工程管理、维修和改建、扩建的资料。在管道工程竣工后，应测绘 1∶2000~1∶500 比例尺的竣工图，包括平面图和纵断面图。

管道竣工平面图，主要测绘管道起点、转折点、终点、检查井及附属构筑物竣工后的实际平面位置和高程，测绘管道与附近地物（房屋、道路、高压电线杆等）的相互位置关系。

管道竣工纵断面图，应在回填土之前进行，用水准测量的方法测定管顶的高程和检查井内管底的高程，用钢尺丈量距离并绘制竣工后实际纵断面图。

六、桥梁施工测量

在铁路、公路和城市道路的建设中，遇河架桥，必然要修建大量的桥梁。桥梁在勘测设计、建筑施工和运营管理期间都需要进行大量的测量工作。

桥梁按其轴线长度分为特大型桥（>500m）、大型桥（100m~500m）、中型桥（30m~100m）和小型桥（<30m）。桥梁施工测量工作的任务是精确地测设桥墩、桥台的位置和跨越结构的各个部分，并随时检查施工质量。一般来说，对于中小型桥，由于河窄水浅，桥墩、桥台间的距离可用直接丈量的方法测设；对于大型桥或特大型桥，就必须先建立平面和高程控制网，再进行施工测设。

（一）施工控制测量

1. 平面控制测量

桥梁平面控制测量的任务是测设桥梁墩台中心位置和轴线长度。桥梁平面控制网一般采用双三角形、大地四边形、双大地四边形等图形，如图 7-68 所示。为了保证桥梁轴线的精度，便于施工测设，应将桥梁轴线作为控制网的一条边，图 7-68 中 AB 连线即为桥梁轴线。

观测时，应观测控制网中所有的水平角度；边长测量视精度要求而定，可以全测，也可以测量部分边长，但至少需要测量两条边长；最后计算各点坐标。大型桥梁的平面控制网也可以用 GPS 技术进行布设。

2. 高程控制测量

在桥梁施工过程中，两岸应建立统一的高程系统，因此应将高程从河一岸传送到另一岸。当水准测量视线通过河面时，其受大气折光影响较大；当河宽超过规定的视线长度时，照准标尺读数的精度较低；当前后视距相差太大时，可能导致仪器视准轴与水准管轴不平行而产生的误差和地球曲率的影响都会增加，这时可采用跨河水准测量的方法进行高程控制测量。

跨河水准测量使用两台水准仪同时进行对向观测，两岸测站点和立尺点布置成如图 7-69 所示的图形。图中Ⅰ、Ⅱ为测站点，A、B 为立尺点。要求ⅠA 与ⅡB，ⅠB 与ⅡA

的长度尽量相等，并使ⅠA、ⅡB 的长度均不小于 10m。

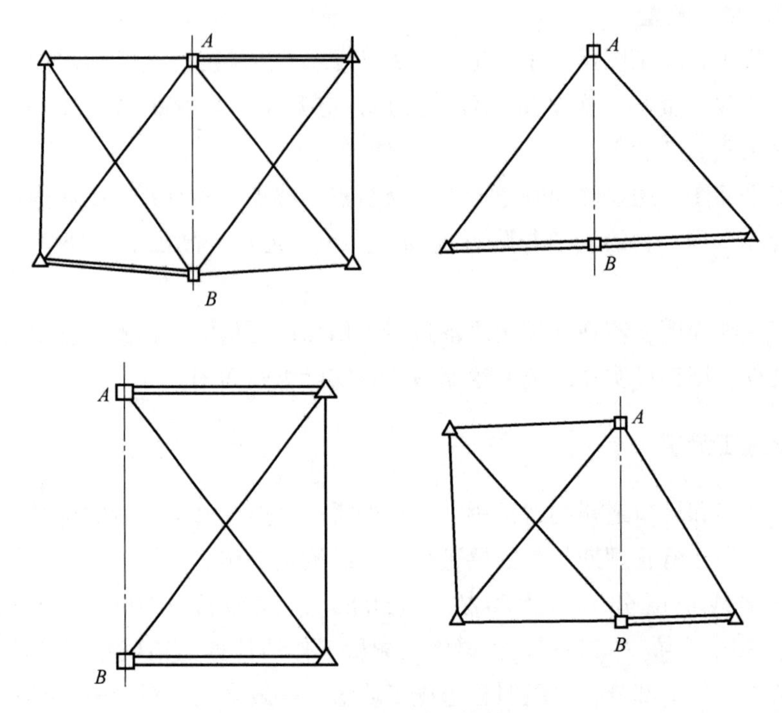

图 7-68　桥梁平面控制网

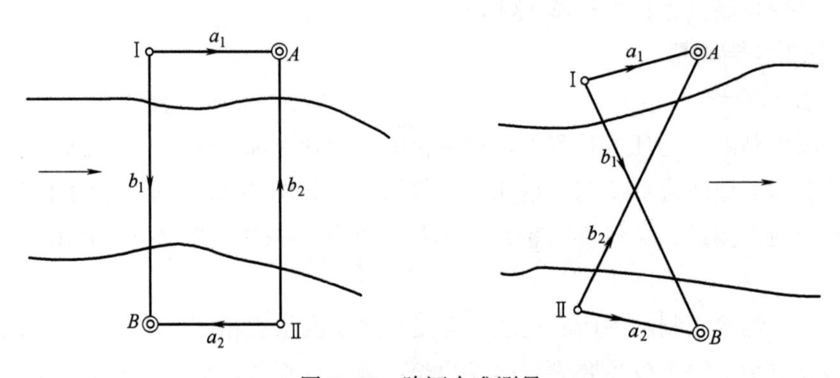

图 7-69　跨河水准测量

观测时，在两岸Ⅰ、Ⅱ两测站各安置一台水准仪，两台水准仪同时进行观测。Ⅰ测站上先测本岸近尺，得读数 a_1，再测对岸远尺读数 2~4 次，取平均值得 b_1，其高差为 $h_1=a_1-b_1$。此时Ⅱ站上也同样先测本岸近尺，得读数 a_2，再测对岸远尺读数 2~4 次，取平均值得 b_2，其高差为 $h_2=a_2-b_2$。h_1 和 h_2 的较差若在限差之内，则取其平均值，即完成一个测回。一般应进行 4 个测回。

由于跨河水准测量的视线较长，远尺的读数比较困难，可在水准尺上安装一个能沿尺上下移动的觇板，如图 7-70 所示。观测时，由观测员指挥司尺员上下移动觇板，使觇板中间的横线与水准仪十字丝横丝重合，然后由司尺员在水准尺上读取读数。

（二）桥梁墩台定位测量

桥梁中线的长度测定后，即可根据设计图上桥位桩号在中线上测设出桥梁墩台的位置。桥梁墩台定位测量是桥梁施工测量中的关键工作，测设方法包括直接丈量法、角度交会法和极坐标法。

1. 直接丈量法

如图 7-71 所示，首先由桥梁轴线控制桩、两桥台和各桥墩中心的里程算出其间的距离，然后用钢尺或光电测距仪，沿桥梁中线方向依次放出各段距离，定出墩台中心位置。

定出墩台中心位置后，在其上安置经纬仪，以桥梁轴线为基准放出墩台的横向轴线，以便指导基础施工。为了便于恢复墩台中心位置，在纵、横轴线上，基坑开挖线以外，每端应设两个以上的控制桩。

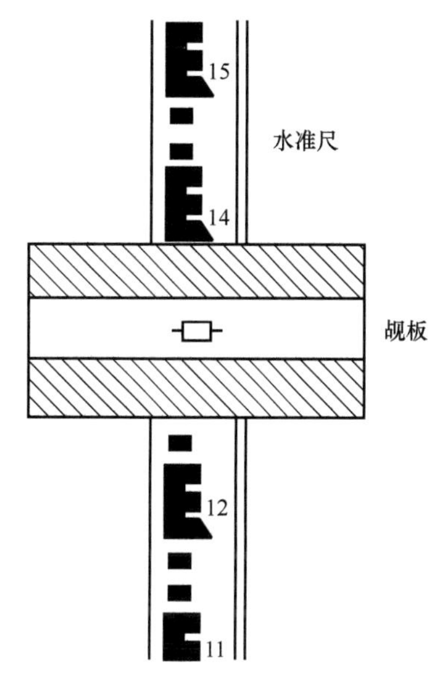

图 7-70 觇板

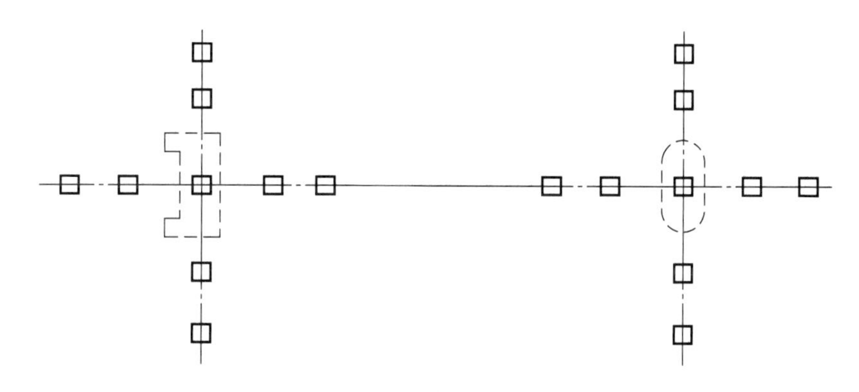

图 7-71 直接丈量法

2. 角度交会法

大中型桥梁的桥墩一般位于水中，可采用角度交会法测设桥墩中心位置。

如图 7-72 所示，先根据三角点 C、A、D 的坐标及 P_i 点的设计坐标计算出交会角 α_i 和 β_i。然后在 C、A、D 三点各安置一台经纬仪，将置于桥梁轴线上 A 点的仪器瞄准 B 点，标定出桥梁轴线方向；将置于 C、D 点的仪器后视 A 点，分别测设 α_i 和 β_i，以正倒镜分中法定出各站的交会方向线。三条方向线的交点即为桥墩中心 P_i 点。

由于测量误差的影响，三条方向线不交于一点，而是形成一个示误三角形，如图 7-73 所示。若示误三角形在桥梁轴线方向上的边不大于规定数值（墩底测设为 2.5cm，墩顶测设为 1.5cm），则取 C、D 两点所测方向线的交点 P_i' 在桥梁轴线上的投影点 P_i 作为桥墩的中心位置。

3. 极坐标法

一般情况下，在桥梁设计中，墩台中心坐标（x，y）已由设计给出。根据控制点 C、A、D

的坐标和墩台中心的设计坐标，反算出 α_i、β_i、Q_1、Q_2 以及三角形的边长（图 7-73），然后利用全站仪用极坐标法放样墩台位置。极坐标法测设步骤可参考项目六的内容。

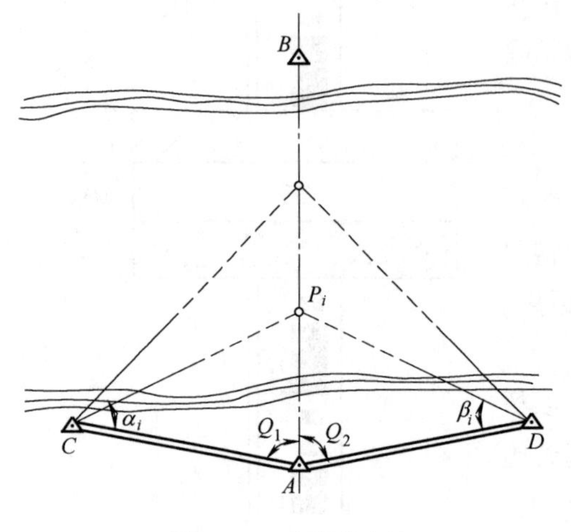

图 7-72　角度交会法

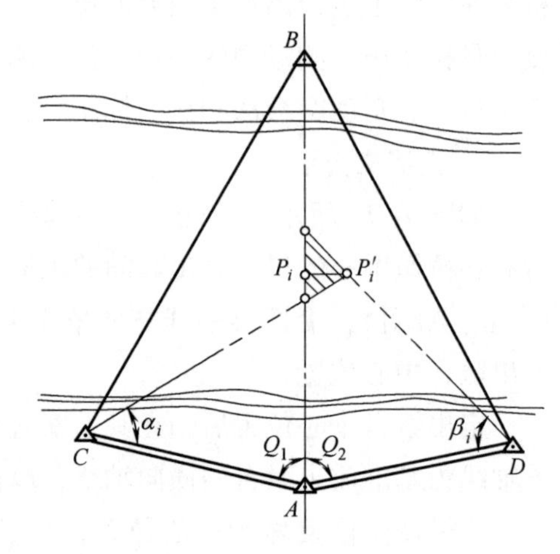

图 7-73　示误三角形

参考文献

［1］ 李青岳，陈永奇. 工程测量学［M］. 3版. 北京：测绘出版社，2008.

［2］ 梁开龙. 水下地形测量［M］. 北京：测绘出版社，1995.

［3］ 潘正风，程效军，成枢，等. 数字测图原理与方法［M］. 2版. 武汉：武汉大学出版社，2009.

［4］ 覃辉，马超，朱茂栋. 土木工程测量［M］. 5版. 上海：同济大学出版社，2019.

［5］ 武汉大学测绘学院测量平差学科组. 误差理论与测量平差基础［M］. 3版. 武汉：武汉大学出版社，2014.

［6］ 张正禄. 工程测量学［M］. 3版. 武汉：武汉大学出版社，2020.

［7］ 中国有色金属工业协会，中华人民共和国住房和城乡建设部. 工程测量标准：GB 50026—2020［S］. 北京：中国计划出版社，2020.

［8］ 中华人民共和国住房和城乡建设部. 城市测量规范：CJJ/T 8—2011［S］. 北京：中国建筑工业出版社，2012.

上架建议：工程测量

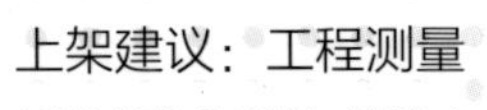

ISBN 978-7-5184-4852-4

了解更多...

轻工教学服务网二维码

9 787518 448524 >

定价：49.80 元